Helmut Hemmer

Domestikation
Verarmung der Merkwelt

Helmut Hemmer

Domestikation
Verarmung der Merkwelt

Mit 62 vierfarbigen und
75 einfarbigen Abbildungen

Friedr. Vieweg & Sohn   Braunschweig/Wiesbaden

CIP-Kurztitelaufnahme der Deutschen Bibliothek

Hemmer, Helmut:
Domestikation: Verarmung d. Merkwelt /
Helmut Hemmer. — Braunschweig; Wiesbaden:
Vieweg, 1983.
ISBN 978-3-528-08504-9   ISBN 978-3-322-87819-9 (eBook)
DOI 10.1007/978-3-322-87819-9

1983

Alle Rechte vorbehalten
© Friedr. Vieweg & Sohn Verlagsgesellschaft mbH, Braunschweig 1983

Die Vervielfältigung und Übertragung einzelner Textabschnitte, Zeichnungen oder Bilder, auch für Zwecke der Unterrichtsgestaltung, gestattet das Urheberrecht nur, wenn sie mit dem Verlag vorher vereinbart wurden. Im Einzelfall muß über die Zahlung einer Gebühr für die Nutzung fremden geistigen Eigentums entschieden werden. Das gilt für die Vervielfältigung durch alle Verfahren einschließlich Speicherung und jede Übertragung auf Papier, Transparente, Filme, Bänder, Platten und andere Medien.

Umschlaggestaltung: Horst Dieter Bürkle, Darmstadt
Satz: Frohberg, Freigericht

ISBN 978-3-528-08504-9

Inhaltsverzeichnis

Vorwort		VII
1	Wozu Haustiere?	1
2	Bunte Vielfalt	12
3	Ursprung der Haustiere	31
4	Verhaltenswandel	68
5	Streß	76
6	Informationsaufnahme und Informationsverarbeitung	84
7	Überträgerstoffe zur Informationsverarbeitung	94
8	Fellfärbung und Verhalten	99
9	Fellfärbungs-Auslese	107
10	Grenzen der Belastbarkeit	118
11	Zähmung und Verwilderung	127
12	Neudomestikationen	132
13	Domestikation und Evolution	144
14	Zusammenfassende Gesamtübersicht	151
Ausgewählte Literatur		155
Verzeichnis der in öffentlichen Zoos und Tiergärten aufgenommenen Fotos		160
Farbteil		nach 160

Vorwort

Biologische Systeme lassen sich nicht allein aus der Beschreibung ihres gestaltlichen Aufbaues verstehen, und sei diese auch noch so präzise. Sie sind genauso wenig allein aus dem Wissen um ihre hoch komplexen biochemischen Grundlagen zu begreifen, und schließlich auch nicht allein aus dem Einblick in ihre biomechanische Funktion. Ohne jeden Zweifel ist alles dies unumgängliche Voraussetzung zu einem erweiterten Verständnis, aber nur die Zusammenschau erlaubt schließlich tiefer reichende Erkenntnisse über das Leben von Organismen. Aus den zahlreichen kleinen und kleinsten Mosaiksteinen, die von den Einzeldisziplinen der biologischen Wissenschaften geliefert werden, ist zu versuchen, ein einheitliches Gesamtbild zu entwerfen. Je mehr einzelne Steinchen verfügbar sind, um so weiter werden sich die zunächst allein erkennbaren groben Umrisse verfeinern und ausfüllen und damit der vollen Bildaussage näher bringen lassen.

Die Haustierkunde liefert ein gutes Beispiel für diese allgemeine Wissenschaftsproblematik des Erkenntnisfortschrittes sowohl durch Schaffung möglichst vieler kleiner Mosaiksteinchen über sorgfältige Untersuchung von Einzelfragen aus allen Zweigen biologischer Forschung als auch durch den immer wieder neuen Versuch, die zum jeweiligen Zeitpunkt verfügbaren Steinchen in einem Bild, einem Jeweilsbild, zusammenzufügen. Die enorme Bedeutung, die dem Verständnis des Haustieres als einem besonderen zoologischen Phänomen zukommt, wurde bereits von Charles Darwin im vergangenen Jahrhundert gewürdigt. Trotzdem erschöpfte sich die Haustierforschung im Laufe der letzten hundert Jahre in recht hohem Maße mit der zeitweise sehr umfangreichen Produktion einzelner Mosaiksteinchen, die auch immer wieder einmal mehr oder minder katalogisiert wurden. Versuche zur Erreichung eines Gesamtkonzeptes, das in der Lage wäre, alle wesentlichen Aspekte des Phänomens Haustier als nur unterschiedliche Facetten eines einzigen geschliffenen Steines erkennen zu lassen, blieben dabei weitgehend auf der Strecke. Rein menschlich ist eine solche Entwicklung verständlich. Wer sich darauf beschränkt, mit erprobten Methoden einzelne Bausteine zu sammeln und zu bearbeiten, wird in der Regel deutlich weniger Fehler machen als derjenige, der mit den sehr unterschiedlich vorbereiteten Steinen auch zu bauen versucht. Er ist damit natürlich weit weniger der Kritik ausgesetzt als jener, er lebt somit bequemer. Den Bauenden, an dessen Mosaikbild Lücken, unklare Passungen, Risse und Unebenheiten leicht zu erkennen sind, trifft hingegen viel rascher die volle Wucht der Kritik, vor allem von denen, die selbst nur kleine Einzelsteine herstellen und damit relativ kritiksicher sind.

Für das Phänomen Haustier mag ein einheitliches Gesamtkonzept über das rein wissenschaftliche Grundlageninteresse hinaus eminente praktische Bedeutung erlangen, ist doch, wie im ersten Kapitel darzustellen sein wird, das Haustier ein wesentliches Element menschlicher Kulturentwicklung. Das Verständnis der Haustierwerdung als vom Menschen gesteuerter Entwicklungsprozeß sollte in praxisgerechte Strategien zur gezielten Neugewinnung ganz bestimmter Haustierformen ummünzbar sein, sei es zur Verbesserung der Nahrungsproduktion für Bevölkerungen an der Grenze des Existenzminimums, sei es zum Ausbau alternativer Landnutzungsformen mit den dazugehörigen Wirtschaftszweigen, sei es zur Gewinnung neuer Versuchstiersysteme zur Bearbeitung brennender Probleme der medizinischen Forschung, wie etwa die Rolle psychischer Faktoren bei der Tumorgenese, oder sei es schließlich zu tierschutzgerechteren und gleichzeitig verbessert produktionswirksamen Neuzüchtungen im Rahmen moderner Haustiermassenhaltung. Als Anstoß und als Grundlage hierzu möchte das hier vorgelegte Buch vor allem verstanden werden. Unter Nutzung einer Vielzahl von Mosaiksteinchen bisheriger Haustierkenntnis und mit der Bereitstellung zuvor noch fehlender Zwischenstücke im Rahmen der Forschungstätigkeit der Arbeitsgruppe des Verfassers vor allem in den letzten zehn Jahren versucht es, in möglichst allgemeinverständlicher Form ein Gesamtkonzept des Phänomens Haustier mit einer teilweise recht neuen Sicht der Dinge zu entwerfen. Die Bearbeitung wurde dabei bewußt auf die Klasse der Säugetiere beschränkt, nachdem in ihr die bei weitem größte und auch bedeutsamste Haustiervielfalt vorliegt, den Säugetieren ein besonders breites Interesse entgegengebracht wird und an ihnen alle entscheidenden Probleme zu diesem Komplex studiert werden können.

Der zentrale Punkt des Verstehens des Phänomens Haustier liegt in der Verhaltensstruktur des Haustieres bzw. in den zugrunde liegenden Änderungen im Wildtierbezug. Hierfür erwies es sich als äußerst fruchtbar, den von dem baltischen Zoologen und Begründer der Umweltforschung Jakob von Uexküll geprägten Begriff der „Merkwelt" neu zu beleben und inhaltlich noch zu erweitern. „Merkwelt" kennzeichnet hier die Gesamtheit der Wahrnehmung und der Bewertung der Bestandteile, Eigenschaften und Vorgänge der Umwelt eines Tieres, mit anderen Worten das, wie es seine Welt erlebt. Es läßt sich ein weiter Bogen spannen von einerseits angeborenermaßen, andererseits auch durch Umwelteinflüsse verarmter bis hin zur angereicherten Merkwelt. Es wird ein Beziehungsnetz geknüpft, das mit der Merkwelt zunächst so unabhängig voneinander erscheinende Dinge wie Streß und psychosoziale Toleranz, Verhaltensflexibilität, Aktivität und Handlungsintensität, Vergesellschaftungsbefähigung und Differenziertheit sozialer Beziehungen, sexuelle und agressive Reaktionen und schließlich Pigmentierung und körperliche Entwicklung in ein eng verflochtenes System bindet. Daß dieses Beziehungsnetz vom Phänomen Haustier ganz unabhängig auch dem tieferen Verständnis menschlicher Wesenheit dienen mag, sei hier nur am Rande vermerkt. Dem aufmerksamen Leser werden die Parallen — und eventuell davon abzuleitende Überlegungen — nicht verborgen bleiben.

Für die Entstehung des hier vorgelegten Gesamtkonzeptes spielte das gemeinsame Vorantasten in der sich allgemein mit Fragen der Säugetierkunde, speziell mit solchen der Haustierkunde beschäftigenden Arbeitsgruppe des Verfassers eine wichtige Rolle. Zwar wechselten die Personen in diesem Kreis im Laufe der Jahre mehrfach, aber es blieb das gemeinsame Ziel des Verstehenlernens, das schließlich immer weiter und weiter gehende Einsichten ermöglichte. In Anbetracht sehr unterschiedlicher Wichtigkeit jeweiliger Beiträge sei hier darauf verzichtet, eine Liste einzelner Mitarbeiter aufzustellen, die irgendwie einmal beteiligt waren. Diejenigen, die für den Zusammenbau bedeutsame Mosaiksteinchen schufen, sind an den betreffenden Stellen im Text gewürdigt. Für die sorgfältige Ausführung der in diesem Buch verwendeten Zeichnungen gilt der Dank Frau Käthe Rehbinder. Schließlich kommt dem Vieweg-Verlag das Verdienst zu, durch sein Eingehen auf die Ausstattungswünsche die das Erfassen des Inhaltes sicherlich sehr erleichternde großzügige Form ermöglicht zu haben.

Mainz, im August 1982 *Helmut Hemmer*

1 Wozu Haustiere?

Haustiere — das sind Tiere, die der Mensch im Umfeld seiner Behausung hält und züchtet, um in ständigem Gebrauch Nutzen aus ihnen zu ziehen. In Form zahlloser Hunde und Katzen, Kaninchen, Meerschweinchen und Goldhamster finden wir solche Tiere in den Hochhauswohnungen moderner Großstädte. Wir treffen sie auf den Bauernhöfen Europas an, wo Rinder, Pferde und Esel, Schafe und Ziegen, Schweine, Hunde und Katzen, Gänse, Enten und Hühner gehalten werden. In wechselnder Zusammensetzung der Arten begegnen wir ihnen ähnlich bei den Hütten und Dörfern der altweltlichen Tropenländer. Wir sehen sie in Gestalt von Kamelen, Pferden, Schafen und Yaks zwischen den Zelten und Jurten zentralasiatischer Hirtennomaden und in Form großer Rentierherden bei den Völkern des hohen Nordens Europas und Asiens. Sowohl hier, wie auch bei den Eskimos der Eiswüste in der Polarzone des nordamerikanischen Kontinents, bei den polynesischen Ureinwohnern der Südseeinseln, bei den Buschleuten der Kalahari oder bei den Indianern der südamerikanischen Tropenwälder stoßen wir auf den Hund als der am weitesten über alle Länder und Kulturen verbreiteten Haustierart. Kurz, wir begegnen Haustieren überall dort, wo der Mensch überhaupt seine Behausung aufgeschlagen hat. Sie erweisen sich als universal zum Menschen gehörig (Bilder 1.1—1.4: Farbtafeln II—III).

Nicht als Haustiere können solche Tiere bezeichnet werden, die der Mensch zwar ebenfalls im Haus hält, die er aber nicht generationenlang zu einem bestimmten Nutzzweck züchtet und dabei einer wie auch immer gearteten Auslese unterwirft. In solchen Fällen kann lediglich von gefangen gehaltenen und eventuell gezähmten Wildtieren gesprochen werden, wie beispielsweise bei kleinen Affen oder tropischen Wildkatzen, bei europäischen Stubenvögeln oder bei Echsen und Schildkröten. Solche Tiere unterliegen in der Regel nicht dem Prozeß der Haustierwerdung, der Domestikation. Dies gilt im Prinzip genauso für Zootiere.

Mit Haustieren haben selbstverständlich auch solche Tiere nichts zu tun, die vom Menschen unerwünschtermaßen im Haus leben, wie Ratten und Mäuse, Fliegen und Mücken, Schaben und Wanzen.

Haustiere stellen zumindest seit dem Neolithikum, der Jungsteinzeit, entscheidende Grundlagen zur Stillung elementarer Bedürfnisse des Menschen. So nimmt es nicht wunder, daß der Verlauf der gesamten Geschichte seit Jahrtausenden eng mit der Geschichte der Haustiere verknüpft ist. Mit der Haustierwerdung der Wiederkäuer Schaf und Ziege, Rind und Kamel konnte sich ein Hirtennomadentum entwickeln, das von Anfang an im Streit um die Landnutzung in Gegensatz zum seßhaften Bauerntum trat. Aus der Frühzeit der Überlieferung weist schon die Kain-und-Abel-Erzählung des Alten Testaments auf diese Rivalität zwischen dem Ackerbauern- und dem Hirtentum hin. Im Blick auf die Hirtenkultur, in der jene gleichnishafte Geschichte zunächst weitergegeben wurde, erscheint die Verkörperung des Guten im Hirten Abel und des Bösen im Ackerbauern Kain voll verständlich. Dieses gespannte Verhältnis zieht sich bis in die Auseinandersetzungen zwischen Farmern und Cowboys bei der landwirtschaftlichen Eroberung des nordamerikanischen Westens durch die Jahrtausende. Nach der Haustierwerdung des Pferdes kam es durch Reitervölker aus den weiten Steppengebieten Osteuropas bis ins östliche Zentralasien immer wieder zu gewaltigen Anstößen der Geschichte. Die Verbindung mit dem Pferd ermöglichte den Hyksos um 1650 v. Chr. die Eroberung des ägyptischen Mittleren Reiches, den Hunnen an der Schwelle vom Altertum zum Mittelalter im 4. und 5. nach-

Bild 1.5 In den Industrieländern dient die hoch rationalisierte Schweinemast auf engem Raum zur Sicherstellung der Fleischversorgung.

christlichen Jahrhundert den die Wanderungsbewegungen in dieser Zeit bestärkenden Druck auf die Völker Europas, den Mongolen unter Dschingis-Chan zu Beginn des 13. Jahrhunderts die Schaffung eines ungeheuren Weltreiches vom Osten Europas bis zum chinesischen Meer. Sie erleichterte den Spaniern zu Beginn des 16. Jahrhunderts schließlich noch die Niederwerfung der großen süd- und mittelamerikanischen Indianerreiche der Inka und Azteken.

Die universelle Verbreitung und weltgeschichtswandelnde Bedeutung von Haustieren beruht auf dem vielfachen Nutzen, den der Mensch aus ihnen zu ziehen versteht. Er kommt am besten in den Weltbeständen einiger wichtiger Arten zum Ausdruck: jeweils über eine Milliarde Rinder und Schafe, über eine halbe Milliarde Schweine, gegen eine halbe Milliarde Ziegen. Ein elementares Bedürfnis, für dessen Deckung Haustiere eine entscheidende Grundlage bieten, ist die Nahrung (Bilder 1.5–1.7). Anstelle der mehr Kräfte bindenden und mit Unsicherheitsrisiken des Mißerfolges behafteten Fleischbeschaffung durch die Jagd trat allmählich mehr und mehr die weniger mühsame Deckung dieses Bedürfnisses durch die Haltung ständig verfügbarer Haustierherden. Die meisten Haustierarten werden oder wurden zumindest zu einem früheren Zeitpunkt ihrer Geschichte als Schlachttiere zur Fleischproduktion genutzt. 1978 beispielsweise lag die Weltproduktion an Fleisch bei 132,4 Millionen Tonnen, wovon 48,1 Millionen Tonnen auf Rindfleisch und 48,7 Millionen Tonnen auf Schweinefleisch entfielen. Mehrere große Pflanzenfresserarten liefern daneben Milch und die aus deren Weiterverarbeitung gewinnbaren Produkte, wie etwa Butter und Käse. Die Welt-Milcherzeugung beträgt nunmehr über 450 Millionen Tonnen jährlich (Bild 1.8). Bei den Massai Ostafrikas wird das lebende Rind sogar durch

Bild 1.6 Nur knapp hinter dem Schwein liegt das Rind in der Welt-Fleischproduktion an zweiter Stelle. Der Jungbullenmast kommt dabei große Bedeutung zu.

regelmäßige Blutentnahme als weitere Nahrungsquelle genutzt. Eier spielen als wichtiges Produkt des Hausgeflügels eine ebenso unübersehbare Ernährungsrolle wie die Milch der Rinder und anderer Großsäuger.

Eine ähnliche grundlegende Notwendigkeit für den Menschen wie die Nahrung stellt zumindest in den außertropischen Gebieten die Kleidung als Kälteschutz dar. Hierzu liefern Haustiere Häute zur Weiterverarbeitung zu Leder für die verschiedensten Zwecke vom Schuhwerk bis zum Mantel. Sie spenden Felle als Pelzwerk, wobei unter den klassischen Haustieren das Schaf und das Kaninchen im Vordergrund stehen, aber auch Hund und Katze ihren Anteil stellen und schließlich die erst in unserem Jahrhundert in den Haustierstand überführten ausgesprochenen Pelztiere, wie Fuchs und Nerz, wesentliche volkswirtschaftliche Bedeutung erlangt haben. So wurden zum Beispiel im Jahr 1976 4,75 Millionen Nerzfelle für 242,9 Millionen DM und 6,20 Millionen Schaffelle, vor allem Persianer, für 278,5 Millionen DM in die Bundesrepublik Deutschland importiert. Das dritte bedeutende Rohprodukt zur Herstellung von Bekleidung ist die Wolle vor allem des Schafes, dann der Ziege und des Alpakas. Neben der Kälteschutzwirkung der aus ihr gefertigten Kleidungsstücke spielt Wolle als Material zur Teppichherstellung eine weitere Rolle zur Wärmeisolation des Bodens innerhalb der Behausung. Die Weltwollproduktion liegt bei über 1,5 Millionen Tonnen jährlich.

Das menschliche Wärmebedürfnis kann noch auf andere Weise unmittelbar oder mittelbar von Haustieren befriedigt werden. Dingos, die ursprünglichen, meist verwildert anzutreffenden australischen Haushunde, bieten australischen Ureinwohnern in der Kälte der Wüstennacht in engem Zusammenliegen lebende Wärmequellen. In mehreren Wüsten- und

Bild 1.7 Die aus dem holstein-friesischen Niederungsraum stammenden schwarzbunten Rinder haben als eine der weltbesten Milchrinderrassen mit Jahresmilchleistungen von über 5 500 kg pro Kuh heute weite Verbreitung gefunden.

Trockengebieten läßt sich der getrocknete Dung von Kamelen, Lamas oder Yaks als Brennmaterial zur Unterhaltung des Feuers nutzen. Hierbei ist mit der Wärmeerzeugung gleichzeitig eine Lichtquelle gegeben. Haustierprodukte spenden Licht als Fett in Öllampen und in erster Linie als Kerzen aus dem Wachs der nach bisheriger Definition ebenfalls zu den Haustieren zu zählenden Honigbiene.

In vielfältigster Weise wurden Haustiere bei der Gewinnung von Heilmitteln herangezogen. In der griechisch-römischen Medizin wurden dazu beispielsweise fast alle Teile des Hundekörpers eingesetzt. So sollte Hundefett, später auch Katzenfleisch, gegen Schwindsucht helfen. Der Gebrauch von Katzenfellen bei rheumatischen Erkrankungen reicht bis in unsere Zeit. Viele Teile des Ziegenkörpers hatten in der Volksmedizin Bedeutung. Heute sind Haustiere unerläßlich als Lieferanten mehrerer Hormone, wie Insulin zur Behandlung der Zuckerkrankheit oder Thyroxin für die Therapie von Schilddrüsenerkrankungen. Mit Haustieren werden Heilseren zur Schutzimpfung gewonnen. Schweinehaut kann vorübergehend als Hautersatz bei Verbrennungen nutzbar gemacht werden, aus Herzklappen von Schweineherzen sind künstliche Herzklappen herstellbar. Aus Organen von Haustieren werden in großem Umfang Enzyme zu unterschiedlichen Verwendungszwecken isoliert.

Einen wesentlichen Sektor der Haustiernutzung stellt die Gewinnung von Rohstoffen für eine reiche Palette unterschiedlicher Produkte dar. Neben seiner Rolle für die Bekleidung nahm Leder aus den Häuten der Schlachttiere zu allen Zeiten einen breiten Raum für andere Verwendungszwecke ein. Heute reichen diese unter anderem vom Bezugsmaterial für Polstergarnituren oder Autositze über den Grundstoff für Taschen und Koffer bis hin zum Bucheinband. Aus Ziegenleder konnte Pergament als zeitweise wichtiges Schreibmaterial hergestellt werden. Ganze Häute der kleinen Wiederkäuer Ziege und

Bild 1.8 Rationelle Milchproduktion in den Industrieländern setzt einen großen Rinderbestand voraus. Sein Umfang fällt in einem modernen Betrieb vor allem dann ins Auge, wenn sich die Kühe von der Weide kommend im Stall zusammendrängen.

Schaf waren als Transportbehälter für Wasser oder Wein verwendbar. Aus dem Horn der Hornträger lassen sich Knöpfe, Kämme, Schmuck fabrizieren, früher auch Musikinstrumente und Werkzeuge. Haare fanden und finden neben ihrer zentralen Bedeutung in Form der Wolle auch im Musikinstrumentenbau Verwendung, wie beim Roßhaarbezug des Violinbogens, ferner bei der Fertigung von Pinseln und Bürsten, zur Filzherstellung, zusammengedreht als Stricke, und letztlich als wärmeisolierende Füllungen für Kissen oder Matratzen. Ähnlichen Zwecken werden Federn des Hausgeflügels zugeführt, wobei hier auch an die Nutzung als Schreibgeräte in Form der Gänsekiele und an die Verwendung zu Schmuckzwecken zu denken ist.

Aus dem Blut von Schlachttieren sind, was vor allem früher eine Rolle spielte, neben seiner Nahrungsmittel-Verwendung Albumin-Klebstoffe, Blutmehl als Futtermittel, Blutkohle und pharmazeutische Präparate gewinnbar. Nicht zu Ernährungszwecken dienende tierische Fette sind Rohstoffe für Seife, Glycerin und Fettsäuren. Letztere finden zur Herstellung von Stearinkerzen Einsatz, Glycerin kommt zur technischen Verwendung, zum Beispiel in Frostschutzmitteln, wird pharmazeutischen Zwecken zugeführt und gelangt auch als Grundlage der Dynamit-Produktion in die Sprengstofffabrikation. Die nach Abzug von Haut und Fleisch verbleibenden Knochen werden zur Herstellung von Leim, Gelatine und Knochenmehl als Viehfutter und Düngemittel verbraucht. Auch die inneren Hohlorgane fallen nicht unnütz an. Darm, Magen und Blase sind bei der Wurstbereitung als Hüllmaterial verwendbar, für die Bespannung von Streichinstrumenten lassen sich Darmsaiten nutzen, und das Katgut aus Katzendarm, heute Schafdarm, ist schließlich ein vom Körper resorbierbares medizinisches Nähgut. Sehnen konnten als Bogenbespannung oder als Zwirn Gebrauch finden, Fett als Schmiermittel. Schließlich bringt auch der von Haustieren produzierte Mist außer der schon genannten Verwendbarkeit getrockneten Kotes als Brennmaterial in Trockenzonen als Natur-Dünger weiteren Nutzen.

Von unübersehbarer Bedeutung sind die von Haustieren vollbrachten Arbeitsleistungen. Die Trag- und Zugkraft der großen Huftiere war durch die Jahrtausende ein entscheidender Faktor in Krieg und Frieden (Bild 1.9). Reitervölker machten in weiten Eroberungszügen Weltgeschichte. Neben dem Pferd erlangte vor allem bei arabischen Völkern das Dromedar als Reittier Wichtigkeit. Warentransporte über für Wagen oder Schlitten unwegsames Gelände konnten vor der Entwicklung moderner technischer Möglichkeiten allein mit Hilfe von Tragtieren bewerkstelligt werden. Hier mag nur aus dem europäisch-vorderasiatischen Raum an den Esel und seinen Bastard mit dem Pferd, das Maultier, gedacht werden. Ohne die großen Kamelkarawanen durch die Wüsten Zentralasiens wäre jeglicher bedeutsame frühe Handelsaustausch zwischen der ostasiatischen und der europäischen Welt unmöglich gewesen. Der Yak ermöglicht Transporte in den innerasiatischen Hochgebirgen wie das Lama in den Anden Südamerikas. Als Zugtiere hatten Jahrtausende hindurch Rinder zentrale Bedeutung. Für den Tourismus konservierte Erinnerungen daran finden sich im europäischen Kulturkreis heute noch auf der Insel Madeira, wo von Ochsen gezogene Schlitten auf den Pflasterstraßen von Funchal verkehren (Bild 1.10). In Tropenländern sind Zebus als Zugtiere noch häufiger anzutreffen. Das Pferd hatte seine ersten Zugaufgaben vor Streitwagen im kriegerischen Einsatz zu erfüllen, ehe es das Rind auch im alltäglichen und landwirtschaftlichen Rahmen mehr und mehr ablöste. Hier waren nicht allein Zugtiere vor Karren oder Wagen vonnöten, sondern auch zum Pflügen der Felder. In ständigem Rundgehen hatten besonders Esel und Kamele die Aufgabe, die Winde von Tiefbrunnen zum Wasserschöpfen oder zur Felder-

Bild 1.9 Neben ihrer zentralen Rolle für das menschliche Grundbedürfnis nach Nahrung werden Haustiere von alters her zur Arbeitsleistung gehalten. Seit frühgeschichtlicher Zeit kam dem Pferd in Krieg und Frieden besondere Bedeutung zu. Seine vielfältige Darstellung in der Kunst der Völker bringt dies zum Ausdruck (Relief aus dem klassischen Griechenland; Archäologisches National-Museum Athen).

bewässerung zu bedienen. Auf ähnliche Weise fanden große Huftiere, wie beispielsweise Ochsen, als Dreschhelfer zum Heraustreten der Körner aus den auf dem Boden ausgebreiteten Getreideähren Verwendung. Das weite menschliche Vordringen in die Eiswüste der Polarzonen wäre schließlich ohne den Schlittenhund überhaupt nicht denkbar gewesen. Auch Rentiere werden zum Ziehen von Schlitten wie auch zum Reiten im hohen Norden Eurasiens genutzt.

Einsatz nicht körperlicher Kraft, sondern spezifischer Verhaltensweisen lassen einige Haustierarten besondere Arbeitsleistungen vollbringen, wobei hier der Hund im Vordergrund steht. Neben der ebenfalls hierzu brauchbaren Gans nimmt er Wachfunktionen wahr, als Hirtenhund ist er unentbehrlicher Helfer beim Zusammenhalten großer Huftierherden. Als Jagdhund dient er mit speziell für die einzelnen Aufgaben gezüchteten Rassen zum Hetzen und Fangen des Wildes, zum Treiben, zum Stellen des Wildes bis zur Ankunft des Jägers, zum Vorstehen und damit Lokalisieren des Wildes, zum Packen, zum Heranholen erlegter Beute, zum Verfolgen und Suchen von Spuren (Bild 1.11). Besonders kräftige Rassen wurden darüber hinaus zu reinen Kampfzwecken, vor allem mit Großraubtieren, erzüchtet. Die Kampf- und Suchbefähigung von Hunden bei der Jagd legte einen entsprechenden Einsatz auch für andere Zwecke nahe. So erhielt der Hund eine gerade heute zentral wichtige Aufgabe als Polizei- oder Zollhund, wobei die besondere geruchliche Leistungsfähigkeit seine Ausbildung zum Anzeigen von verstecktem Gut, vor allem im Rauschgiftschmuggel, ermöglicht. Lebensrettende Bedeutung haben ferner Hunde im

Bild 1.10 Inmitten der Autos der modernen Welt sind die für den Tourismus in Funchal auf Madeira konservierten Ochsenschlitten eine Erinnerung an die Zeit, als das Rind auch in Europa, wie heute noch vielfach in den Tropen, das wichtigste Zugtier im bäuerlichen Alltag war.

Bild 1.11 Hunde wurden schon im Altertum als Jagdhelfer des Menschen gezüchtet. Große Rassen hatten die Aufgabe, wehrhaftes Wild zu stellen (römisches Relief; Römisch-Germanisches Museum Köln).

Sucheinsatz nach Lawinenopfern erlangt. In begrenztem Maße sind übrigens auch Schweine zu geruchlich gesteuerten Suchaufgaben einsetzbar. Neben Einzelfällen von Jagdschweinen ist hier in erster Linie an ihre Verwendung bei der Trüffelsuche zu denken. Zu Meldediensten erhielten schließlich vor allem Brieftauben besonderen Wert.

Ein nicht unwesentlicher Punkt der Arbeitsleistung für den Menschen ist die Bekämpfung kommensaler, das heißt, an die menschlichen Behausungen und Siedlungen angeschlossen lebender Nagetiere, die in Nahrungsmittelvorratslagern beträchtlichen Schaden stiften. Die Domestikation zweier Haustierarten, nämlich der Katze und des Frettchens, dürften ursächlich gerade und allein mit dieser Aufgabe in Zusammenhang stehen.

Nicht mehr wegzudenken sind Haustiere in der medizinischen Forschung. In riesigen Mengen werden hier die typischen Labortiere, wie das sprichwörtliche „Versuchskaninchen", Ratten, Mäuse, Goldhamster und Meerschweinchen verbraucht (Bild 1.12.). Aber auch Hunde und Katzen dienen in großem Umfang zur Erprobung neuer Operationstechniken, neuer Medikamente, oder allgemein zum Vorantreiben neuer Forschungsrichtungen. Die Zucht spezieller Minischweine ermöglicht den erleichterten Einsatz dieser normalerweise zu unhandlichen Art im Laboratorium.

Mehr denn je haben Haustiere heute gesellschaftliche Aufgaben zu erfüllen. Nur noch geographisch begrenzte Bedeutung haben blutige Formen der Freizeitunterhaltung, wie Stierkämpfe und Hahnenkämpfe. Von Windhunderennen als Sportform mit allein tierischer Leistung leitet das Pferderennen zur sportlichen Verknüpfung der aktiven Leistungen von Mensch und Tier über. Reiten hat gerade in der jüngsten Zeit als eine Form der Freizeitgestaltung stark an Bedeutung gewonnen. Das Pferd ist „Sportgerät", aber auch Kumpan.

Eine solche Funktion als Gesellschafter nehmen je nach räumlichen Möglichkeiten der Behausung zahllose Hunde und Katzen, Kaninchen, Meerschweinchen und Goldhamster ein, bedeutsam in erster Linie für Kinder und Alleinstehende. Die weite Verbreitung und zahlenmäßige Bedeutung solcher gesellschaftlicher Nutzung von Haustieren stellt wieder-

Bild 1.12 Als Versuchstiere für die Forschung zu medizinischem Fortschritt werden kleine Laborhaustiere in riesigen Mengen in Batterien genormter Käfige gehalten und gezüchtet.

um einen beachtenswerten wirtschaftlichen Faktor dar. Hier ist die Pferde-, Hunde-, Katzen- und Kleinheimtierzucht ebenso zu sehen wie der lokale Tierhandel, die Tierfutterindustrie ebenso wie die Zubehörindustrie für den Reitsport oder für die Hunde- und Katzenpflege. Daß mit der Ausweitung solcher gesellschaftlichen Tierhaltung in den städtischen Ballungszentren auch neue kommunale Probleme geschaffen wurden, wie die Notwendigkeit der Anlage von Reitwegen und die Verschmutzung von Straßen, öffentlichen Anlagen und Kinderspielplätzen mit Hundekot, sei nur am Rande erwähnt.

Zu den gesellschaftlichen Funktionen des Haustiers gehört zweifelsohne auch seine vielfache Nutzung im weiten Feld menschlichen Imponierverhaltens. Stellvertretend mag hier der „Renommierhund" stehen, dessen Existenz und dessen möglichst ständiges Mitsichführen einen Beitrag zur Erhöhung der Wertigkeit oder zumindest des Selbstwertgefühls seines Besitzers leisten soll. Wie alle Renommierobjekte ist er dem Wandel der Mode unterworfen, gewinnt an Wert, wenn er durch auffällige Größe oder Behaarung — Beispiel afghanischer Windhund — oder gegensätzlich durch auffällige Kleinheit — Beispiel Yorkshire-Terrier — die Blicke auf sich lenkt, und verliert schließlich wieder an Wert, wenn er aus solchen Gründen richtig in Mode gekommen ist und nun infolge zunehmender Häufigkeit der Rasse seinen Hauptzweck wieder verfehlt, nämlich nicht mehr besondere Zuwendung erzielt. Im mehr praktischen Bereich ursprünglichen Bauern- und vorallem Hirtentums ist es nicht das einzelne Haustier, was die Blicke auf sich zu lenken hat, sondern die den Reichtum des Besitzers unmittelbar anzeigende Masse, die Größe der Herde. Hier haben seit Jahrtausenden Rinder, Schafe, Ziegen, Kamele die unmittelbare Bedeutung als Zahlungsmittel, beispielsweise beim Brautkauf. Nicht nur dem Lebenden,

Bild 1.13 Seit früher Zeit sind Haustiere auch Gesellschafter des Menschen. Das hier abgebildete Relief aus dem klassischen Griechenland, das Hund und Katze in einer häuslichen Szene vereinigt, ist einer der ersten Belege für die Hauskatze auf europäischem Boden (Archäologisches National-Museum Athen).

Bild 1.14 Haustiere als Zeichen von Reichtum in Hirtenkulturen können selbst über den Tod des Besitzers hinaus für seinen Ruf weiter wirken. Grabmäler in der Steppenlandschaft des südwestlichen Madagaskars sind mit Darstellungen aus dem Leben des Verstorbenen geschmückt und weisen auf dessen Besitz an Zebus (rechts) hin. Zebuhörner sind auf den Feldsteinen ihres Belages niedergelegt.

sondern auch dem Verstorbenen können die großen Huftieren noch als Reichtumsanzeiger dienen. So werden noch heute in der Hirtenkultur im Südwesten Madagaskars große gemauerte Grabmäler mit Szenen aus dem Leben des hier Bestatteten bemalt, die seinen Zebureichtum vorführen, und mit Zebuhörnern in der gleichen Funktion belegt (Bild 1.14).

Damit ist ein Übergang zu einem letzten, vor allem in früheren Kulturen zentralen Punkt der Haustiernutzung angesprochen, nämlich dem Haustier als Kult(ur)objekt. Als Opfer bei religiösen Zeremonien spielten vor allem die zur Fleischnutzung gehaltenen Arten wohl schon seit Anbeginn ihrer Haustierwerdung eine bedeutende Rolle. Die frühen Überlieferungen aus den mittelmeerländischen und vorderasiatischen Hochkulturen belegen dies in vielfältiger Weise. Haustiere konnten aber auch selbst zum Gegenstand religiöser Verehrung werden, zu „heiligen", unantastbaren Wesen, die im Kultbereich gepflegt wurden. Durch jeweilige Eigenschaften, wie besondere Kraft auf der einen oder besondere Wehrlosigkeit auf der anderen Seite, fanden Haustiere dabei Eingang in die Symbolik. So spielt der Stier eine zentrale Rolle in vielen Kulturen des östlichen Mittelmeerraumes — als Apis-Stier als Erscheinungsform des ägyptischen Sonnengottes, als Minotaurus aus Kreta in der griechischen Sage und mit offenbar zentraler Bedeutung im minoischen Kultleben selbst, als „goldenes Kalb" in der israelischen Religionsgeschichte. Das Lamm dagegen wurde zu einem Sinnbild in der christlichen Religion. Schließlich fanden Haustiere ihren Eingang in verschiedene Formen des späten Zauberglaubens. Man denke an die schwarze Katze als Hexenbegleiter in der Vorstellungswelt des europäischen Mittelalters, an das Einmauern von Tieren in Grundmauern und anderes mehr.

Übersicht über den Kapitelinhalt

Haustiere sind Tiere, die der Mensch im Umfeld seiner Behausung zu ständiger Nutzung hält und züchtet. Sie erfüllen menschliche Grundbedürfnisse nach Nahrung, Kleidung und Wärme, liefern Rohstoffe für andere Produkte vielfältiger Art, helfen durch mannigfaltige Arbeitsleistungen, sind in der Forschung zu medizinischem Fortschritt beteiligt und nehmen einen wichtigen Platz im gesellschaftlichen Leben des Menschen ein. Mit dem Besitz von Haustieren ist seit der Jungsteinzeit der Ablauf der Geschichte untrennbar verknüpft.

2 Bunte Vielfalt

Vergleicht man Haustiere mit den zugehörigen Wildarten, so zeichnen sie sich in aller Regel durch eine weit größere Vielfältigkeit ihrer Merkmale aus. Auf den ersten Blick besonders auffällig sind die vielen verschiedenartigen Färbungen ihres Felles, während gerade hierin Wildtiere meistens ein sehr viel einheitlicheres Kleid tragen. So mag die nähere Beleuchtung dieser Buntheit einen Einblick in das Zustandekommen und die Zusammenhänge solcher Haustier-Vielfalt geben.

Wie alle anderen Merkmale eines Lebewesens, so beruhen die Fellfärbungen auf einer Anzahl verschiedener Gene, den Trägern der Erbinformation, die den Rhythmus der Ablagerung des Pigments in den Haaren, die Ausprägung der beiden schwärzliche oder gelbrötliche Tönungen erzeugenden Pigmenttypen (Eumelanine und Phäomelanine) und die Pigmentverteilung an den verschiedenen Stellen des Felles steuern. Jedes einzelne dieser Gene kann wiederum mit unterschiedlicher Information, in Form verschiedener Allele, auftreten. Solche Allele sind Abwandlungen der auf ein ganz bestimmtes Ziel im Organismengefüge ausgerichteten Grundinformation des Gens, also beispielsweise einer Grundinformation Farbe, die als rot, gelb, grün, blau erscheinen kann. In diesem Sinne gibt es mehr oder minder zahlreiche Abwandlungen (Mutanten) der einzelnen Erbfaktoren oder Gene, die zur Ausfärbung des Säugetierfelles beitragen.

Der Agutifaktor verursacht eine Bänderung jedes einzelnen Haares, indem das Pigment nicht gleichmäßig auf seiner ganzen Länge, sondern rhythmisch in Zonen mit Phäomelaninen, gelbroten Pigmenten, und mit Eumelaninen, schwarzbraunen Pigmenten, eingelagert wird (Bild 2.1). Je nach Zahl und Breite der hellen und dunklen Bereiche entsteht auf die-

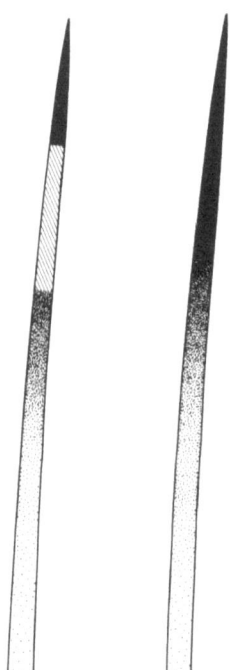

Bild 2.1
Der Agutifaktor der Fellfärbung verursacht eine Bänderung der Haare (links), wobei auf eine dunkle Spitze eine mehr oder minder breite gelbliche Zone folgt, an die wiederum schwarzbraune, nach unten zur Haarbasis hin ausdünnende Färbung anschließt. Bei manchen Arten ist diese Bänderung auch mehrfach wiederholt. Die Abwandlung dieses Gens zum Non-Aguti-Allel bringt demgegenüber eine gleichmäßige Pigmentablagerung im Haar mit sich, was das gesamte Haar braunschwarz mit zur Basis abnehmender Farbkonzentration erscheinen läßt (rechts).

se Weise ein graugelber bis brauner Gesamteindruck des Felles, der aus der Nähe gesehen infolge des engen Zusammenliegens kleinster gelblicher und schwärzlicher Farbpunkte oder -striche unruhig wirkt. Dieser nach einem hasenähnlichen, südamerikanischen Nagetier mit entsprechendem Fell benannte Faktor regelt weiterhin die Pigmentverteilung in den einzelnen Bereichen des Körpers, also etwa das Nebeneinander von heller Bauch- und dunkler Flanken- und Rückenfärbung (Bild 2.2: Farbtafel IV). Bei sehr vielen Säugetieren ist nun eine Abwandlung dieses Gens in Form des Non-Aguti-Allels bekannt. Unter seiner Wirkung fällt die zonierte Pigmentverteilung weg. Gelbe und schwarze Pigmente sind zusammen über das ganze Haar hin abgelagert, wobei ihre Konzentration von der Spitze zur Basis hin abnimmt (Bild 2.1). Außerdem unterbleibt die Differenzierung unterschiedlicher Farbflächen des Felles. So entsteht ein über das ganze Fell hin ziemlich gleichmäßig schwarzer Eindruck (Bild 2.3: Farbtafel IV), der nur dort bis zum Graubraun aufgehellt sein kann, wo insgesamt nur wenig Pigment pro Haar gebildet wird, der also bei der Agutifärbung mehr oder minder weißlich erscheint, wie die Bauchseite vieler Arten. Die meisten rein schwarzen Abänderungen zahlreicher Säugetierarten, beispielsweise die normale schwarze Katze, entsprechen diesem Allel des Agutifaktors. Der Wildfärbung, also dem Agutityp gegenüber, verhält sich das Non-Aguti-Allel bei der Vererbung rezessiv. Erbt also ein Tier von einem Elternteil das Aguti-Allel, vom anderen das Non-Aguti-Allel, so wird es wildfarben erscheinen (heterozygoter Zustand). Erst wenn es das letztere Allel doppelt trägt, das heißt, von beiden Elternteilen erhalten hat, wird die Schwarzfärbung ausgebildet (homozygoter Zustand).

Der Albinofaktor bestimmt darüber, ob und wieviel Pigment überhaupt gebildet wird. Das bei der Wildfärbung vorliegende Allel dieses Gens läßt der Pigmentproduktion freien Lauf, das Albinoallel unterbindet sie total. Das Fell wirkt dann rein weiß (Bild 2.5: Farbtafel V). Da auch in der Haut, nicht nur in den Haaren, keinerlei Pigment existiert, erscheinen die Augen solcher Albinos infolge der durchschimmernden Blutgefäße rot, bei sehr dicker Hornhaut mehr bläulich. Auch das Albinoallel verhält sich vererbungsmäßig rezessiv, es muß, um zum Vorschein zu kommen, doppelt vorhanden sein. Zwischen diesem und dem Wildfarballel des betreffenden Gens reihen sich weitere Allele ein, die eine mehr oder minder starke Herabsetzung, aber keine vollständige Unterdrückung der Pigmentbildung bewirken. Hiervon ist das Chinchilla-Allel erwähnenswert, das seinen Namen von dem in der Pelzwirtschaft wichtigen Nagetier aus den Anden trägt, das solche Färbung besitzt. Der hellgraue Ton wird hierbei hervorgerufen durch eine Reduktion der gelblichen Phäomelanine, die weiter geht als die der schwärzlichen Eumelanine. Bei Hauskatzen ist die Pigmentunterdrückung bei der Chinchillafärbung so weitgehend, daß nur noch ein schwärzlichgrauer Schimmer über dem Rücken des ansonsten weißlichen Felles liegt. Beim Kaninchen entspricht das Chinchilla-Allel mit einem aschgrauen Fell hingegen mehr dem namengebenden Vorbild. Insgesamt kennt die Kaninchenzucht sechs Allele des Albinofaktors, die, wie in der Genetik allgemein üblich, mit Buchstabensymbolen ausgedrückt werden. Der Buchstabe A kennzeichnet dabei das Wildfarballel und drückt mit seiner Großschreibung gleichzeitig die Dominanzsituation in der Vererbung über das rezessive Albinoallel, a, aus. Das Chinchilla-Allel wird als a^{chi} gekennzeichnet. So gibt es beim Kaninchen folgende Allelreihe fortschreitend abnehmender Pigmentbildung: A (volle Pigmentierung) – a^d (Schwarzchinchilla) – a^{chi} (Chinchilla) – a^m (Marder) – a^n (Russe) – a (Albino). Die vor dem Albino-Allel stehende „Russenfärbung", der bei der Hauskatze die „Siamfärbung" entspricht, birgt eine hochgradige Temperaturempfindlichkeit der Ausfärbung des Felles in sich. In dem Körperkern nahen Fellbezirken mit ständig höherer Hauttemperatur fällt die Pigmentbildung weitgehend aus. So werden die Jungen, aus der gleichmäßigen Wärme des Mutterleibes kommend, ganz weiß geboren. An den Stellen, wo dann ständig etwas tiefere Hauttemperaturen herrschen, das heißt, an der Schnauze, an den Ohren, an den Beinen, am Schwanz, dunkeln die Haare während des Wachstums zunehmend nach, es bildet sich am Kopf also eine dunkle Maske, wie sie beispielsweise für die Siamkatze so kennzeichnend ist. Bei ihr wird auch das ursprüngliche Weiß des Körpers schwach zu einer Creme- bis hellbräunlichen Färbung nachpigmentiert. Verliert ein solches Tier an einer beliebigen Körperstelle Haare und wachsen diese unter kühler Außentemperatur, bei Kühlung der betreffenden Hautpartie also, nach, so werden sie wie die Körperspitzenbereiche dunkel. So wird auch eine im Winter viel im Freien befindliche Siamkatze in dieser Zeit dunkler als eine ständig im warmen Raum gehaltene.

Der Aufhellfaktor (Dilutionsfaktor) regelt zusätzlich zum Agutifaktor die Verteilung des Pigments im Haar. Sein Wildfaraballel bewirkt die normale, gleichmäßig verteilte Ablagerung, das Aufhellungsallel führt zu Pigmentballungen, wodurch andere Stellen pigmentfrei bleiben und damit insgesamt eine Aufhellung der Fellfarbe zustande kommt. Ein auf der Grundlage des Non-Aguti-Allels des Agutifaktors stehendes Schwarz wird mit diesem Aufhellungsallel beispielsweise zu einer in der Regel als „Blau" bezeichneten blaugrauen Tönung.

Ein Schwarzpigmentfaktor steuert die Eumelaninbildung. Sein Allel, das den Schwarzanteil der Pigmentierung verringert, führt zusammen mit dem Aguti-Allel des Agutifaktors zu mehr gelblichen oder rötlichen, sandfarbenen Färbungen, je nach der mehr gelben oder roten Ausfärbung der Phäomelanine. Mit dem Non-Aguti-Allel hellt sich das Schwarz des Felles zu Braun auf. Ein Allel eines anderen, die Ausdehnung der Schwarzpigmente bestimmenden Faktors läßt die gelbroten Phäomelanine ausschließlich das Erscheinungsbild des Tieres (Bild 2.5: Farbtafel V) bestimmen. Auch die entgegengesetzte Möglichkeit ist gegeben, das heißt, Verstärkung der Eumelaninproduktion der normalen Wildfarbe gegenüber. Dies erbringt selbst mit dem Aguti-Allel der Haarbänderung schwärzliche Färbungen. In der Kaninchenzüchtung ist eine solche Farbe als eisengrau bekannt.

Wie die Schwarzfaktoren die Eumelanine, so verändern Gelbrotfaktoren die Phäomelanine und entscheiden damit über die Ausfärbung der gelben und roten Farbtöne. Silberfaktoren sorgen dafür, daß bei Vorliegen entsprechender Silberungsallele zwischen den normal ausgefärbten Haaren solche stehen, denen das Pigment ganz fehlt, die also weiß erscheinen. Die Intensität des Silberschimmers über dem Fell hängt von der Zahl der weißen Haare ab. Hier ist eine Verstärkung im Laufe der Jugendentwicklung zu beobachten. Altersparallele Silberungen kennen wir ferner als Schimmelfaktor beim Pferd. Schimmelfohlen werden bekanntlich dunkel geboren und bekommen erst im Laufe der Jahre bei jedem Haarwechsel mehr weiße Haare, bis schließlich das rein weiße Fell ausgebildet ist. Auch die Altersergrauung des Menschen ist prinzipiell in diesem Zusammenhang zu sehen.

Der Scheckfaktor ist einer der wenigen Farbfaktoren, bei denen die von der Wildfärbung abweichende Farbgebung in der Regel insofern dominant vererbt wird, als schon bei einfachem Vorliegen des betreffenden Allels eine Scheckung sichtbar wird. Allerdings kann hier andererseits auch von intermediärer Vererbung gesprochen werden, nachdem der Weißanteil des gescheckten Felles im homozygoten Zustand, das heißt, bei alleinigem, doppeltem Vorhandensein des Scheck-Allels, höher ist als im heterozygoten, wenn neben dem Scheck-Allel auch das Normalfarballel dieses Gens vorliegt. Über den Grad der großflächigen Scheckung, bei der im Extrem normal pigmentierte Fellbezirke nur noch an wenigen Stellen auftreten, wie bei der sogenannten Harlekin-Katze, bestimmen weiterhin zum Hauptgen des Scheckfaktors hinzukommende Modifikationsgene (Bilder 2.6–2.8: Farbtafel VI-VIII).

Bei solchen Arten, die auf der Grundfarbe des Felles noch ein Muster besitzen, kommt eine Allelserie des Musterfaktors zum Tragen. Als Beispiel hierfür kann die Hauskatze angesprochen werden. Europäische Hauskatzen besitzen in der Regel eine Fellzeichnung aus quer zur Körperlängsachse verlaufenden Streifen, die verschiedentlich Unterbrechungen bis hin zum Bild einzelner Fleckenreihen aufweisen (Bild 3.13: Farbtafel IX). Neben diesem Streifenmuster gibt es bei Hauskatzen ein Fleckenmuster, bei dem die Flanken durchweg mit einzelnen Tupfen besetzt sind. Dieses Muster ist für die als „ägyptische Mau" bezeichnete Rasse kennzeichnend. Eine sehr häufige Abwandlung des Streifenmusters ist das sogenannte Leier- oder Marmormuster, bei dem mit einer Vermehrung der mit verstärkter Musterungspigmentierung versehenen Fellflächen eine völlige Umbildung des Zeichnungstyps zustande kommt (Bild 9.7: Farbtafel XXII). Schließlich ist als vierte Variante im Hauskatzenmuster der Abessiniertyp zu nennen, der für die sogenannten „Abessinierkatzen" kennzeichnend ist. Bei ihm ist die Auspigmentierung eines Musters soweit unterdrückt, daß geringe Zeichnungsreste nur noch am Kopf, an den Beinen, am Schwanz und im Brust-Bauch-Bereich in Erscheinung treten.

Die extreme Vielfalt, die wir bei der Fellfärbung der Haustiere beobachten, beruht nicht allein auf dem Nebeneinander vieler solcher Allele mehrerer Färbungsfaktoren, sondern auch auf zahlreichen Möglichkeiten ihres gemeinsamen, kombinierten Vorhandenseins (Bild 2.7: Farbtafel VI). So bringt beispielsweise bei der Katze der Scheckfaktor mit seinem entsprechenden Allel weiße Flächen auf dem sonst wildfarbenen, bräunlichgrauen Fell mit Streifenmuster zustande. Wird das Non-Aguti-Allel des Agutifaktors homozygot, also von beiden Eltern kommend hinzugebracht, so entsteht ein rein schwarz-weiß gescheckes Tier. Weitere Kombination mit einem die Eumelanine reduzierenden Allel des Schwarzfaktors führt zu einer rot-weißen Scheckung, Zusatz des Aufhellungsallels läßt schließlich eine creme-weiße Katze entstehen. Durch bewußte züchterische Einkreuzungen hat der Haustiere haltende Mensch hier also die Möglichkeit, eine weit gefächerte Palette der unterschiedlichsten Farbrichtungen und Farbtönungen zu erzielen. In der Zucht von Farbnerzen für die Pelzmode wurden solche Möglichkeiten in hohem Maße genutzt (Bild 2.9: Farbtafel VII).

Im krassen Gegensatz hierzu steht die Häufigkeit der von der Norm abweichenden Farbgebung beim Wildtier. Innerhalb regionaler Populationen sind die Unterschiede einzelner Tiere untereinander meistens nur geringfügig. Sofort auffällige Verschiedenheiten, wie etwa Albinos, kommen zwar bei den meisten Arten immer wieder vor, bleiben aber insgesamt gesehen äußerst selten. Lediglich die Schwarzfärbung macht hiervon eine gewisse Ausnahme. So gibt es zum Beispiel in Mitteleuropa Populationen des Eichhörnchens mit ausschließlich roten bis braunen Tieren, solche mit vereinzelt schwarzen Stücken, und schließlich solche, bei denen die schwarze Fellfärbung die normale und das Populationsbild bestimmende ist. Bekannt ist auch die häufig als Panther bezeichnete schwarze Variante des Leoparden, die vor allem im südostasiatischen Raum Gebiete gehäuften Auftretens unter den normalfarbenen, auf gelblichem Grund gefleckten Artgenossen kennt. Beispiele für solche Häufung der Schwarzfärbung, des Melanismus, sind aus den meisten Verwandtschaftsgruppen der Säugetiere zu erbringen.

Mit seiner Färbung ist das Wildtier in der Regel gut an seine natürliche Umwelt angepaßt. Falbkatzen aus den heißen, staubigen Wüstensteppen Nordafrikas und der arabischen Halbinsel tragen beispielsweise mehrheitlich fahl sandfarbenes oder fahl bräunliches Fell, auf dem die Musterung häufig nur undeutlich erscheint oder durch das für die Hauskatze beschriebene „Abessinier-Allel" des Musterfaktors nahezu ganz verschwindet, die also fahl in ihrer Umgebung wirken. In den feuchteren Savannenländern im südlicheren Afrika herrschen hingegen dunkler braungraue Falbkatzen mit deutlicher Musterung vor.

Farbliche Übereinstimmungen mit dem Unter- oder Hintergrund erschweren Freßfeinden, die sich vor allem mit dem optischen Sinn orientieren, das Entdecken der möglichen Beute und geben ihr dadurch einen erhöhten Schutz. Besonders überraschend ist eine derartige Tarnanpassung bei Tieren, die, aus ihrer natürlichen Umgebung herausgenommen,

Bild 2.10
Beim Wildtier hat die Färbung vorwiegend die Funktion der Tarnung in seiner Umwelt. Dies ist auch bei solchen Arten der Fall, die unter geänderten Umweltbedingungen im Zoologischen Garten äußerst auffällig erscheinen. Die kontrastbetonte schwarzweiße Kopfmaske und schwarzweiße Schwanzringelung tarnt den Katta aus der madagassischen Lemurenfauna in den lichten Trockenwäldern seines Verbreitungsgebietes besonders gut im scharf kontrastierenden Licht- und Schattenspiel am Boden und zwischen den Blättern.

als unübersehbar erscheinen. So beispielsweise der Katta, einer der besonders kontrastreich gezeichneten Lemuren Madagaskars. Sein schwarzweiß geringelter Schwanz und eine schwarzweiße Kopfmaske bei sonst graubrauner Körperfarbe verleihen ihm ein im Zoo sofort ins Auge fallendes Äußeres. In seinem Lebensraum, den lichten Trockenwäldern im madagassischen Süden, zeichnet jedoch die fast ständig vom Himmel brennende Sonne durch die Blätter und Zweige der Bäume ein so scharf kontrastiertes Muster von Flecken und Streifen aus gleißendem Licht und tiefen Schatten auf den Boden, daß der Katta hier mit der Umgebung zu verschwimmen scheint (Bild 2.10).

Eine solche, den Tierkörper optisch auflösende und ihn in seiner Umwelt deckende Färbung und Musterung ist das Ergebnis entsprechender Selektion, die jeweils dem am besten Angepaßten die besten Überlebens- und Fortpflanzungschancen gibt. In einer Population ab und zu auftauchende Individuen mit auffälliger Farbgebung werden von optisch jagenden Raubtieren eher entdeckt und sind damit in höherem Maße gefährdet. Von der jeweiligen Norm abweichende Tiere sind von einem weiteren Ausleseverfahren bedroht, wenn es sich um gesellig lebende Formen handelt. Einem Angreifer fällt es schwer, sich auf ein einzelnes Opfer zu konzentrieren, wenn vor seinen Augen eine ganze Schar prinzipiell gleich aussehender Tiere auseinanderstiebt. Ist aber ein klar von den anderen abweichendes Exemplar darunter, so wird dieses sofort das bevorzugte, weil ohne Verwirrung im Auge zu behaltende Ziel. Habichte greifen so aus Schwärmen verwilderter Tauben auffällig von der Masse abgesetzte Einzeltiere heraus, also weiße, wenn die meisten dunkel sind, oder gerade umgekehrt. Schließlich ist als dritte Gefahrenquelle für das abweichend gefärbte Wildtier, das im sozialen Verband lebt, die soziale Isolation und Aggression durch Artgenossen selbst zu sehen. Wie für einen Raubfeind, so kann ein solches Exemplar auch für sie von vornherein zum Außenseiter werden, der in der Rangordnung gedrückt wird und nur geringe Fortpflanzungschancen erhält. Solange seine Andersartigkeit nicht sicht-

Bild 2.11 Tiere, die auffällig anders gefärbt sind als ihre Artgenossen, sind in Gefahr, zu sozialen Außenseitern isoliert und Ziel von Aggressionen zu werden. Solcher sozialen Aggression unterlag auch dieser aus dem Orinoko stammende, albinotisch-weiße Süßwasserdelphin inmitten seiner dunkel gefärbten Artgenossen, die die Farbauffälligkeit im klar gefilterten Wasser des Zoos (Zoo Duisburg) im Gegensatz zu den trüben Fluten ihres Heimatgewässers jederzeit vor Augen hatten.

bar ist, passiert ihm diesbezüglich wenig. Dies dürfte bei einem albinotischen Süßwasserdelphin-Weibchen der Fall gewesen sein, während es in den trüb schlammigen Fluten des Orinoko aufwuchs. Als es dann aber zufälligerweise bei einer Fangexpedition des Duisburger Zoos zusammen mit mehreren normal, das heißt dunkel gefärbten Artgenossen in Gefangenschaft geriet und diese Tiere im Zoo dann in klarem Wasser gehalten wurden, wurde es allmählich mehr und mehr zur Zielscheibe der sozialen Aggression, der es schließlich auch erlag (Bild 2.11). Das Zusammenwirken aller dieser Formen der Selektion – Selektion des Auffälligen durch Raubfeinde, Selektion des innerhalb der sozialen Gruppe Andersartigen durch Raubfeinde, und soziale Selektion des Andersartigen – führt dazu, daß beim Wildtier ständig eine gewisse Normierung der Färbung beibehalten wird.

Beim Haustier übernimmt der Mensch den Schutz vor Räubern. Damit scheiden wichtige Selektionsfaktoren aus. Eine Verringerung der Auslese erlaubt aber unmittelbar eine Zunahme der Vielfalt. Dort, wo der Feinddruck durch Ausrottung oder starke Verminderung der Fleischfresser im Zuge jagdlicher Maßnahmen des Menschen gesenkt wird, geschieht grundsätzlich das gleiche. So ist seit dem starken Rückgang jagender Greifvögel in den mitteleuropäischen Städten in zunehmender Häufung das Auftreten von Schecken und Albinos bei Amseln und Sperlingen zu beobachten. Wo der Mensch nicht selbst entsprechend selektierend tätig wird, können sich genauso in mitteleuropäischen Jagdrevieren in verstärktem Maße weißes und auffällig hellfarbenes Damwild und gescheckte Rehe halten, nachdem Wolf und Luchs ausgerottet sind.

Die Basis für die eingeschränkte Merkmalsvariation beim Wildtier und die Vielfalt beim Haustier ist die gleiche. Durch Mutationen, also Änderungen von Erbinformationen, Bildung neuer Allele, wird die genetische Vielfalt angereichert. Beim Wildtier wird nun durch gegenläufige Selektion die Normierung ständig weitgehend aufrechterhalten. Beim Haustier ist diese Selektion vermindert, die Normierung wird ständig geringer. Setzt an der resultierenden Merkmalsvielfalt eine neue Auslese in Form der züchterischen Selektion an, so werden neue, der alten gegenüber geänderte Normen möglich. Dieser Mechanismus gilt selbstverständlich nicht nur für die Färbung, sondern prinzipiell für alle Merkmalskomplexe. So ist bei Haustieren nicht nur die Variation der Farbe, sondern in augenfälliger Weise auch diejenige der Behaarung, der Größe und der Gestalt ausgeweitet.

Was die Behaarung betrifft, so sind von den meisten Haustieren Kurzhaar- und Langhaartypen bekannt. Letztere werden häufig mit dem Namen Angora belegt, wie Angorakatze, Angorakaninchen, Angorameerschweinchen und andere (Bilder 2.12, 2.13). Diese Bezeichnung stammt von der aus der Region um Angora — heute Ankara — in der Türkei bekannt gewordenen langhaarigen „Angoraziege", von der die Angorawolle Mohair kommt. Der Vererbungsmodus der Langhaarigkeit ist in der Regel rezessiv, Kurzhaar-Langhaarverpaarung erbringt in der ersten Nachkommensgeneration also kurzhaarige Junge. Erst in der zweiten Generation ist wieder das Auftauchen langhaariger Tiere zu erwarten, die dann unter sich reinerbig sind. Eine andere Abweichung vom normalen Haartyp ist die Kraushaar- oder Lockenbildung, wie sie beim Hund in der Form des Pudels, beim Schaf als Karakulschaf geläufig ist. Letzteres liefert die für die Pelzwirtschaft in vorderer Front bedeutsamen Breitschwanz- und Persianerfelle. Vielfach finden sich bei Haustieren

Bild 2.12 Vorbild der Angora-Bezeichnung für langhaarige Haustiere: die Angoraziege

Änderungen in der Zusammensetzung des Haarkleides, das im Normalfall beim Säugetier aus langen, straffen Deckhaaren, untergliedert in Grannen- und Leithaare, und aus Wollhaaren besteht. Bei Hauskatzen gibt es sowohl die Reduktion der Wollhaare, wie bei den Maine-Coon-, Skog- und Türkischen (Vansee-) Katzen, als auch die Reduktion der Deckhaare, nämlich bei den Rexkatzen. Deckhaarrückbildung und Wollhaarzunahme ist die Grundlage für die wichtigsten Wollieferanten des Menschen, nämlich die von den sogenannten Haarschafen zu unterscheidenden Wollschafe. Schließlich führt eine gänzliche oder weitgehende, nur Behaarungsreste an einzelnen Körperstellen hinterlassende Haarreduktion zu Nackttieren, wie den Nackthunden oder den Nacktkatzen.

Auch die Haut selbst als Ursprungsort der Behaarung weist bei Haustieren eine beträchtliche Vielfalt auf. Neben Hautvermehrung teilweise bis zu Hautfaltenbildungen wie im Gesicht mancher Schweinerassen (Bild 2.17) oder als riesige Wamme bei Zeburindern sind hierher die Hängeohren zu rechnen, die bei vielen Haustierarten vorkommen und beim Hund am bekanntesten sind.

Größenunterschiede sind beim Haustier besonders auffällig. Sie gehen bei manchen Arten um ein Vielfaches über das hinaus, was bei ihren Wildahnen diesbezüglich zu beobachten ist. Die Skala spannt sich zwischen ausgesprochenen Riesen und ausgesprochenen Zwergen. Schulterhöhenunterschiede liegen beim Hund im Rahmen eines Verhältnisses von über, beim Pferd nahezu bei 1:4. In weit höherem Maße schwanken die Gewichte. Mit solchen Größenverschiedenheiten gehen gewisse Proportionsänderungen zwangsläufig einher. Man benennt solche regelhaften Verschiebungen, bei denen sich die Größe eines Körperteils nicht in gleichbleibendem Verhältnis mit der Körpergröße ändert, sich also nicht isometrisch verhält, als allometrisch. Positive Allometrie bedeutet dabei, daß ein Körperteil mit zunehmender Bezugsgröße absolut und relativ zunimmt, negative Allometrie, daß er zwar absolut zu-, aber relativ gesehen abnimmt. Eine recht deutliche positive Allometrie am Kopf betrifft gewöhnlich den Schnauzenteil. Je größer das Tier, desto relativ länger ist seine Schnauze im Hirnschädelbezug und bestimmt zunehmend das Erscheinungsbild des Kopfes, je kleiner, desto mehr tritt die Schnauze zurück und läßt den Hirnschädel überwiegen (Bild 2.19).

Diese ausgesprochene Verrundung des Kopfes bei Zwergformen und in entsprechender Weise auch bei Jungtieren größerer Rassen führt im Rahmen des vor allem Frauen ansprechenden, von Konrad Lorenz so benannten „Kindchenschemas" durch die Kombination

Bild 2.13 und Bild 2.14 Kurzhaarmeerschweinchen und Langhaarmeerschweinchen („Angorameerschweinchen") demonstrieren, wie allein der Behaarungstyp das Aussehen einer Tierart total verändern kann.

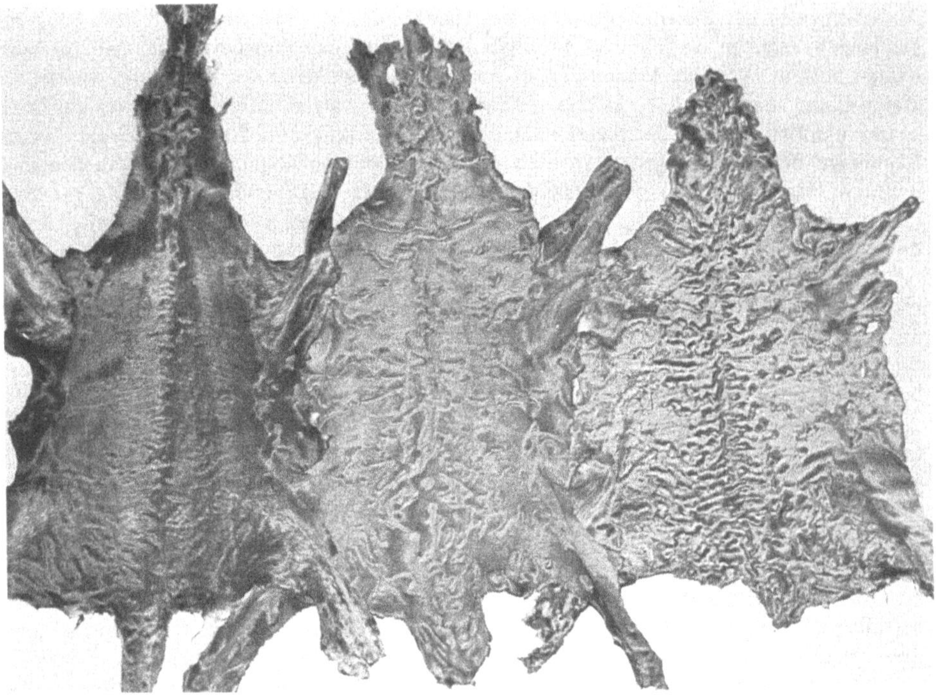

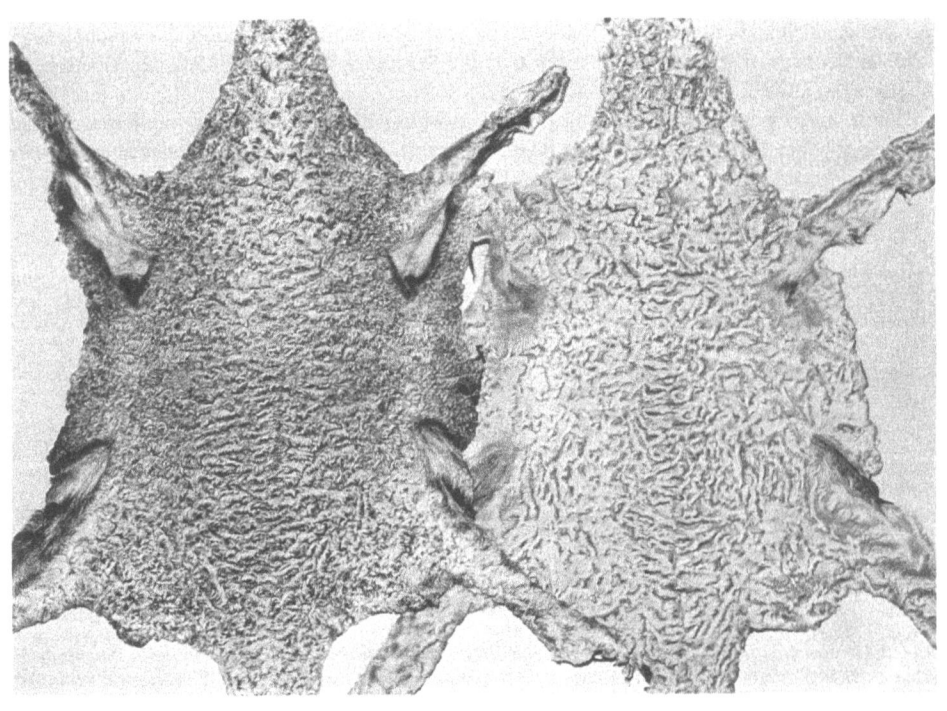

Bild 2.15

Bild 2.16

Bild 2.17
Hautfaltenbildungen kennzeichnen das stark verkürzte Gesicht mancher aus dem ostasiatischen Raum stammender Schweinerassen, so das hier abgebildete kleine vietnamesische Hausschwein, das in deutschen Zoos unter dem Namen „Hängebauchschwein" populär wurde.

Bild 2.18
Bei vielen Haustierarten findet man Vergrößerungen von Hautflächen in Form von Hängeohren (Bernhardiner).

Bild 2.15 und **Bild 2.16** Lockenbildung der Behaarung ist beispielsweise für die Karakulrasse des Schafes kennzeichnend. Das Fell frühgeborener Lämmer hat diese Haarlockung und -wellung noch nicht ausgebildet, sondern besitzt an ihrer Stelle ein flaches Moirémuster. In den Pelzhandel kommen solche Felle unter der Bezeichnung „Breitschwanz". Bei einige Tage alten Lämmern werden dann die Locken ausgebildet, sind aber noch fest und geschlossen. Sie liefern die sogenannten „Persianerfelle".

Bild 2.19
Infolge regelhafter Verschiebungen der Körperproportionen mit abnehmender Körpergröße (allometrische Veränderungen) tritt bei Zwerghunden die Schnauze im Gesamtbild des Kopfes stark zurück, während die Stirn höher und runder wird und die Augen relativ groß erscheinen. Solche Tiere entsprechen damit dem von Konrad Lorenz so benannten „Kindchenschema", das vor allem Frauen anspricht und das Pflegeverhalten intensiviert. Die hier abgebildete Rasse (Yorkshireterrier) zeichnet sich normalwüchsigen Hunden gegenüber auch durch einen größenunabhängigen Proportionswandel aus, nämlich Kurzbeinigkeit.

Bild 2.20
Der Sloughi, marokkanischer Windhund, verkörpert einen in allen Merkmalen anderen Körperbautyp als der in Bild 2.19 gezeigte Yorkshireterrier: er zeichnet sich durch besonderen Schlankwuchs und starke Hochbeinigkeit aus. Beide Bilder geben einen guten Eindruck von der gestaltlichen Vielfalt, die innerhalb einer Haustierart möglich ist.

hoher Stirn und großer Augen zur Intensivierung menschlichen Pflegeverhaltens. Es ist zu vermuten, daß in diesem Verhaltenselement eine den Betroffenen selbst völlig unbewußte Ursache für die Wahl einer im Vergleich zu Hunden sowieso kurzschnauzigen, hochstirnigen Katze oder eines Klein- oder Zwerghundes durch vorwiegend ältere, in ihrem Kontaktbedürfnis unausgefüllte Frauen zu finden ist.

Neben solchem größenabhängigen Proportionswandel fallen bei Haustieren viel stärker noch größenunabhängige Proportionsverschiebungen ins Auge. Änderungen der gesamten Wuchsform des Körpers bedingen Schlank- oder Breitwuchstypen, wie sie beispielsweise beim Pferd das Verhältnis von Vollblütern zu Kaltblutrassen kennzeichnen. Beim Hund sind die Windhunde (Bild 2.20), beim Rind das Zebu (Bild 2.8: Farbtafel VII) entsprechende Schlankformen. Von der größenbedingt allometrischen Änderung der Schnauzenlänge unabhängige Kurzschnauzenformen gibt es bei den meisten Haustierarten. Solche Bildungen werden manchmal als „Mopskopf" bezeichnet, was bereits auf einen Vertreter solcher Kurzschnauzentypen beim Hund hinweist. Auch der Boxer ist eine typische Kurzschnauzenrasse. Beim Schwein wären als Extreme vor allen Rassen ostasiatischer Herkunft zu nennen, wie das chinesische Maskenschwein und das vietnamesische Hängebauchschwein (Bild 2.17). Bei Hauskatzen läuft die Zucht bei den Perserkatzen in diese Richtung, beim Pferd kennzeichnet eine gewisse Kurzschnauzigkeit den Arabertyp. Proportionsänderungen im Bereich der Beine erbringen Lang- und Kurzbeinformen. Die wiederum nach einer Hunderasse häufig als „Dackelbeinigkeit" benannte Kurzbeinigkeit tritt außer bei zahlreichen Hunderassen unter anderem auch bei Rindern und Schafen auf. Das Gegenteil, die Langbeinigkeit, zeichnet beispielsweise Windhunde und Vollblutpferde aus. Wirbelsäulenveränderungen kommen besonders häufig im Schwanzbereich vor, wo Kurz- und Ringelschwanztypen und Schwanzlosigkeit verbreitet sind. Lendenwirbelvermehrung beim Schwein wurde züchterisch zur Kotelettvermehrung genutzt.

Wie die Gestaltmerkmale des Körpers, so weisen bei den horntragenden Haustieren die Hornformen eine beträchtliche Vielgestaltigkeit auf. Beim Rind lassen sich in Europa schon seit der Jungsteinzeit zwei grundverschiedene Horntypen unterscheiden, nämlich der brachyceros- (d.h. Kurzhorn-) Typ und der primigenius-Typ mit langen Hörnern, der nach dem Artnamen *Bos primigenius* für den Auerochsen oder Ur als „auerochsenhörnig" zu bezeichnen ist (Bilder 2.21, 2.22). Von dieser frühen doppelten Basis aus entwickelten sich über weitere Erbänderungen mehrere verschiedene Hornformen, von denen die Riesenhörnigkeit bei manchen afrikanischen Rindern, etwa dem Watussirind, und die Hornlosigkeit die Extreme darstellen. Hornlosigkeit findet sich auch als eine der Möglichkeiten bei Schaf und Ziege. Beim Schaf kommen neben dem als ursprünglich anzusehenden Schneckentyp der Hörner der gerade Korkziehertyp der Zackelschafe (Bild 2.23) und sogar die Vierhörnigkeit (Bild 2.24) hinzu. Bei der Ziege gibt es zwei Grundtypen, nämlich das Säbelhorn, wie es die Bezoarziege als Wildform trägt, und einen mit sehr weiter Spiralwindung gedrehten Korkziehertyp (Bild 3.38, 3.43).

Diese breite und bunte Vielfalt des gesamten Erscheinungsbildes der Haustiere stellte die Grundlage, auf der eine Vielzahl von Rassen entstehen konnten. Solche Rassen sind bei den Hochzuchthaustieren begrifflich gut faßbar. Es sind Gruppen von Individuen einer Art, die sich in einer Reihe von als „rassentypisch" betrachteten Merkmalen untereinander sehr ähnlich sind, sich aber von anderen Individuen der gleichen Art in ihrem speziellen Merkmalskombinat deutlich unterscheiden. Diese Einengung der ursprünglichen Haustiervielfalt auf eine neue Norm, eine „typische" Ausprägung hin wird durch Zuchtwahl nach einem jeweiligen, auf Übereinkunft der Züchter beruhenden Rassenstandard erreicht. Der Rassenstandard selbst kann auf Schönheitsvorstellungen beruhen oder aus bestimmten Nutzbedürfnissen heraus zustandegekommen sein. Da beides, menschliche Vorstellungen und menschliche Bedürfnisse, durchaus wandelbar ist, lassen sich im Laufe bereits eines Jahrhunderts tiefgreifende Änderungen einzelner Haustierrassen beobachten, indem gewisse Änderungen der Zuchtziele vorgenommen wurden.

Ein Beispiel mag die Zucht der Perserkatzen geben. Ihr Ausgangspunkt waren Angorakatzen aus dem kleinasiatisch-vorderasiatischen Raum, die sich durch normale Körperproportionen auszeichneten und nur längere Behaarung mit einer gewissen Halskrausenbildung und buschigem Schwanz besaßen. Aus solchen Angorakatzen entstand im Laufe unseres Jahrhunderts die nunmehr Perserkatze genannte Rasse mit gedrungener Wuchsform und stämmigen Beinen, mit etwas kürzerer Schnauze und aufgewölbter, verbreiterter Stirn, sowie mit kleinen Ohren. Gleichzeitig wurde die Haarlänge noch gesteigert.

Bild 2.21 Bei den horntragenden Hauswiederkäuern finden sich sehr vielfältige Horngrößen und formen. Sehr lange Hörner trägt beispielsweise das ungarische Steppenrind.

Bild 2.22 Die mitteleuropäischen Rinderrassen sind Vertreter der Kurzhornrinder, wie das hier abgebildete alpenländische Rind (Braunvieh).

Nachdem sich diese Rasse in den vergangenen Jahrzehnten so weit von ihrem Urbild entfernt hat, haben manche Züchter mittlerweile in Kleinasien selbst noch ursprünglich gebliebene Angorakatzen aufgegriffen und für sie einen neuen Standard entwickelt. Damit ist die Aufspaltung einer Rasse in zwei neue dokumentiert, von denen die eine durch Zuchtzieländerung in mehreren Merkmalen erzüchtet wurde und die andere das Ausgangsrassenbild ziemlich unverändert fortsetzt.

Um das Bild einer Rasse zu verändern, ist jedoch nicht allein das Verfahren scharfer Selektion nach neuen Zuchtzielen nutzbar, sondern es gibt ferner die Möglichkeit, das neuerlich Gewünschte über Einkreuzungen aus einer oder mehreren anderen Rassen zu erreichen. Dieses Verfahren spielt in der modernen Tierzucht eine entscheidende Rolle. Beim Hund ist die Wirkung dieser Methode beispielsweise an der Geschichte vom ursprünglichen St. Bernhards-Hund zum heutigen Bernhardiner zu verfolgen. Sein Ausgangstyp, der Hospizhund vom Beginn des 19. Jahrhunderts, entspricht einem normalgebauten, großen stockhaarigen Schweizer Sennenhund. Neue Zuchtziele gestalteten hieraus unter Einkreuzung von Neufundländern den noch größeren langhaarigen Bernhardiner mit hochgebogen erscheinender Schnauze und damit starkem Profilknick. In der Schweinezucht wurden die anfangs auf Speck gezüchteten mittel- und nordeuropäischen Landschweine durch Kreuzungs- und Selektionsverfahren im Zuge geänderter Anforderungen des Fleischmarktes zu ausgesprochenen Fleischschweinen mit längerem Körper umgestaltet. Aus ursprünglichen Landschweinen wurden nach 1850 zunächst über die Einfuhr englischer Rassen, in die seit Ende des 18. Jahrhunderts wiederum ostasiatische Schweine eingekreuzt waren, sogenannte „veredelte Landschweine" und „Edelschweine" gezogen.

Bild 2.23 Die Hörner des ungarischen Zackelschafes sind im Gegensatz zum ursprünglichen Schneckentyp des Schafhornes gerade ausgerichtet und in sich korkenzieherartig verdreht.

Bild 2.24 Beim Jakob-Vierhornschaf, einer alten englischen Rasse, sind die Hörner in ihrer Wurzel gespalten und wachsen als insgesamt Vierhörnigkeit vortäuschende Doppelhörner.

Bisher war von Rassen die Rede, die durch gezielte Auslese auf bestimmte Normen hin gezüchtet wurden, deren Rassenbild eng kanalisiert ist. Wo dies nicht der Fall ist, bei ursprünglichen Landrassen und bei der „rasselosen" Vielfalt der Primitivschicht eines Haustieres, ist die Rassenabgrenzung äußerst problematisch. Hier ist in ähnlicher Weise wie beim Versuch der Untergliederung einer Wildart in Rassen bzw. Unterarten das Problem einer Aufteilung der von der Evolution her notwendigerweise dynamischen innerartlichen Vielfalt in statische Kategorien zu lösen. Eine Rassenbeschreibung erscheint für Wildtierpopulationen und für nicht auf bestimmte Typen hin vom Menschen züchterisch beeinflußte Primitivhaustierpopulationen nur nach den jeweils häufigsten Merkmalen möglich. In einem solchen Fall kann also nicht ein einzelner bestimmter Typ oder Standard für die Definition allein bestimmend sein, sondern sie hat auf der Häufigkeit von Merkmalen bzw. auf der Häufigkeit der diesen zugrundeliegenden Erbinformationen im gesamten Genbestand, dem sogenannten Genpool, einer Population aufzubauen. In diesem Sinne mögen beim Haustier begrifflich Primitivrassen den Hochzuchtrassen gegenübergestellt werden, wobei man sich allerdings darüber im Klaren sein muß, daß zwischen beiden in Wirklichkeit fließende Übergänge bestehen.

Wie bei der Entstehung erster geographischer Unterschiede bei einer Wildart, so gehen auch beim Haustier erste Verschiebungen von Genhäufigkeiten auf die Phase seiner Ausbreitung zurück — beim Wildtier im Zuge aktiver Besiedlung neuer Gebiete, beim Haustier durch den seine Ausbreitung bewirkenden Menschen. Für die dabei eingeleitete Bildung von Primitivrassen beim Haustier sind neben Selektionseinflüssen Gendrift und Einkreuzung wildlebender Verwandter verantwortlich. Gendrift bedeutet zufällige Verschiebung von Allel- und damit Merkmalshäufigkeiten im Zuge des Gründens neuer Populationen aus der Ausbreitung nur eines sehr kleinen Anteiles der Ausgangspopulation in Gestalt einiger weniger Exemplare. Diese bringen nur einen zufälligen Teil der gesamten genetischen Vielfalt ihrer Herkunftspopulation mit. Findet ein solches Ausbreitungsverfahren mehrfach statt, so ist eine Gleichrichtung der Gendrift in allen diesen Fällen zum Äußersten unwahrscheinlich. Werden also nur wenige Tiere einer Art zu neuen Orten verfrachtet, so wird jeweils die eine oder andere Merkmalsausprägung aus der ursprünglichen Vielfalt der großen Ausgangspopulation nunmehr im Vordergrund stehen. Die Vermehrung solcher Kleinstgruppen aus nur wenigen Exemplaren zu zunächst noch lokalen, dann bei weiterer Zunahme und Rundumverbreitung regionalen Populationen führt somit zu Erbgemeinschaften, die sich in einzelnen Zügen unterschiedlich darstellen und als primitive Rassen bezeichnet werden mögen. Ein neuerlicher Zustrom aus der Ausgangspopulation oder ein Zusammentreffen und Vermischen mit einer kleinen Gründerpopulation aus einem Nachbargebiet verwischt solche Unterschiede wieder.

Ein weiterer Weg zur Entstehung unterschiedlicher Primitivrassen einer Haustierart führt über die Einkreuzung wilder Artverwandter. Die Stammarten bestehen, wie im folgenden Kapitel an einigen Beispielen ersichtlich wird, in der Regel aus mehreren geographischen Populationen. Diese unterscheiden sich nach Ausprägung und Häufigkeit einiger oder auch zahlreicher Merkmale voneinander und werden in der zoologischen Taxonomie gemeinhin als sogenannte Unterarten geführt. Entnimmt nun der Mensch einer einzigen dieser geographischen Populationen oder Unterarten einige Individuen zur Domestikation, so wird das entstehende Haustier grundsätzlich die typischen Merkmale eben dieser Erbgemeinschaft besitzen. Beim ersten Ansatz mit nur einer Handvoll Exemplaren werden ferner im Wege der Gendrift zufällig einige Merkmale in den Vordergrund gerückt, andere treten zurück oder verschwinden sogar ganz. Die anschließende Ausbreitung eines solchermaßen aus der primären Domestikation hervorgegangenen Haustieres mag sowohl in solche Gebiete erfolgen, in denen die Wildart in der gleichen oder in anderen geographischen Populationen lebt, als auch in Gegenden, in denen die Wildart fehlt. Im letzteren Fall können zur weiteren Ausgestaltung aus einzelnen Importkernen neu gegründeter Haustierpopulationen nur die Mechanismen der Gendrift und der Selektion wirksam werden. Eine Selektion kann dabei sowohl als züchterische Auslese durch den Menschen auf bestimmte Ziele hin als auch als natürliche Auslese, etwa durch Klimafaktoren, auftreten.

Bei einer Ausbreitung über Landschaften, in denen die Wildart lebt, kommen diese Mechanismen selbstverständlich ebenso zum Tragen. Es tritt aber die weitere Möglichkeit hinzu, den Genpool durch Einkreuzen der in der betreffenden Gegend lebenden Form der Wildart zu verändern. Ein solcher Vorgang mag zufällig geschehen, wenn sich vom Menschen unbeaufsichtigt streifende Haustierweibchen mit wilden Männchen paaren und ihre Jungen dann in den Haustierbestand einbringen.

Er kann andererseits aber auch vom Menschen herbeigeführt und gesteuert werden, wenn dieser vor allem Jungtiere der Wildform einfängt, um auf solche Weise seinen eigenen Haustierbestand rascher zu vergrößern. Wie Sandor Bökönyi anhand umfangreichen archäozoologischen Fundmaterials aus ungarischen Ausgrabungen aufzeigen konnte, fand ein derartiges Verfahren in großem Stil während der Jungsteinzeit, dem Neolithikum, für Rinder und Schweine statt. Der Fang von Urkälbern vermehrte den ursprünglich eingeführten Rinderbestand. Durch die anschließende Einkreuzung der innerhalb der Haustierherden aufwachsenden Ure wurde die Merkmalsvielfalt dieser Rinder in Richtung des europäischen Urs erhöht. Das prinzipiell Gleiche geschah mit der Hinzunahme europäischer Wildschweine zum ebenfalls zunächst importierten Hausschweinebestand. Eine entsprechende, als sekundäre Domestikation anzusprechende Maßnahme war in der ungarischen Landschaft für die Schafe und Ziegen als weitere landwirtschaftliche Haustiere der Menschen jener Zeit nicht möglich, weil die zugehörigen Wildarten dort nicht vorkamen.

Eine solche sekundäre Domestikation über die Zusatznutzung jeweils einheimischer Verwandter der Haustiere mußte natürlich, in verschiedenen geographischen Räumen vorgenommen, eine Annäherung der für die Haustierwerdung und das Haustiersein neutralen Merkmale an die jeweilige Wildform mit sich bringen, somit aber zur Bildung unterschiedlicher Primitivrassen beitragen. Werden subfossile Reste solcher Haustiere aus der Zeit sekundärer Domestikationen vergleichend bearbeitet, so kann, falls ein derartiges Geschehen nicht in Rechnung gestellt wird, leicht der Fehlschluß auf rein lokale Primärdomestikationen zu sehr verschiedenen Zeiten für ein und dieselbe Art gezogen werden. In der archäozoologischen Literatur ist dies tatsächlich häufig geschehen.

Als Beispiele für die kombinierte Wirkung aller dieser Gendrift-, Selektions- und Einkreuzungs-Mechanismen zur Bildung von Primitivrassen der Haustiere seien die Entwicklungen bei Hund und Katze kurz gestreift. Wie im folgenden Kapitel ausgeführt wird, stammt die Hauskatze von der Falbkatze des ägyptisch-palästinensischen Raumes ab. Ihre nach der dortigen Primärdomestikation erfolgende Weitergabe in andere Länder führte sie schließlich sowohl nach Europa als auch nach Ost- und Südostasien. Im europäischen Raum ist als naher Verwandter die Waldwildkatze verbreitet, im chinesisch-indochinesisch-indonesischen Raum fehlt eine so unmittelbar verwandte Art. Wildkatzen-Hauskatzen-Kreuzungen kommen auch in der Neuzeit durch streifende Hauskatzen immer wieder einmal zustande. Es ist nicht anzunehmen, daß dies seit Anfang der Geschichte der Hauskatze in Europa anders war. Im Vergleich zu den ursprünglichen, falbkatzenhaften Primitivhauskatzen, die sich beispielsweise im Fellmuster durch eine allgemeine Verdunklung der Rückengegend ohne scharfen Aalstrich und im Schädelbau durch einen niedrigen, schlanken Unterkiefer auszeichnen, finden sich dementsprechend heute bei den Hauskatzen Europas und den von hier aus aufgebauten Katzenbevölkerungen in Übersee häufiger sowohl ein waldwildkatzenhafter Aalstrich im Fellmuster als auch ein eher zu der schweren Form der Waldwildkatze neigender Unterkiefer. Aus Hauskatzen im wildkatzenfreien südostasiatischen Gebiet wurde mit scharfen Selektionsmaßnahmen die Siamkatze als Hochzuchtrasse erzüchtet. Sie hat viel mehr Falbkätzisches im Schädelbau und im Verhalten. Auch in Madagaskar, dessen Katzenbevölkerung in der Häufigkeit einzelner Allele der Fellfärbung deutliche Anklänge an die Katzen der indonesischen Teilheimat der madagassischen Kultur zeigt, existiert solche siamkatzenhafte Schädelbildung. Die damit gleichzeitig angesprochene unterschiedliche Häufigkeit einzelner Färbungs-Allele, wie die ursprünglich nur aus Südostasien bekannte Siamfärbung oder die dort besonders verbreitete Scheckung mit hohem Weißanteil und nur geringen Flächen anderer Färbung, erscheint allerdings als Produkt von Gendrift und wohl auch selektiven Maßnahmen.

Der Hund nahm, wie ebenfalls im folgenden Kapitel gezeigt wird, seinen Ursprung in Wolfspopulationen Arabiens bis Südasiens. Die Ausbreitung führte von hier nach Europa, Zentral- und Nordasien und Amerika — also in Länder mit von der Ausgangsform unterschiedlichen geographischen Populationen des Wolfes —, ferner nach Südostasien und in die australisch-pazifische Region sowie nach Afrika — also in wolfsfreie Gebiete. Da sich

Bild 2.25 Der bei Primitivhunden aus wolfsfreien Ländern offensichtlich von Anfang an fehlende Wildfarbtyp des Wolfes taucht besonders häufig bei nordischen Hunderassen aus ausgesprochenen Wolfsregionen wieder auf. Er dürfte hier auf wiederholte Wolfseinkreuzung zurückzuführen sein (grönländischer Schlittenhund/Eskimohund).

bei den als Primitivhunde wieder verwilderten Dingos Australiens und den Hallstromhunden Neu-Guineas zwar rötlichbraune, schwarze, weiße und gescheckte Tiere finden (Bild 2.5: Farbtafel V), das typische Wolfsgrau (Bild 2.4) aber vollkommen fehlt, und da dies auch bei den Primitivhunden Afrikas und Polynesiens vor dem Einbringen europäischer Hunderassen der Fall gewesen zu sein scheint, ist darauf zu schließen, daß das entsprechende Färbungsallel schon zu Beginn der Domestikation verloren ging. Bei europäischen Hunderassen taucht die Wolfsfarbe jedoch wieder auf, und sie findet sich besonders häufig bei Nordlandhunden (Bild 2.25). Gerade für Schlittenhunde ist tatsächlich die häufigere Einkreuzung von Wölfen bekannt, und bei ihnen trifft man in verstärktem Maße auch Wölfisches in der Gesichtsbildung an. Die Langhaarigkeit der nordischen im Vergleich zur überwiegenden Kurzhaarigkeit der südlichen Primitivhunde darf wohl hauptsächlich auf klimatische Selektion zurückgeführt werden. Unterschiede in der Größe, im Körperbau und in der Behaarung zwischen den geographisch benachbarten verwilderten Formen Dingo und Hallstromhund mögen der Kombination von Selektions- und Gendrifteffekten entsprungen sein, und gewisse Unterschiede im Schädelbau lokaler australischer Dingopopulationen und europäischer Zoo-Dingolinien dürften schließlich allein Ergebnisse von Gendrift sein. Nutzungsselektion durch den Menschen erscheint wiederum als Hauptfaktor beim Zustandekommen der Poi-Hunde der polynesischen Inselwelt, die sich sehr unterscheiden von den hochläufigen, schlanken Dingos und den ebenfalls meist hochläufigen Hallstromhunden des westlichen pazifischen Raumes. Die Poi-Hunde, diese heute durch

Bild 2.26 Im pazifischen Raum lebten zwei körperbaulich extrem unterschiedliche Primitivrassen des Hundes, nämlich der verwilderte australische Dingo (hinten) und der als Fleischhund gezüchtete Poi-Hund der polynesischen Inselwelt (rechts vorne, nach einem Rückzüchtungstier im Zoo Honolulu). Wie der Übergang zwischen ihnen vorstellbar ist, demonstrieren verschiedene Körperbautypen des ebenfalls verwilderten Hallstromhundes („Neu-Guinea-Dingo") aus Neu-Guinea, der dritten Primitivrasse aus dem westpazifischen Gebiet. Dessen normale Wuchsform (links) ähnelt einem verkleinerten Dingo; eine Kurzbeinvariante bahnt den Weg zum Poi-Hund an (Mitte vorne; Zeichnung nach einem Photo in W. Schultz (1969): Zur Kenntnis des Hallstromhundes (*Canis hallstromi*, Troughton 1957). Zool. Anz. **183**; 47–72).

Vermischung mit europäischen Hunderassen in der Reinform verschwundenen, aber in einem Rückzüchtungsprogramm des Zoos von Honolulu wieder im Erscheinungsbild erstehenden Fleischhunde, zeichneten sich durch schweren, langen Körper, kurze Beine und sehr große Ohren aus, womit sie stark an eine ursprüngliche Hundeform der mexikanischen Pazifikküste erinnern und so an kulturelle Beziehungen in Richtung Osten denken lassen. Sie befanden sich sicher schon auf dem Wege von ausgesprochenen Primitivhunden zu einer Zuchtrasse (Bild 2.26).

Übersicht über den Kapitelinhalt

Haustiere besitzen im Gegensatz zu Wildtieren eine bunte Vielfalt ihres Erscheinungsbildes, vor allem hinsichtlich der Färbung und Beschaffenheit des Felles, der Körpergröße und der Proportionen. Diese Vielfalt beruht einerseits auf einer Minderung natürlicher Selektion, andererseits auf züchterischer Auslese durch den Menschen. Sie stellt die Grundlage für die Entstehung zahlreicher Rassen. Primitivrassen bildeten sich über Einkreuzungen aus unterschiedlichen Populationen der wilden Ausgangsform, über zufällige Verschiebungen von Genhäufigkeiten und über selektive Einflüsse. Definitorisch leichter umschreibbare Hochzuchtrassen entspringen strengen züchterischen, normierenden Maßnahmen des Menschen.

3 Ursprung der Haustiere

Bei der Suche nach dem Ursprung der Haussäugetiere kommen wir teilweise weit zurück in Epochen der Steinzeit, teilweise in die Zeit der früheren Hochkulturen. Lange nach der end-altsteinzeitlichen Domestikation des Wolfes zum Hund, der wie in vielen Ländern auch in Europa das erste Haustier stellte, kam spätestens im 7. vorchristlichen Jahrtausend aus Kleinasien eine erste weitere Haustierfauna vor allem auf der Basis von Schafen und Ziegen und mit nur wenig Rindern und Schweinen nach Südosteuropa. Im Zuge der fortschreitenden Klimaverbesserung zum nacheiszeitlichen Wärmeoptimum, das etwa 5500 v.Chr. begann und bis etwa 2500 v.Chr. dauerte und dessen Sommertemperaturen etwa 2 bis 3 °C höher lagen als heute, wurden diese Haustiere dann über den ungarischen Raum nach Mittel-, West- und Nordeuropa verbreitet. Im weiteren Verlauf des Neolithikums kam es hier über den verstärkten Zufang der einheimischen Wildarten zu den im vorhergehenden Kapitel angesprochenen sekundären Domestikationen bei Rind und Schwein.

Zur Beurteilung der Beziehungen des Menschen zum Tier in diesen Zeiten primärer und sekundärer Domestikation sind Aspekte vor- und frühgeschichtlicher Tierhaltung aus den Quellen zu Tierfang-, Tierverfrachtungs- und Tierhaltungs-Aktivitäten der Menschen vorchristlicher Jahrtausende zu erschließen. Eine davon ist ein im Alten Testament der Bibel als Noah-Erzählung auftauchender Teil des aus der sumerischen Kultur in der ersten Hälfte des 3. vorchristlichen Jahrtausends stammenden, in den Kulturen des Zweistromlandes weit verbreiteten Gilgamesch-Epos. In dieser unabhängig vom Überlieferungsrahmen prinzipiell gleich lautenden Sage erhält der eine große, weiträumige Überschwemmungskatastrophe überlebende Held den göttlichen Auftrag, Nutzvieh und andere Tiere aller Art auf einem großen Schiff jeweils paarweise in Sicherheit zu bringen, um sie über die Flut hinweg zu erhalten. Aus diesem zunächst scheinbar belanglosen Bericht geht klar hervor, daß in der sumerischen Kultur bereits ein wichtiges Naturschutzprinzip denkmöglich war, nämlich das Management des Überlebens von Tierarten durch zeitweise Gefangenschaftshaltung, und daß der Gedanke des Verfrachtens nicht nur von Haustieren auf Schiffen existierte. So ist es nicht verwunderlich, daß es tatsächlich erste zooähnliche Einrichtungen in der sumerischen Kultur gab.

Einen Beleg für einen solchen frühen Transport auch von Wildtieren über See gibt die archäozoologische Situation von Mallorca. Die Balearen sind seit mindestens etwa 5 Millionen Jahren vom europäischen Festland und von den anderen Mittelmeerinseln getrennt. Durch die Insellage konnte sich hier bis nach dem Eiszeitalter eine eigenartige und spezielle Fauna erhalten, die sich aus tertiären Einwanderern lokal weiterentwickelt hatte. Mit dem Erscheinen des Menschen im Neolithikum kam es zur Ausrottung dieser altertümlichen Tierwelt und zur Einschleppung von Tieren neuzeitlichen Gepräges. So sind im vor-römerzeitlichen Fundgut Mallorcas einige Säugetierarten nachweisbar, die sich erst lange nach der letzten Trennung der Baleareninseln vom Festland entwickelt hatten, wie Hase und Kaninchen, Katze, Waldmaus und Hausmaus. In der Römerzeit kamen Rotwild und Damwild als Jagdtiere dazu. Eine Reihe weiterer kleinerer Säugetiere der heutigen Fauna Mallorcas legt ebenfalls durch den Menschen verursachte Verschleppung nahe.

Eine ganz ähnliche Situation besteht in der Inselwelt der Kleinen Sundainseln und Melanesiens. So ist auf Neu-Guinea das Schwein bereits vor etwa 10 000 Jahren belegt. Eine natürliche Ausbreitung von Wildschweinen dorthin erscheint infolge Abgeschnittenseins

Bild 3.1 Der Onager *(Equus hemionus)*, eine verwandtschaftlich etwa zwischen Pferd und Esel einzureihende Art, wurde in der sumerischen Kultur des dritten vorchristlichen Jahrtausends gezähmt, offenbar aber nicht domestiziert.

Bild 3.2 Die Mendesantilope *(Addax nasomaculatus)* der nordafrikanischen Wüstenlandschaften ist eine der Großsäugerarten, die im Alten Reich Ägyptens als landwirtschaftliche Nutztiere gehalten wurden, letztlich aber nicht zu Haustieren führten.

dieser Insel durch Meeresstraßen schon lange vor der Evolution der Schweine kaum wahrscheinlich. Mit dem Timorhirsch wurde das Schwein in Kulturschichten des 3. vorchristlichen Jahrtausends auf der Insel Timor gefunden. Beide Arten wurden auch dorthin mit hoher Wahrscheinlichkeit durch den Menschen gebracht.

Die Haltung und Zähmung mehrerer Großsäugetierarten, die nicht zu Haustieren wurden, wird ebenfalls für das 3. vorchristliche Jahrtausend mit zahlreichen bildlichen Darstellungen verschiedener Art aus frühen Hochkulturen bestätigt. Dies gilt für die Elefantenzähmung in der Industalkultur Nordwestindiens genauso wir für den Fang und die Zähmung von Onagern, den verwandtschaftlich etwa zwischen Pferden und Eseln stehenden „Halbeseln" Vorderasiens, in der Sumerischen Kultur (Bild 3.1).

Im Alten Reich Ägyptens wurden die großen nordafrikanischen Wüstenantilopenarten Säbelantilope und Mendesantilope wie Haustiere gehalten (Bild 3.2). Auch der Steinbock und die Hyäne wurden hier gezähmt. Aus allem diesem ist der Schluß zu ziehen, daß bereits im 3. Jahrtausen v.Chr. zur Zeit der ersten Hochkulturen in Ägypten, im vorderen Orient und in Indien Fang, Haltung, Zähmung und Verfrachtung zahlreicher Wildtierarten vom östlichen Mittelmeerraum bis in die südostasiatische Inselwelt verbreitet war. Es ist nicht anzunehmen, daß die entsprechenden Traditionen in sämtlichen Gebieten gerade erst zu dieser Zeit begannen. Sie mögen also zumindest teilweise noch weiter zurückreichen. Zumindest seit dieser Zeit experimentierte der Mensch mit der Haltung zahlreicher, darunter großer und nicht ungefährlicher Tierarten.

Nur ein Teil von ihnen wurde zu Haustieren. Bei den übrigen war offenbar entweder die Potenz zur Domestikation von vornherein nicht gegeben, oder ein begonnener Domestikationsprozeß führte nicht zum rechten Erfolg, oder der Mensch verlor aus anderen Gründen schließlich das weitere Interesse an den betreffenden Arten. Bei manchen mißlang wohl die Gefangenschaftszucht als erste Voraussetzung, wie bei dem als Jagdhelfer gehaltenen Geparden, oder war zu langwierig, um einer Domestikation einer leicht zähmbaren und dressierbaren Art einen Vorteil vor einem ständigen Neufang zu verschaffen, wie beim Elefanten, oder der beabsichtigte Nutzzweck brachte dem Wildfang gegenüber eher Nachteile, wie sicherlich beim Geparden und wohl auch beim Elefanten. Um aus einer Wildtierart schließlich ein Haustier werden zu lassen, mußten daher entsprechende Voranpassungen, entsprechende Potenzen, von Seiten des Tieres und entsprechende anhaltende Nutzinteressen von Seiten des Menschen zusammentreffen. Zur Beurteilung solchen speziellen Geeignetseins der zu Haustieren gewordenen Wildformen, zur Beurteilung der Prinzipien der Haustierwerdung, ist zunächst die genaue Kenntnis der wilden Vorfahren jeder Haustierart unerläßlich. Im Folgenden wird zuerst ein kurzer Abriß der Abstammung der Haussäugetiere gegeben.

Der Hund

Die dem Hund am nächsten verwandten Wildarten sind die Angehörigen der Gattung *Canis* aus der Familie hundeartiger Raubtiere, Canidae. Zu dieser Gattung sind die Arten Wolf *(Canis lupus)*, Rotwolf *(Canis niger)*, Coyote *(Canis latrans)* und die Schakale *(Canis aureus, Canis adustus, Canis mesomelas)* zu rechnen. Zahlreiche Studien einzelner Merkmale und Merkmalskomplexe dieser Arten haben gezeigt, daß der Hund überall dort, wo es artliche Unterschiede dieser Merkmale gibt, am ehesten mit dem Wolf, nicht aber mit Coyoten und Schakalen übereinstimmt. Dies ist beispielsweise der Fall beim Bau des Reißzahns auf der Seite gestaltlicher Kennzeichen, bei der Lautgebung auf der Verhaltensseite und beim Serumeiweißbild auf der biochemischen Seite. So kommt als Stammform für den Hund, entgegen manchen anderslautenden, aber vom Fortschritt der Belege überholten älteren Ansichten, allein der Wolf in Frage. Dieser ist in einer großen Anzahl teilweise

Bild 3.3 Schematische Darstellung der ehemaligen Verbreitung des Wolfes. Schwarz ist das Gebiet der Nordwölfe und der ihnen näher stehenden zentral- und ostasiatischen Steppen- und Gebirgswölfe eingetragen, punktiert der Verbreitungsraum der Südwölfe (die als Unterarten *Canis lupus pallipes* und *Canis lupus arabs* geführt werden). Zwischen beiden scheint im südwest- und südasiatischen Gebiet eine Kontakt- oder Übergangszone zu bestehen, wie sie in Grenzregionen nur auf unterartlichem Niveau getrennter Populationen stets zu erwarten ist. Die Zuordnung einzelner Tiere zu der einen oder anderen Populationsgruppe ist in diesem Gebiet schwierig.

recht unterschiedlicher geographischer Populationen von Europa, über Vorder-, Süd-, Zentral-, Ost- und Nordasien und über Nordamerika bis nach Mittelamerika verbreitet (Bild 3.3). Innerhalb dieses riesigen Gebietes ist die Evolution unterschiedlich weit vorangeschritten. In großen Zügen lassen sich hoch entwickelte Nordwölfe von ursprünglich gebliebenen Südwölfen absetzen. Die letzteren, nämlich die Wölfe der arabischen Halbinsel und Südasiens, dürfen als überlebende Restpopulationen einer evolutiven Altschicht des Wolfes mit relativ kleinem Gehirn (Bild 3.4) und vergleichsweise schwachen Reißzähnen (Bild 3.5) angesehen werden. Solche Wölfe waren im ersten Abschnitt des Eiszeitalters, bis vor etwa 500 000 Jahren, auch in Europa verbreitet. Fossilfunde aus dieser Zeit sind unmittelbar mit den heutigen Südwölfen vergleichbar. Die Wölfe der mittelasiatischen Steppen- und Wüstenlandschaften, der zentralasiatischen Gebirge und Ostasiens nehmen merkmalsmäßig Zwischenpositionen zu den Nordwölfen Europas, Nordasiens und Amerikas mit größerem Gehirn und vergrößerten, starken Reißzähnen ein, die sie evolutiv in unterschiedlicher Weise und verschieden weit von der Altschicht weg fortgeschritten erscheinen lassen.

Ein Merkmalsvergleich von Primitivrassen des Haushundes mit diesen verschiedenen Unterarten des Wolfes erlaubt nun, die Vorfahrenschaft des Hundes auf ganz bestimmte geographische Wolfspopulationen einzukreisen. Der Hund unterscheidet sich durch den

Indirekte Bestimmung der relativen Hirngröße von Südwölfen

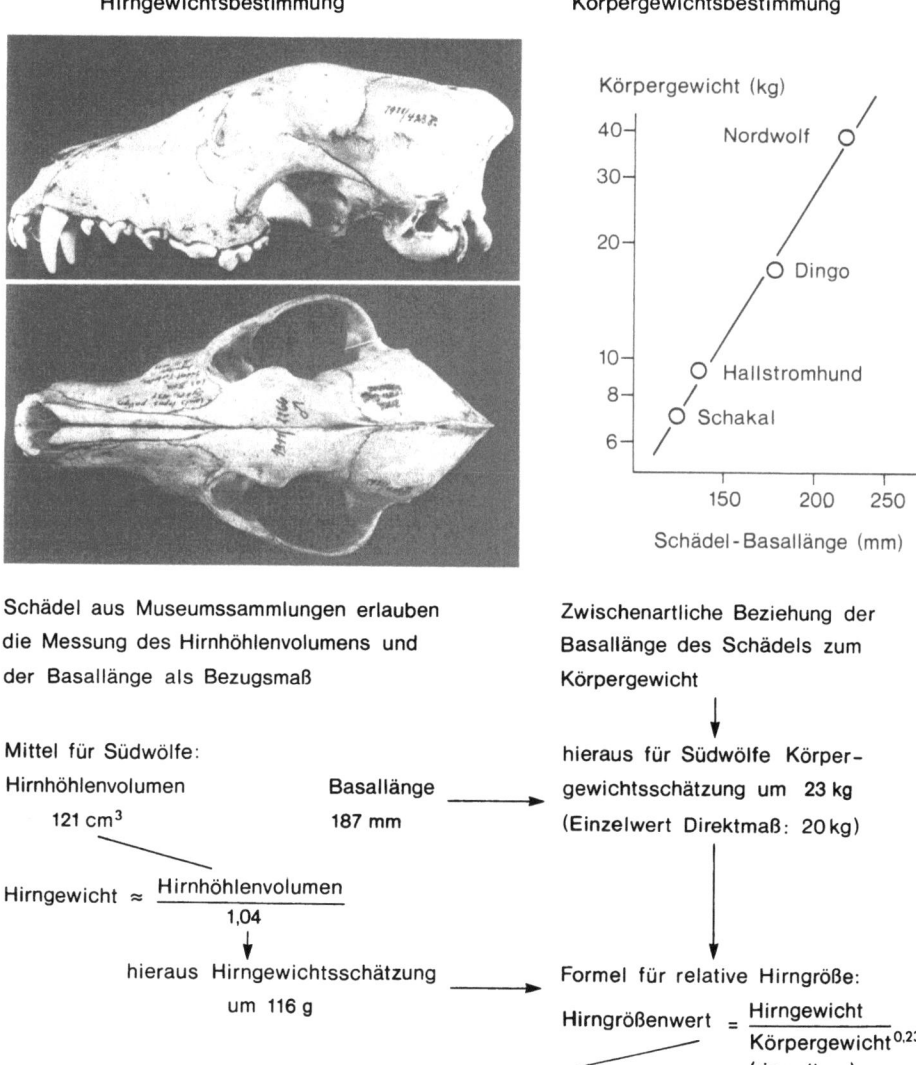

Hirngewichtsbestimmung

Körpergewichtsbestimmung

Schädel aus Museumssammlungen erlauben die Messung des Hirnhöhlenvolumens und der Basallänge als Bezugsmaß

Zwischenartliche Beziehung der Basallänge des Schädels zum Körpergewicht

Mittel für Südwölfe:
Hirnhöhlenvolumen 121 cm³
Basallänge 187 mm

hieraus für Südwölfe Körpergewichtsschätzung um 23 kg
(Einzelwert Direktmaß: 20 kg)

Hirngewicht ≈ $\frac{\text{Hirnhöhlenvolumen}}{1,04}$

hieraus Hirngewichtsschätzung um 116 g

Formel für relative Hirngröße:

Hirngrößenwert = $\frac{\text{Hirngewicht}}{\text{Körpergewicht}^{0,23}}$
(jeweils g)

Hirngrößenwert Südwölfe um 11,5
(Nordwölfe um 13,5)

Bild 3.4 Wo Direktmaße der Hirn- und Körpergröße zur Berechnung des Hirngrößenwertes als Maß für die Entwicklungshöhe des Gehirns weitgehend fehlen, wie bei den Südwölfen der Fall, ist eine Abschätzung auf indirektem Weg möglich. Bei der Hirngrößenbestimmung der Südwolfunterart *Canis lupus pallipes* gab es in den letzten Jahren einige Mißverständnisse, nachdem an verschiedenen Stellen in Deutschland gehaltene und gezüchtete Gebirgswölfe aus Afghanistan mit größerem Gehirn, die an die zentralasiatischen Populationen der Unterart *Canis lupus chanco* anschließen, zum Teil auch aus einer Mischzone stammen mögen, mit dem falschen Etikett *Canis lupus pallipes* versehen worden waren. Schließlich trugen Manfred Röhrs und Peter Ebinger eine umfangreiche Schädelserie von Südwölfen zusammen, um den Befund besonders geringer Hirngröße dieser Wölfe zu widerlegen. Zum Ziel gelangten sie dabei aber nur scheinbar. Ein einfacher Rechenfehler verbaute ihnen nämlich den Weg zum richtigen, das angezweifelte Resultat voll bestätigenden Schluß. Die von ihnen gewonnenen Schädelmaß-Mittelwerte wurden hier zugrunde gelegt.

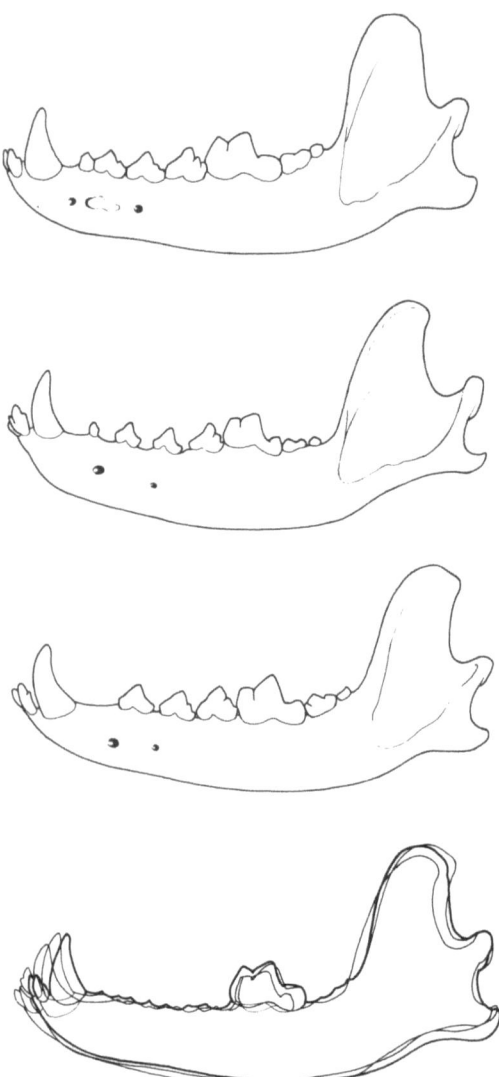

Bild 3.5

Deutliche Unterschiede zwischen Nordwölfen, Südwölfen und Hunden finden sich am Unterkiefer. Auf gleiche Größe gebrachte Kiefer eines Nordwolfes (oben), eines Dingos als Vertreter der Primitivhunde (zweiter von oben) und eines Südwolfes verdeutlichen dies besonders gut bei einer Übereinanderzeichnung ihrer Umrisse (Vorbackenzähne = Prämolaren und Backenzähne = Molaren außer dem Reißzahn zur besseren Veranschaulichung hierbei weggelassen): der Nordwolf (starke Umrißlinie bei der unteren Darstellung) besitzt einen stärkeren (längeren und auch etwas höheren) Reißzahn als der Südwolf und der Hund; der Kronfortsatz seines Unterkiefers (der nach oben weisende Fortsatz über dem Gelenk) erscheint meistens breiter und gleichmäßiger ausgerundet, nur selten mit einem konkaven Hinterrand wie beim Hund und häufig beim Südwolf (und beim sonst nordwolfähnlichen zentralasiatischen Wolf).

über dem Gelenkfortsatz liegenden Kronfortsatzes des Unterkiefers, an dem die Kaumuskulatur ansetzt, von den meisten geographischen Formen des Wolfes und von den übrigen Arten der Gattung *Canis*. Bei diesen ist der Fortsatz in der Regel breit und oben mehr oder minder gleichmäßig ausgerundet. Bei Hunden erscheint er meist schlanker und nach hinten gekrümmt (Bild 3.5). Eine solche Bildung findet sich aber auch bei vielen zentral-, ost- und südasiatischen Wölfen. Weiterhin sind sehr ursprüngliche, wieder verwilderte Primitivrassen des Hundes wie der australische Dingo (Bild 2.5: Farbtafel V) im Blick auf ihre Gebißstruktur nur von dem Evolutionsstand der Wolfs-Altschicht ableitbar, da ihnen die Vergrößerung der Reißzähne abgeht und dafür die danebenstehenden Zähne vergleichsweise groß erscheinen. Solche Altschichtwölfe haben sich über das Eiszeitalter hin-

Bild 3.6 Portraits von Nordwolf, Südwolf und Primitivhunden
links oben: Nordwolf (Nordamerika)
links unten: Dingo (Australischer verwilderter Primitivhund)
rechts oben: Südwolf (Israel; Zeichnung nach einem Photo in D.L. Harrison (1968): The Mammals of Arabia, vol. II. Benn, London)
rechts unten: Madagassischer Primitivhund
Man beachte die Hundeähnlichkeit des Südwolfes, der bei unvoreingenommener Betrachtung im Gegensatz zum Nordwolf nicht sofort als Wolf erkannt wird.

weg aber nur im Raum der arabischen Halbinsel und Südasiens erhalten. Im äußeren Erscheinungsbild finden sich unter diesen Südwölfen viel eher Hundeähnlichkeiten als bei den Nordwölfen (Bild 3.6). Ihr Gesichtsausdruck ist mit großen, runden Augen mehr „hündisch" als „wölfisch". Aus ihrem Verhalten wird vor allem die Lautgebung mit einem im Vergleich zu den Nordwölfen offenbar verstärktem Anteil kurzen, scharfen Bellens (vor allem in freudiger Erregung) hervorgehoben. Geselligkeitsstrukturen dürften bei ihnen weniger ausgeprägt sein als bei Nordwölfen. Sie neigen mehr zum Einzelgängertum

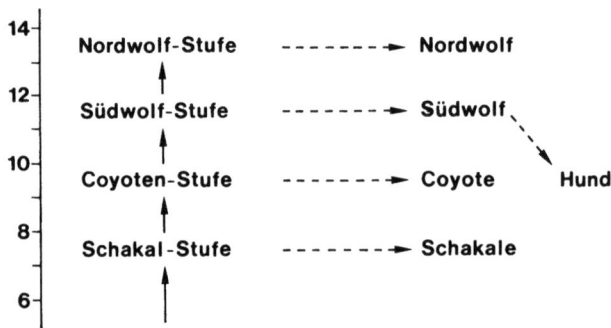

Bild 3.7 Schematische Darstellung der stammesgeschichtlichen Beziehung der Arten und der Höherentwicklung des Gehirns in der Gattung *Canis*. Die Schakale *(Canis aureus, Canis adustus, Canis mesomelas)* verkörpern die ursprüngliche Stufe der Gattung, Coyote *(Canis latrans)* und Südwolf *(Canis lupus, pallipes-*Gruppe) weiter evoluierte Zwischenstufen, und der Nordwolf *(Canis lupus, lupus-*Gruppe) die Spitzenstufe.

oder paarweisen Leben, bzw. leben höchstens in kleinen Gruppen. In dieser Hinsicht ähneln sie eher Coyoten als Nordwölfen. Näheres ist vorerst noch nicht bekannt, da an Südwölfen noch keine vergleichenden intensiven Verhaltensbeobachtungen unter kontrollierten Bedingungen durchgeführt wurden.

Von besonderer Bedeutung für die Abstammungsbeurteilung des Hundes erscheinen ferner die Ergebnisse immunologischer Studien im Vergleich von Hund, nordamerikanischem Wolf und Coyoten. Sie zeigen nämlich, daß der Hund vom Nordwolf verwandtschaftlich ähnlich weit entfernt steht wie vom Coyoten. Somit sollte der Hund auf eine Wolfsform zurückgehen, die von der Basis der innerartlichen Wolfsevolution her nicht den langen Eigenweg zu den Nordwölfen mitmachte, sondern ab einer sehr frühen Zeit, nicht viel später als die stammesgeschichtliche Aufspaltung der Wolfs- und Coyotenlinien, eine gesonderte Entwicklung durchlief. Die Erfüllung dieser Forderung ist mit der Existenz der heute noch die Wolfs-Altschicht verkörpernden Südwölfe gegeben.

So sind die ersten Vorfahren des Hundes von verschiedenen Gesichtspunkten her nur bei den Primitivwölfen Arabiens bis Südasiens zu suchen. Nordwölfe konnten über Einkreuzungen stellenweise sekundär bei der Verbreitung des im Süden Eurasiens entstandenen Hundes nach Norden über Europa, Nordasien und Nordamerika beteiligt werden. Es ist nicht auszuschließen, daß es im Laufe der Jahrtausende vereinzelt hier und da durch eine Bastardierung mit den nahe verwandten Arten Goldschakal und Coyote zu weiteren genetischen Anreicherungen lokaler Hundepopulationen kam. Unter Gefangenschaftsbedingungen erbringen solche Kreuzungen voll fruchtbare Nachkommen (Bild 3.8). Belege für eine Schakaleinkreuzung liegen jedoch nicht vor. Für gelegentliche Coyotenbastardierungen gibt es zwar eine Reihe von Anhaltspunkten aus Nordamerika, sie erscheinen jedoch noch nicht voll beweiskräftig.

Sehr frühe, einwandfrei dem Wolf gegenüber abgrenzbare Funde von Hunden datieren aus dem 9. vorchristlichen Jahrtausend aus Nordamerika, aus dem 8. vorchristlichen Jahrtausend aus Europa. Die amerikanischen Funde weisen infolge ihrer geographischen Lage klar darauf hin, daß die Domestikation noch beträchtlich früher erfolgt sein muß.

Bild 3.8 Schakal-Dingo-Bastard

Mit Ende der letzten Eiszeit war nämlich die Beringbrücke zwischen Ostsibirien und Alaska letztmals landfest passierbar und gab den Weg von Nordasien nach Nordamerika für Mensch und Hund frei. Mit einiger Sicherheit auf den Hund zu beziehende endeiszeitliche Fossilfunde liegen einerseits aus Ablagerungen in Japan, andererseits – datiert auf ein Alter von etwa 12 000 Jahren – aus dem Irak vor. Einige weitere Reste aus dieser Zeit aus Mittel- und Osteuropa und aus Sibirien sind bezüglich ihrer Bestimmung als Wolf oder Hund noch stärker fraglich. Auch unter ihnen mögen sich teilweise schon frühe Primitivhunde verbergen. Damit erweist sich der Hund jedenfalls als das älteste Haustier überhaupt, und als das einzige, das schon zur ausgehenden Altsteinzeit entstand und sich mit Jägerhorden dieser Kulturstufe ausbreitete. An eine jagdliche Verwendung des Hundes zu dieser frühen Zeit darf allerdings kaum gedacht werden, erscheinen doch Primitivhunde als Jagdbegleiter mehr oder minder unbrauchbar, wie Erfahrungen mit australischen Ureinwohnern und ihren Dingos lehren.

Die Katze

Die Hauskatze hat ihre nächsten wilden Verwandten in der Gattung *Felis* der Familie der Katzen (Felidae). Zu dieser Gattung gehört die Wildkatze *(Felis silvestris)*, die mit drei untereinander recht unterschiedlichen Populationsgruppen von Europa bis Zentralasien, von Südasien bis Afrika verbreitet ist (Bild 3.9). Diese drei Gruppen wurden früher und werden manchmal auch noch heute als eigene Arten geführt, nämlich die Waldwildkatzen Europas, die *silvestris*-Gruppe (Bild 3.10: Farbtafel VIII), die Steppenkatzen Asiens, die *ornata*-Gruppe (Bild 3.11: Farbtafel VIII), und die Falbkatzen Afrikas und der arabischen Halbinsel, die *lybica*-Gruppe (Bild 3.12: Farbtafel IX). Weitere Angehörige der Gattung *Felis* sind die Sandkatze *(Felis margarita)* aus den Dünengebieten der Wüsten Nordafrikas, der arabischen Halbinsel, Pakistans und Mittelasiens zwischen dem Kaspischen Meer und

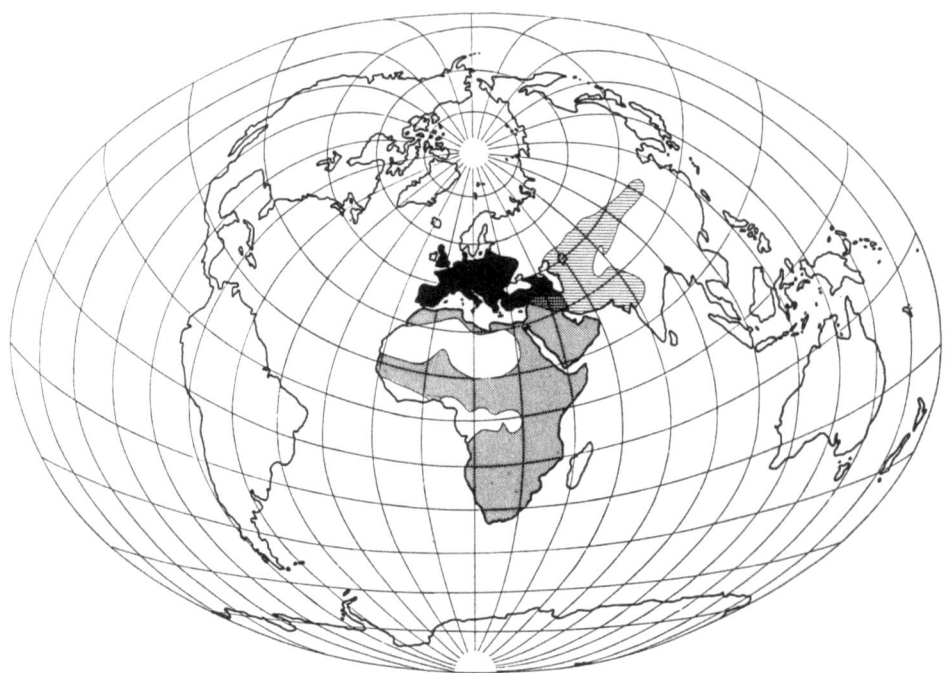

Bild 3.9 Schematische Darstellung der ehemaligen Verbreitung der Wildkatze *(Felis silvestris)*. Schwarz = europäische Waldwildkatzen *(silvestris*-Gruppe), punktiert = afrikanisch-arabische Falbkatzen *(lybica*-Gruppe), schraffiert = asiatische Steppenkatzen *(ornata*-Gruppe); in Vorderasien Kontakt- und Mischzone mit unklaren Verbreitungsgrenzen aller drei Formengruppen

dem westlichen Teil der innerasiatischen Hochgebirge (Bild 3.11: Farbtafel VIII), ferner die vom östlichen Mittelmeerraum bis nach Südostasien verbreitete Rohrkatze *(Felis chaus)*, die Gobikatze *(Felis bieti)* aus dem südlichen Randgebiet der Wüste Gobi, und die Schwarzfußkatze *(Felis nigripes)* aus den südafrikanischen Trockengebieten. Für die Hauskatze findet sich immer eine enge Übereinstimmung in allen überprüften Merkmalskomplexen unter diesen Wildarten nur mit der Wildkatze, und hier wiederum nicht mit der europäischen Waldwildkatze, sondern mit der Falbkatzengruppe. Äußerlich sind manche Falbkatzen der Hauskatze zum Verwechseln ähnlich (Bild 3.12: Farbtafel IX). Die Vielfalt des Fellmusters der Falbkatzen, nämlich Fleckung, aus Flecken zusammengeflossene Streifung und weitgehende Musterreduktion findet sich ebenso bei der Hauskatze und wurde dort im Laufe der Züchtung zu Grundmustern verschiedener Rassen: die mehr oder minder komplette Streifung als Kennzeichen der meisten wildfarbenen Hauskatzen (Bild 3.13: Farbtafel IX), die Fleckung bei der ägyptischen Mau, die Musterlosigkeit bei der Abessinierkatze. Auch die bei Falbkatzen und Steppenkatzen im Gegensatz zu Waldwildkatzen ohne Bildung eines scharfen Aalstrichs allgemeine Farbverdunklung des Rückens findet sich in der Regel bei den Hauskatzen. Die ursprüngliche Kurzhaarigkeit der Hauskatze ist diejenige der Falbkatzen und südlichen Steppenkatzen. Gleiches gilt für den Schädelbau, der in seinen wichtigsten Unterscheidungsmerkmalen nicht an die europäischen Waldwildkatzen, sondern an die Falbkatzen und Steppenkatzen anschließt.

Bild 3.14
Bengalkatze (*Prionailurus bengalensis*), eine süd-, südost- und ostasiatische Katzenart, die zeitweise zu Unrecht als ein Vorfahre der Siamkatze angesehen wurde.

Die rasche Entwicklung der jungen Kätzchen in den ersten beiden Lebenswochen erscheint ebenfalls als Falbkatzenmerkmal, im Gegensatz zur verzögerten Entwicklung der Waldwildkatze.

Zur Entstehung verschiedener Rassen der Hauskatze wurde vielfach die Beteiligung anderer Wildarten vermutet. Tatsächlich gibt es jedoch keinerlei stichhaltigen Hinweis, daß Einkreuzungen irgendwelcher anderer Arten als *Felis silvestris* eine Rolle gespielt haben könnten. Lediglich innerhalb dieser Art dürfen mehrfache lokale Beimischungen von Waldwildkatzen in Europa und von Steppenkatzen in Asien nach der Verbreitung der falbkatzenstämmigen Hauskatze über deren Vorkommensgebiete angenommen werden. Man dachte zeitweise, daß die Siamkatze aus einer Kreuzung mit der süd-, südost- und ostasiatischen Bengalkatze (*Prionailurus bengalensis*) entstanden sein könnte (Bild 3.14). Angeführt wurden hierfür die im Vergleich zu anderen Hauskatzen etwas längere Trächtigkeit bei Siamkatzen, ihre lautere und anders klingende Stimme, ihr schmalerer Schädel, eine unbehaarte Übergangszone zwischen dem Nasenspiegel und dem Nasenrücken, eine „Geisterzeichnung" aus Tupfen und Streifen bei „altmodischen" Siamkatzen, schließlich die Duldung des Katers bei den Jungen und seine eventuelle Beteiligung an deren Aufzucht sowie ein besonders lebhaftes Temperament. Alle diese Punkte entfallen bei näherer Untersuchung dieser Frage. Eine längere Tragzeit steht mit einer im Gegensatz zur Bengalkatze befindlichen größeren Jungenzahl in Beziehung, das genannte Behaarungsmerkmal gibt es manchmal auch bei Wildkatzen, der schmälere Schädel hat nichts mit dem Bauplan des Bengalkatzenschädels zu tun, sondern ist eine Folge etwas geringerer Hirngröße der Siamkatzen, die „Geisterzeichnung" erscheint in Form der allgemeinen, falbkatzentypischen Hauskatzenmusterung, und alle besonderen Verhaltensmerkmale sind ausgesprochen solche von Falbkatzen. Siamkatzen sind in Wirklichkeit nicht Bengalkatzen-nahe, sondern sind noch Falbkatzen-näher als europäische Hauskatzen. Für die

Bild 3.15 Manul *(Otocolobus manul)*, eine südwest- und zentralasiatische Katzenart, die zeitweise zu Unrecht als ein Vorfahre der Perserkatze angesehen wurde

Perserkatzen suchte man eine Beteiligung einerseits des Manuls *(Felis (Otocolobus) manul)* (Bild 3.15), andererseits der Sandkatze *(Felis margarita)* (Bild 3.11: Farbtafel VIII) zu begründen. Beide Annahmen beruhen auf weit weniger Merkmalen als die Siamkatzen-These — eigentlich nur auf solchen der langen Behaarung, die auch die Pfotenballen bedeckt — und konnten bei näherem Studium genauso verworfen werden. Die schon einmal angesprochene Rolle der Rohrkatze *(Felis chaus)* bei der Entstehung der Abessinier-Hauskatzen und eine Beteiligung des Rotluchses *(Felis (Lynx) rufus)* an der Maine-Coon-Katze gehören ebensowenig in den Bereich der Tatsachen.

Erste gute Belege der Katzenhaltung entstammen dem Alten Reich Ägyptens, das heißt, dem 3. vorchristlichen Jahrtausend. Zahlreich ist die Hauskatze ab dem Neuen Reich im 2. Jahrtausend v.Chr., wo ihr besondere kultische Bedeutung zukam, was Massen von Katzenmumien und zahlreiche hervorragende Katzenplastiken bezeugen. Ältere, bis ins 6. Jahrtausen v.Chr. zurückreichende Darstellungen aus dem Vorderen Orient, die als Anzeichen einer Domestikation schon zu dieser Zeit im weiteren palästinensischen Raum gedeutet wurden, lassen sich in Wirklichkeit nicht ohne weiteres auf Hauskatzen beziehen. Wie dem aber auch sei, es zeigt sich auf jeden Fall eine klare Übereinstimmung der kulturellen Geschichte der Hauskatze und der Verbreitung ihrer Stammform. Ihre Domestikation setzte an Populationen der Falbkatze an, die Steppen- und Wüstensteppenlandschaften von Nordostafrika bis zum Westen der Arabischen Halbinsel bewohnen.

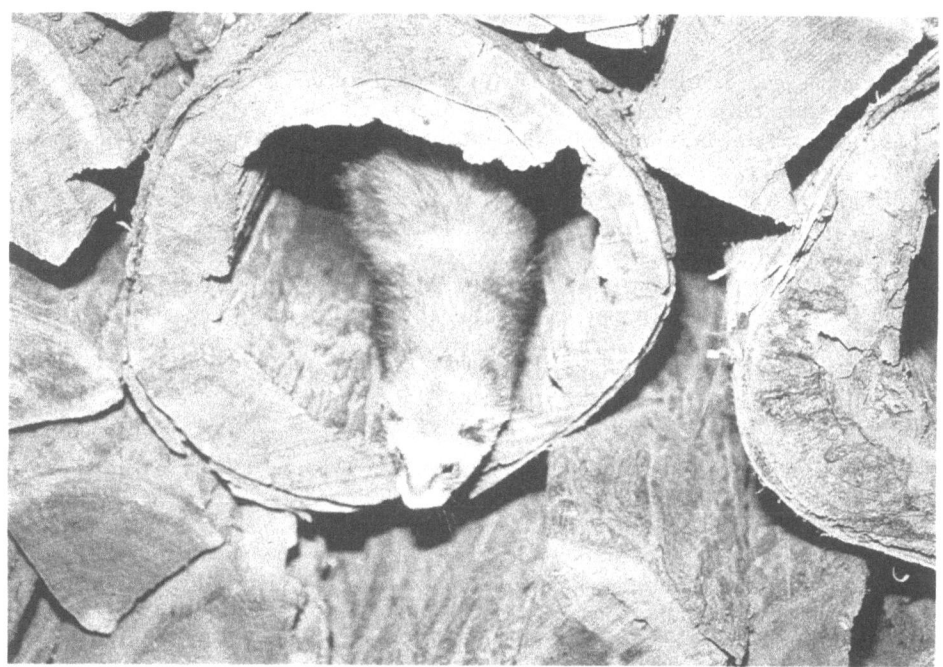

Bild 3.16 Wildfarbenes Frettchen (sogenanntes Iltisfrettchen)

Das Frettchen

Für das Frettchen kommen vom Äußerlichen her zunächst zwei Arten aus der Gattung Mustela der Familie der Marder (Mustelidae) als Ahnformen in Frage, nämlich der europäische Iltis oder Waldiltis *(Mustela putorius)* und der Steppeniltis *(Mustela eversmanni)*. Der erstere ist eine europäische Form, der letztere ist in den Steppengebieten vom östlichen Mitteleuropa über den mittelasiatischen und sibirischen Raum bis nach Nordamerika verbreitet. Schädeluntersuchungen bewiesen, daß hiervon nur der Waldiltis die Stammart des Frettchens sein kann. Der Anschluß des Haustiers an eine bestimmte geographische Population der Wildart ist bisher allerdings kaum möglich. Gewisse Zahnmerkmalsbeziehungen scheinen zu iberischen Iltissen zu bestehen. Die Kenntnis der Merkmalsvariation ist für die Iltis-Vorkommensgebiete in den Mittelmeerländern jedoch noch sehr dürftig. Die Zähmbarkeit von Iltissen wird schon von Aristoteles im 4. Jahrhundert v.Chr. erwähnt. Die Römer benutzten Frettchen zur Bekämpfung einer Kaninchenplage auf den Balearen, wobei von libyschen Frettchen gesprochen wurde. Aus diesen wenigen, unterschiedlichen Anhaltspunkten ist die Domestikation des Iltis, die Entstehung des Frettchens also, in irgendeinem Gebiet des Mittelmeerraumes im 1. vorchristlichen Jahrtausend zu vermuten. Seine Rolle als Haustier war sicherlich von Anfang an diejenige eines Helfers zur Bekämpfung von Nagetieren und Kaninchen.

Nerz und Fuchs

Die einleitend gegebene Definition der Haustiere schließt die in Farmen in großem Umfang als Pelzlieferanten gezüchteten und der Auslese vor allem auf Farbvarianten unterworfenen Raubtiere ein, unter denen bedeutungsmäßig der Nerz aus der Familie Marder (Mustelidae) und der Fuchs aus der Hundefamilie (Canidae) weit im Vordergrund stehen. Als Farmnerze wurden seit der Zeit des ersten Weltkrieges amerikanische Nerze *(Mustela vison)* in Zucht genommen. Die Haltung des Rotfuchses *(Vulpes vulpes)* setzte als Silberfuchszucht um die Wende vom 19. zum 20. Jahrhundert ein. Später wurde die Farmhaltung auch auf den Eisfuchs *(Alopex lagopus)* ausgedehnt. Weitere in den letzten Jahren bis Jahrzehnten zur Pelzgewinnung in Gefangenschaftszucht genommene, aber sicher noch nicht domestizierte Carnivoren sind der Waschbär *(Procyon lotor)* aus der Familie der Kleinbären (Procyonidae) und einige andere Arten der Marder- und Hundefamilien.

Das Pferd

Unter den Einhufern (Familie Equidae) wurden zwei Arten zu Haustieren, nämlich das Pferd und der Esel. Wildpferde *(Equus ferus)* waren während des Pleistozäns weit in Eurasien und Nordamerika verbreitet und dienten den endeiszeitlichen Jägern in den offenen Landschaften der nördlichen Breiten als wichtige Jagdbeute. Die innerhalb dieses umfangreichen Vorkommensgebietes im Verlauf ihrer eiszeitlichen Evolution zustande gekommenen geographischen Populationen unterscheiden sich teilweise so deutlich, daß sie lange Zeit hindurch, teilweise auch heute noch, als eine Gruppe zwar nahe verwandter, aber doch getrennter Arten aufgefaßt wurden. Überlebt hat von allen Wildpferden allein das Przewalskipferd *(Equus ferus przewalskii)* aus den Randgebieten der zentralasiatischen Gobi (Bild 3.18: Farbtafel X). Im Freiland existieren wohl höchstens noch wenige kleine Herden, in den Zoologischen Gärten erscheint seine Erhaltung aber dank der großen Aufmerksamkeit, die ihm seit seinem ersten Fang zugewendet wurde, und durch die Erfassung über ein internationales Zuchtbuch gesichert.

In Mittel- und Osteuropa waren Wildpferde zur Römerzeit noch häufig. Der römische Schriftsteller Plinius spricht im 1. Jahrhundert n.Chr. von großen Wildpferdherden im Norden. Während des Mittelalters starben sie in Mitteleuropa aus, während sie sich in Osteuropa bis spät in die Neuzeit hinein hielten. So lebten Wildpferde im Nordosten Polens und in Litauen bis ins 18. Jahrhundert. Die letzten wurden in einem Tierpark des Fürsten Zamojski in Gefangenschaft gehalten. Schließlich wurde diese Herde zur Jahreswende 1812/1813 aufgelöst, die Pferde wurden dabei an Bauern der Umgebung verteilt. In den Steppen der Ukraine waren die dort Tarpane genannten Wildpferde im 17. Jahrhundert noch häufig, wurden dann aber infolge ständiger Bejagung zunehmend reduziert (Bild 3.17). Bei den letzten freilebenden Tarpanen ist schließlich schon mit der Beimischung von Hauspferden zu rechnen, nachdem für die Gesellschaft von Artgenossen suchende Tiere die Aufrechterhaltung reiner Wildpferdkontakte immer schwieriger wurde. In der zweiten Hälfte des 19. Jahrhunderts war das Erlöschen der Art nicht mehr aufzuhalten. Einige wenige überlebende Pferde gerieten in Gefangenschaft und starben dort 1863, 1879, 1887 und 1918/19. Von ihnen sind heute nur noch ein Skelett in Leningrad und ein Schädel in Moskau erhalten.

Die 1812/13 in der Umgebung von Zamość an Bauern abgegebenen letzten polnischen Tarpane gingen in die dortige Landrasse, die selbst noch recht ursprünglich gebliebenen Koniks, auf. So erhielten sich in dieser Landschaft bis in die Mitte unseres Jahrhunderts zahlreiche Pferde mit Wildpferdmerkmalen. Hieraus wurden von Tadeusz Vetulani Tiere mit besonders großen Tarpanähnlichkeiten aufgekauft und einem Ausleseprogramm un-

Bild 3.17 Portraits von Wildpferden und Hauspferden
links oben: Przewalskipferd
links unten: Beispiel einer mittelgroßen europäischen Hauspferderasse: Haflinger
rechts oben: Fohlen des Tarpans, des ausgestorbenen osteuropäischen Wildpferdes (Rekonstruktionszeichnung nach Darstellungen aus dem 19. Jahrhundert)
rechts unten: Osteuropäisches Primitivpferd: polnischer Konik, Selektionszucht tarpanähnlicher Tiere.
Man beachte den durch die längere Schnauzenpartie (Relation der Abstände Auge – Ohr und Auge – Oberlippe) schwerer wirkenden Kopf beim Przewalskipferd und die Stehmähne der Wildpferde.

terworfen, das im Institut für Genetik und Tierzucht der Polnischen Akademie der Wissenschaften in Popielno an den Masurischen Seen durchgeführt wird. Auf der Basis der Koniks gelang es hier durch scharfe Selektion, Pferde wiederherzustellen, die mit Ausnahme der überlangen Mähnen- und Schweifbehaarung das Erscheinungsbild des Tarpans in einheitlicher Weise verkörpern (Bilder 3.17, 3.19: Farbtafel X).

Tarpan und Przewalskipferd unterscheiden sich in mehreren Merkmalen sehr deutlich. Während letzteres einen schweren Kopf mit langer Schnauze und großen Zähnen trägt, war das osteuropäische Wildpferd durch einen kleineren Kopf mit kürzerer Schnauze und schwächerem Gebiß und durch einen schlanken Körper mit trockenen Gliedmaßen gekennzeichnet (Bilder 3.17, 3.18—3.19: Farbtafel X). Neben der fahl bräunlichen Farbe des Gobi-Wildpferdes gab es beim Tarpan mausgraue Fellfärbungen, wie sie heute allein bei den Konik-Rückzüchtungen erhalten sind. Primitive Hauspferderassen erinnern in viel stärkerem Maße an den Tarpan als an das Przewalskipferd. Seine abweichende Chromosomenzahl gibt schließlich den entscheidenden Hinweis, daß es bei der Hauspferdwerdung tatsächlich kaum eine Rolle gespielt haben kann, denn im Gegensatz zu allen Hauspferden mit einem Doppelsatz von 64 Chromosomen hat das innerasiatische Wildpferd einen solchen von 66.

Die Feststellung der primären Pferdedomestikation anhand subfossiler Knochenfunde macht große Schwierigkeiten, da noch kein Merkmal bekannt ist, das es gestatten würde, ursprüngliche Hauspferde von europäischen Wildpferden im Schädel oder anderen Skelettelementen sicher zu unterscheiden. Verläßliche Feststellungen sind also erst ab dem Zeitpunkt möglich, wo aus schriftlichen Überlieferungen oder aus bildlichen Darstellungen der Hauspferdecharakter bestätigt ist. Für den Zeitraum davor sind nur Vermutungen aus geänderten Häufigkeitsverhältnissen und aus der Altersverteilung von Pferdeknochenmaterial möglich. Im Orient finden sich erste Hinweise auf das Pferd im 3. vorchristlichen Jahrtausend; zur weiteren Ausbreitung über wildpferdfreie Länder kam es offenbar erst zu Beginn des 2. Jahrtausends. Die Domestikation scheint gegen Ende des 4. Jahrtausends v.Chr. im Steppenraum nördlich des Schwarzen Meeres und des Kaspisees erfolgt zu sein, die Wurzel des Hauspferdes also tatsächlich im osteuropäischen Tarpan zu liegen.

Der Esel

Wildesel *(Equus africanus)* sind heute ausschließlich im nordostafrikanischen Raum, von Nubien bis nach Somalia, in geringen Restbeständen verbreitet, kamen in historischer Zeit aber auch noch im Atlasgebiet Nordafrikas vor. Ob zusätzlich die arabische Halbinsel von diesem ausgesprochenen Wüstenbewohner besiedelt war, entzieht sich noch unserer Kenntnis, wird aber teilweise vermutet. Hinsichtlich Färbung, Streifenzeichnung, Körpergröße und Schädelmerkmalen gibt es deutliche Unterschiede zwischen einzelnen regionalen Populationen. Der nubische Wildesel trägt ein über die Schultern und Oberarme verlaufendes, kurzes, breites oder langes, dünnes schwarzes Querband, das zusammen mit einem schwarzen Aalstrich längs der Rückenmitte ein Schulterkreuz bildet (Bild 3.20: Farbtafel XI). Beinstreifung findet sich bei ihm kaum. Durch starke Streifung der Gliedmaßen, aber Fehlen eines Schulterkreuzes, oder durch ein nur sehr dünnes Schulterquerband ist der größere Somali-Wildesel gekennzeichnet, dessen Färbung gleichzeitig mehr ins Gelblich-Rötliche geht als die eher graue Farbe des Nubiers. Antiken Darstellungen zufolge dürfte der Atlas-Wildesel sowohl Beinstreifung als auch ein Schulterkreuz besessen haben.

Auch der Hausesel trägt in der Regel beide Zeichnungselemente. Bei ihm ist das schwarze Querband aber häufig viel breiter und länger als bei den bekannten Wildformen (Bild 3.21: Farbtafel XI). Hier zeigt sich jedoch eine beträchtliche Variabilität, vom Fehlen dieses Bandes über seine dünne Ausformung bis hin zu einem langen, breiten Band sogar mit gegabelter unterer Spitze. Auch die Färbung enthält, abgesehen von beim Wildtier nicht gefundenen Farbabweichungen nach Dunkelbraun, Schwarz oder Weiß, sowohl die grauen, als auch die mehr rötlich-sandfarbenen Tönungen der verschiedenen Wildformen. So darf wohl angenommen werden, daß zur Entstehung der heutigen Eselrassen, wie auch anderer Haustierrassen, sekundäre Einkreuzungen aus anderen Populationen als derjenigen, an der die primäre Domestikation ansetzte, stattgefunden haben. Die archäozoologische Fundsituation spricht für eine solche Domestikation im Niltal im 4. Jahrtausend v.Chr., mit einer anschließenden Ausbreitung über Palästina zu Beginn des 3. Jahrtausends.

Das Schwein

Wilde Schweine der Gattung *Sus* (Familie Schweine, Suidae), in der die Vorfahren des Hausschweines zu suchen sind, leben in Europa, nahezu ganz Asien und in Nordafrika. Der größte Teil dieses riesigen Gebietes wird von dem Wildschwein *(Sus scrofa)* bewohnt (Bild 3.22). Zwischen den verschiedenen geographischen Populationen dieser Art finden sich weitreichende Unterschiede. Die bezüglich der allgemeinen Höherentwicklung, wie sie sich vor allem in der fortschreitenden Hirnentwicklung ausdrückt, ursprünglichste Form ist das Bindenschwein Südostasiens *(Sus scrofa, vittatus*-Gruppe, Bild 3.23). Sie zeichnet sich durch die geringste relative Hirngröße innerhalb der Art aus (Bild 3.24), und besitzt ein vergleichsweise unspezialisiertes Gebiß und einen ebenso unspezialisierten Schädelbau. Ihre Verbreitung erstreckt sich im indonesischen Raum über Sumatra und Java bis auf einige der Kleinen Sunda-Inseln. In China, Japan und Ostsibirien gehen die Bindenschweine durch mosaikhafte Merkmalsänderungen allmählich in die östlichsten Populationen des eigentlichen Wildschweines *(Sus scrofa, scrofa*-Gruppe) über, die ein viel größeres Gehirn und eine längere Schnauze mit verstärktem Gebiß besitzen. In Südasien zeichnet sich ein weiterer Übergang vom Bindenschwein her ab, und zwar nach Westen zum indischen Schwein hin *(Sus scrofa, cristatus*-Gruppe). Es besitzt eine etwas erhöhte Hirngröße – wenn auch nicht so stark wie in der *scrofa*-Gruppe – und einen sehr kennzeichnenden besonders großen und komplex gestalteten letzten Molaren im Gebiß.

Bild 3.22 Schematische Darstellung der Verbreitung des Wildschweins *(Sus scrofa)*. Schwarz = *scrofa*-Gruppe; schraffiert = südasiatische *cristatus*-Gruppe; eng punktiert = indonesische *vittatus*-Gruppe; Punktauflösung der schwarzen Fläche: in Westasien mutmaßliche, aber nicht näher bekannte Kontakt- oder Übergangszone von der *scrofa*- zur *cristatus*-Gruppe, in Ostasien Übergang von mehr *scrofa*-ähnlichen zu mehr *vittatus*-ähnlichen Populationen, mit ebenfalls noch weitgehend unbekanntem Übergang zur *cristatus*-Gruppe.

Bild 3.23 Schweineportraits
oben: Erwachsener Keiler des Pustelschweines (*Sus celebensis*) von Sulawesi (Celebes) (nach Photos in E. Mohr (1960): Wilde Schweine, Ziemsen, Wittenberg).
Mitte: Bindenschwein (*Sus scrofa vittatus*) (nach einem Photo in E. Mohr (wie unter 3.23.1)
unten: Polynesisches Schwein (Mischpopulation von Ausgangstieren aus dem Kreis der Papuaschweine und europäisch-ostasiatischer Schweine)

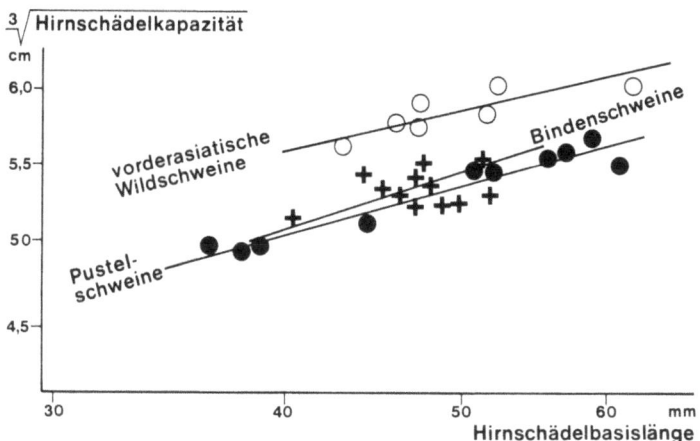

Bild 3.24 Diagrammatische Darstellung der relativen Hirngröße von Pustelschweinen (*Sus verrucosus*-Gruppe, ●), Bindenschweinen (*Sus scrofa, vittatus*-Gruppe, +) und vorderasiatischen Wildschweinen (*Sus scrofa, scrofa*-Gruppe, ○) nach Schädelmessungen (Hirnschädelkapazität anstelle des Hirngewichts, Hirnschädelbasislänge als Größenbezugsmaß)

Dem Bindenschwein stehen hinsichtlich der evolutiven Ursprünglichkeit die Pustelschweine *(verrucosus*-Gruppe: *Sus verrucosus* und *Sus celebensis)* nahe. Deren namengebendes, besonderes äußeres Merkmal sind drei Paar Warzen am Kopf, die vor dem Auge, unter dem Auge und hinten am Unterkiefer sitzen und bei Bachen schwach, bei alten Keilern mächtig ausgebildet sein können (Bild 3.23). Der Schädel ist viel grobknochiger und reliefreicher als der Schädel des Bindenschweines, die Hirngröße entspricht etwa derjenigen dieser Form (Bilder 3.24, 3.25). Die heutige Verbreitung der Pustelschweine umfaßt Java, Sulawesi (Celebes), Borneo, die Philippinen und einige kleine Inseln dieser Region. Zu Beginn des Pleistozäns waren Pustelschweine auch in Europa zu finden, stellten also eine echte Altschicht wilder Schweine, ehe sie hier im Cromer-Interglazial von Schweinen der *scrofa*-Gruppe abgelöst wurden. Weitere Verwandte sind das schlankhochläufige, durch Bartbildung namensgebend charakterisierte Bartschwein *(Sus barbatus)* aus Malakka, Sumatra, Java, Borneo, den Philippinen und einigen kleineren Inseln, und das vergleichsweise winzige Zwergwildschwein *(Sus salvanius)*, das im Osten des Himalayaraumes vorkam und heute nur noch in geringer Anzahl in Assam leben dürfte.

Als primitivste der heutigen Hausschweine erscheinen die meist in halb wildem oder auch verwildertem Zustand lebenden Papuaschweine Neu-Guineas und umliegender Inseln, die in Gestalt der polynesischen Schweine auch im pazifischen Inselraum verbreitet sind (Bilder 3.23, 3.25, 9.14: Farbtafel XXIV). Eine Besiedlung Neu-Guineas durch Schweine, die anders als über die menschliche Verfrachtung über See erfolgte, dürfte auszuschließen sein, erreichte doch kein anderes wildlebendes größeres Säugetier jungtertiärer oder oder späterer Entwicklunghöhe aus eigener Kraft über die Meeresstraßen diese ursprünglich nur von Beuteltieren der australischen Region besiedelte Insel. Diese Schweine Neu-Guineas besitzen nun ein Mosaik von Merkmalen des Pustelschweines und des Bindenschweines, das sie insgesamt sehr nahe dem Pustelschwein stehend erscheinen läßt. Mit hoher Wahrscheinlichkeit ebenfalls vom Menschen auf die Insel Timot gebrachte Schweine erscheinen sogar ganz Pustelschwein-artig. Auf der Insel Roti nahe Timor existiert das Sulawesi-Pustelschwein noch heute als domestizierte Form, das hier als schwarzer und als

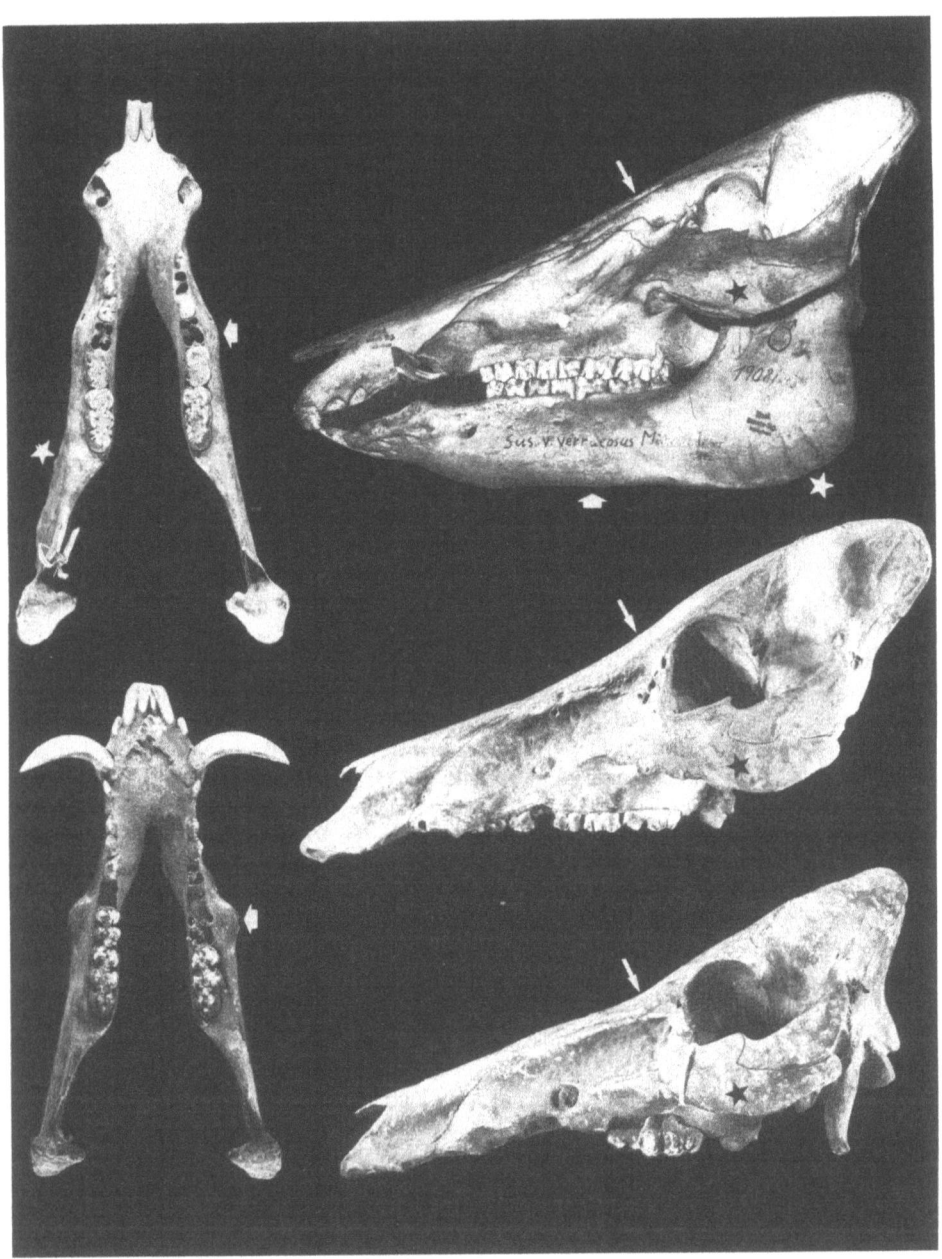

Bild 3.25 Schädelmerkmale des Pustelschweins (rechts oben) bei Papuaschweinen aus Neu-Guinea. Der Schädel von Pustelschwein-Keilern *(Sus celebensis* und *Sus verrucosus)* ist, verglichen mit Wildschwein-Keilern *(Sus scrofa)*, grobknochiger mit weit stärkerer, reliefhafter Oberflächenmodellierung vor der Augenhöhle (dünne Pfeile), am Unterrand des Jochbogens (schwarze Sterne) und am hinteren Unterrand des Unterkiefers (weiße Sterne). Am Unterkiefer besitzt er eine durch die Eckzahnwurzel bedingte starke seitliche Ausbauchung (dicke, weiße Pfeile). In teilweise voll entsprechender, teilweise abgeschwächter Ausbildung sind diese Merkmale auch an Schädeln alter Keiler des Papuaschweines zu finden (Oberschädel Mitte und rechts unten, Unterkiefer links oben und links unten).

schwarzweiß gescheckter Typ vorkommt. Einzelne Merkmale der Pustelschweine finden sich sogar bei hoch gezüchteten chinesischen Hausschweinen. So stand an der Wurzel der Schweinedomestikation also nicht allein das Wildschwein, wie früher immer angenommen, sondern sicherlich auch das Sulawesi-Pustelschwein. Manche Schädel- und Gebißmerkmale ursprünglicher Hausschweinrassen verweisen vor allem auf das Bindenschwein als die zweite, also die Wildschweinwurzel des Hausschweines. Colin Groves nimmt, wohl mit Recht, demgemäß eine erste Domestikation aus Sulawesi in die Nachbarinselwelt verfrachteter Pustelschweine an, aus deren Vermischung mit ebenfalls dorthin gebrachten Bindenschweinen zunächst das Papuaschwein hervorging.

Die ältesten Nachweise einer Nutzung des Schweins auf Neu-Guinea haben ein Alter von etwa 10 000 Jahren. Bereits zu dieser frühen Zeit hat der Mensch jener Region offensichtlich Schweine über das Meer mitgeführt. Erst etwa 1000 Jahre später finden sich die ältesten Hausschweine im kleinasiatisch-vorderasiatischen Raum, von wo ihre weitere Ausbreitung nach Europa ihren Anfang nahm. Im Verlauf des Neolithikums kam es dort, wie bereits im vorhergehenden Kapitel ausgeführt, in Form beträchtlichen Zufangs von Wildschweinen mit anschließender Einkreuzung zu Sekundärdomestikationen, die den Hausschweinebestand rasch vermehrten und das Erscheinungsbild mehr in Richtung des europäischen Wildschweins verschoben. Dies ging allerdings nicht soweit, daß auch der kennzeichnende Chromosomenbestand des Hausschweins von insgesamt 38 auf die Chromosomenzahl mitteleuropäischer Wildschweine von nur 36 verändert worden wäre. Die südosteuropäischen und die asiatischen Wildschweine besitzen die gleiche Zahl wie die Hausschweine.

Die altweltlichen Kamele

Im Wüstengürtel der Alten Welt spielen aus der Kamelfamilie *(Camelidae)* zwei Haustierarten eine entscheidende Rolle im menschlichen Leben, nämlich das Dromedar oder einhöckrige Kamel im Westen, von der Sahara über die arabische Halbinsel bis nach Vorderasien und Indien, und das Kamel, Trampeltier oder zweihöckrige Kamel im Osten, in den Wüsten Vorderasiens bis in die Mongolei. Nur im letzteren Gebiet, der Gobi, existieren heute noch Wildkamele *(Camelus ferus)*. Als zweihöckrige Kamele gehören diese sicher zur Vorfahrenart des Hauskamels, die ursprünglich, Fossilfunden aus dem Pleistozän und aus nacheiszeitlichen Ablagerungen zufolge, zumindest bis in den mittelasiatischen Raum zwischen dem Kaspisee und den westlichen Ketten der zentralasiatischen Hochgebirge verbreitet war. Dieses ehemalige Wildkamelvorkommen erschwert die Deutung der frühesten Kamelbelege aus Vorderasien als von Wildtieren oder Haustieren stammend. Wohl erst im 2. vorchristlichen Jahrtausend kann im vorderasiatischen Raum mit Sicherheit von Hauskamelen gesprochen werden.

Im Gegensatz zum zweihöckrigen Kamel entzieht sich der Wildvorfahr des Dromedars vorläufig noch dem Zugriff. Ursprünglich war die Gattung *Camelus* sicherlich im gesamten Wüsten- und Wüstensteppengebiet von der Sahara bis zur Gobi verbreitet. Fossilbelege aus dem nordafrikanischen Raum lassen allerdings erkennen, daß die dort noch nacheiszeitlich lebende Form *(Camelus thomasi)* größere Ähnlichkeiten zum zweihöckrigen Kamel als zum Dromedar besaß. Sie scheidet auf der Suche nach dem Wilddromedar also aus. So bleibt als Verbreitungsgebiet des letzteren nur der Raum der arabischen Halbinsel übrig, aus dem aber noch kein entsprechendes Knochenmaterial bekannt wurde. Römische Schriftsteller berichten noch von wilden Dromedaren in Arabien. Diese Region erscheint auch in den schriftlichen Überlieferungen der frühen Kulturvölker des Vorderen Orients und in allen verfügbaren archäozoologischen Befunden als das Ausbreitungszentrum des domestizierten Dromedars, dessen Haustierwerdung dort gegen Ende des 4. vorchristlichen Jahrtausends zu vermuten ist.

Die neuweltlichen Kamele

Die südamerikanischen Kleinkamele Lama und Alpaka sind die einzigen in indianischen Kulturen entstandenen Großhaustiere. Das Alpaka ist in den Anden Perus und Boliviens verbreitet. das Lama wird ebenfalls in diesen Ländern sowie im Nordwesten Argentiniens und im Norden Chiles gezüchtet; im 19. Jahrhundert reichte sein Vorkommen noch bis Ecuador und Paraguay. Als Wildvorfahren stehen in den gleichen Landschaften die beiden Arten Guanako *(Lama guanikoe)* (Bild 3.26: Farbtafel XII) und Vikunja *(Lama vicugna)* (Bild 3.28: Farbtafel XIII) zur Verfügung. Die Domestikation ist infolge von Unterscheidungsproblemen der betreffenden Wildtiere und Haustiere im verfügbaren archäozoologischen Fundgut im Einzelnen nur schwer zu verfolgen. Intensiv genutzt wurden Cameliden im über 4000 m hohen zentralperuanischen Hochland der Puna bereits zwischen 5500 und 2500 v.Chr. Eine Aussage über den wilden oder domestizierten Zustand dieser dort schon in großer Fundhäufigkeit auftauchenden Tiere ist nicht möglich. In den Hochtälern der Anden Perus zwischen 2500 und 4000 m ist eine zunehmende Nutzung in der Zeit zwischen 4200 und 2500 v.Chr. festzustellen. Die erste Nutzung an der peruanischen Pazifikküste ist schließlich zwischen 2500 und 1750 v.Chr. zu beobachten. Während dieser Phasen mag bereits die Domestikation stattgefunden haben. Sicher ist nur, daß ihre Wurzeln in die Vor-Inkazeit zurückgehen.

Während sich das Lama (Bild 3.27: Farbtafel XII) in allen gestaltlichen und biochemischen Merkmalen und in seinen Verhaltensweisen als Hausform des Guanako darstellt, war die Herkunft des Alpaka (Bild 3.29: Farbtafel XIII) lange sehr umstritten. Vier sich teilweise gegenseitig ausschließende Thesen standen zur Debatte. Eine sah im Alpaka eine Hausform des Vikunja, eine andere eine zweite Hausform des Guanako, die durch Weiterzüchtung vom Lama aus entstanden sein sollte. Die dritte These zielt auf ein Mischprodukt aus Vikunja und Lama, und die vierte suchte nach einer dritten, heute ausgestorbenen Wildart zwischen Guanako und Vikunja als Alpaka-Vorfahr. Nachdem schließlich zahlreiche Merkmalskomplexe dieser Arten studiert worden waren, wurde eine Entscheidung über diese Thesen erleichtert.

Die hohe Variabilität beim Schädelbau erschwert den Bezug des Alpakas auf eine der in Frage kommenden Ausgangsarten. Nur ein Formmerkmal verleiht ihm höhere Guanako- oder Lama-Ähnlichkeit. Im Bau ihrer Unterkieferschneidezähne unterscheiden sich die Wildarten Guanako und Vikunja sehr eindeutig. Durch den Gebrauch im speziellen Lebensraum nutzen sich die Vikunjaschneidezähne schneller ab; sie verfügen über offene Wurzeln und sind damit zu einem Dauerwachstum befähigt. Eine Schmelzschicht findet sich bei ihnen nur auf der Außenseite, während sie beim Guanako- und Lamazahn gleichmäßig innen und außen ausgebildet ist. Alpakaschneidezähne nehmen eine Zwischenstellung ein. Ihre Wurzeln überbrücken in ihrer Vielfalt die Spanne von geschlossen bis zu dauernd offen, mit länger anhaltendem Wachstum. Die Schmelzbedeckung ist auf der Außenseite dicker als innen. Eine ähnlich vermittelnde Position findet sich bei Hornplattenbildungen an den Mittelfüßen. Beim Guanako und beim Lama liegen sie offen, beim Vikunja werden sie von beiden Seiten durch die Behaarung überdeckt. Beim Alpaka erfolgt diese Überdeckung nur von der Außenseite her. Die große Hautdicke des Alpakas entspricht den Verhältnissen bei Guanako und Lama. Die elektrophoretische Auftrennung der Serumeiweiße läßt eine hohe Ähnlichkeit des Alpakas mit dem Vikunja, nicht aber mit dem Guanako oder dem Lama erkennen. Die Muskelproteine sind beim Vikunja aus nur 20 verschiedenen Aminosäuren zusammengesetzt, beim Guanako und beim Lama aber aus 24. Das Alpaka verfügt ebenfalls über 24 Aminosäuren, wobei aber die vier dem Vikunja fehlenden in nur geringer Konzentration vorliegen. Auch im Verhalten drückt sich diese Zwischenstellung aus. Die Lautgebung des Alpakas ist derjenigen des Vikunjas ähnlicher. In Erregung stellen Guanakos und Lamas ihren Schwanz sichelförmig hoch, das Vikunja aber steil nach oben. Beim Alpaka lassen sich beide dieser Möglichkeiten nebst Zwischenpositionen finden. Im Suhlverhalten und in der Auskeilbewegung sind weitere Vikunja-Ähnlichkeiten zu beobachten, im Kotverhalten liegt wieder eine Zwischenstellung vor.

Auf der Basis dieser Ergebnisse sind die früheren Thesen entweder alleiniger Guanako- bzw. Lama-Abstammung oder alleiniger Vikunja-Abstammung des Alpakas zu verwerfen, denn es besitzt auf der einen Seite in allen Merkmalskomplexen beim Guanako und Lama nicht vorkommende, für das Vikunja kennzeichnende Züge, auf der anderen aber auch beim Vikunja nicht vorkommende, für Guanako oder Lama typische Eigenheiten. Auch die These von einer eigenen, ausgestorbenen Wildart kann gestrichen werden, nachdem früher als Beleg hierfür angesprochene Knochenfunde auf das Vikunja zu beziehen sind und es keinerlei weitere Hinweise auf das ehemalige Vorkommen einer solchen dritten Wildform gibt. So bleibt schließlich nur die These eines Mischproduktes aus beiden Ausgangslinien übrig, wobei an eine Kreuzung gefangener Vikunjas mit dem zunächst allein verfügbaren Haustier Lama zu denken ist. Ein solcher Vorgang findet seine Parallele auf der einen Seite in der bereits mehrfach angesprochenen Einkreuzung lokaler Wildverwandter in Haustierpopulationen, auf der anderen in von altersher laufenden Gebrauchskreuzungen einander nahe verwandter Haustierarten wie Pferd und Esel oder Dromedar und Trampeltier.

Das Rentier

Das Rentier (Bild 3.30) ist das einzige bisher existierende Haustier aus der Familie der Hirsche (Cervidae). Seit dem jüngeren Paläolithikum, der Altsteinzeit, als der Mensch der letzten Eiszeit die Kältesteppen und Tundren vor dem Nordlandeis besiedelte, ist das Ren (*Rangifer tarandus*) eine wichtige, später sogar die allein entscheidende Nahrungsbasis am Nordrand Eurasiens. Hier fand seine Domestikation statt, deren zeitlicher Verlauf unbekannt ist. Es ist nicht auszuschließen, daß der Beginn der Haustierwerdung bis in das ausgehende Paläolithikum zurückreicht. Spätestens bis zum 1. vorchristlichen Jahrtausend war dieser Nutzungswandel vom Jagdtier zum Haustier vollzogen. In Nordamerika blieb das Ren ausschließlich Jagdbeute des Menschen.

In vielen Gebieten steht die Rentierhaltung heute noch auf einer Frühstufe der Domestikation. Verkreuzung mit Wildrenern aus lokalen Populationen ist häufig. Die Tschuktschen in Nordostsibirien fangen unter Zuhilfenahme ihrer halbzahmen Hausrener immer wieder Wildrentiere hauptsächlich zur Fleischgewinnung. Kleine Wildrengruppen schließen sich ziemlich leicht an große Hausrenherden an. Aber auch das Umgekehrte ist möglich, daß sich nämlich kleine Gruppen von Hausrentieren an größere Wildgruppen binden und so verschwinden. Die Herdenstabilität, der Zusammenhalt der Tiere, nimmt mit steigender Herdengröße offensichtlich zu, die Tendenz zum Verwildern beim Hausrentier entsprechend ab. Die Verwilderung und das Einfangen von Wildtieren mit Hilfe der Hausrener erscheint so vor allem als eine Funktion der Herdengröße auf der Basis der grundsätzlichen Geselligkeit der Art. In diesen Landschaften ist also heute noch ständig ein gewisser genetischer Fluß zwischen Wildtier und Haustier möglich.

Die Rinder

Innerhalb der großen Familie rinderähnlicher Wiederkäuer (Bovidae) bilden die echten Rinder einen Komplex aus vier Gattungen. Die stammesgeschichtlich am ursprünglichsten erscheinende Form ist der kleine Anoa (*Bubalus depressicornis*) aus Sulawesi (Celebes). Ihm verwandt ist der große asiatische Wasserbüffel (*Bubalus arnee*), dem eine kleine, dem

Bild 3.30 Hausrenhirsch

Anoa ähnlichere Form auf der Philippineninsel Mindoro nahesteht. In Afrika wird die Büffelgruppe durch den Kaffernbüffel *(Synceros caffer)* vertreten. Die zweite Gruppe echter Rinder stellen die Bisons, die im Pleistozän in Eurasien und in Nordamerika in großer Formenfülle verbreitet waren. Die drei heute noch lebenden Formen stellen nur einen geringen Rest dar. Es handelt sich dabei um den europäischen Wisent, den kanadischen Waldbison und den nordamerikanischen Präriebison. Die beiden letzteren werden in der Regel als eine Art Bison *(Bison bison* mit den Unterarten *bison* und *athabascae)* der Art Wisent *(Bison bonasus)* gegenübergestellt. In Anbetracht der gestaltlichen Zwischenstellung des Waldbisons zwischen Wisent und Präriebison auf der einen, der leichten Verkreuzbarkeit aller drei Fromen bei Aufhebung der räumlichen Schranken auf der anderen Seite läßt sich jedoch auch ihre Gleichbehandlung sowohl als eigene Arten als auch als Unterarten einer gemeinsamen europäisch-amerikanischen Art begründen. Die größte Artenvielfalt findet sich bei den Wildrindern im eigentlichen Sinn, von denen der Ur oder Auerochse *(Bos primigenius)* in den meisten Teilen seines Verbreitungsgebietes (Europa, Nordafrika, Vorder- und Südasien) schon früh erloschen ist. In Europa überlebte er noch das Mittelalter. Von der letzten schließlich in Polen übriggebliebenen und gehegten Herde lebten im Jahr 1564 noch 38 Tiere. 1599 waren es nur noch 24, 1602 bereits nur noch 4. Die letzte Kuh starb im Jahr 1627 (Bild 3.31: Farbtafel XIV).

In den Wüstensteppen des nordtibetanischen Hochlandes lebt der Wildyak *(Bos mutus)* der nach neuen Befunden den Bisons besonders nahesteht. Süd- und Südostasien ist die

Heimat des Gaur *(Bos gaurus)*. Im südostasiatischen Raum kommt ein weiteres Wildrind, nämlich der Banteng *(Bos javanicus)* vor, der auch auf den Inseln Java und Borneo zu finden ist (Bild 3.32: Farbtafel XIV). Der Kouprey *(Bos sauveli)* aus Indochina ist infolge noch zu wenig umfassender Kenntnis als eigenständige Wildart umstritten, nachdem er in seinen Gestalt- und Schädelmerkmalen eine Mischung von Banteng- und Zebueigenschaften bietet. Er steht jedenfalls dem Ur sehr nahe.

Sieht man von dieser letzteren, deutungsmäßig unsicheren Form ab, so sind auf alle Arten der Gattung *Bos* Hausrindformen zu beziehen, während von den Büffeln nur der Wasserbüffel domestiziert wurde und aus der Gattung *Bison* kein Haustier entstand. Für das Hausrind im eigentlichen Sinne kann im Blick auf alle vom Ur bekannten Merkmale der Vorfahr nur in dieser Wildart gesehen werden. Das bislang unzureichende Wissen über kennzeichnende Besonderheiten verschiedener geographischer Populationen des Urs macht einen Bezug primitiver Hausrindrassen auf die eine oder andere dieser Populationen jedoch noch weitgehend unmöglich. Dies gilt auch für die Entstehung des Zebus. Durch zahlreiche Merkmale ist dieser Rassenkomplex des Rindes von allen anderen Rassen deutlich abgesetzt. Zebus sind nicht nur durch ihre Buckelbildung ausgezeichnet, sondern auch durch ihre schlanke Gestalt und Hochläufigkeit, sowie eine meist große Halswamme. Hitze ertragen sie weit besser als andere Rassen. Man hat die Zebus schon als die „Windhunde" unter den Rindern bezeichnet (Bild 2.8: Farbtafel VII; Bild 3.33: Farbtafel XV). Für ihre Herkunft werden zwei Thesen diskutiert. Die erste geht von einer unabhängigen Domestikation von einer südwest- bis südasiatischen Form des Ures aus. Die zweite erklärt die Zebuwerdung durch Selektion aus höckerlosen ursprünglichen Langhornhausrindern in der heißen Trockenlandschaft am Ostrand der großen iranischen Salzwüste und setzt diese Umwandlung im 4. vorchristlichen Jahrtausend an, nachdem sich spätestens zu Beginn des 3. Jahrtausends die typischen Zebumerkmale finden. Die derzeit ältesten auf Hausrinder bezogenen Funde stammen aus dem 7. Jahrtausend v.Chr. in Nordgriechenland. In Südwestasien sind Rinder ab etwa 5000 v.Chr. belegt.

Eine wirkliche Lösung des Zebu-Abstammungsproblems wird erst mit erweiterter Kenntnis der geographischen Merkmalvielfalt des Ures möglich sein. Ohne diese Kenntnis wird auch die Region der primären Urdomestikation kaum mit einem gewissen Maß an Sicherheit zu erkennen sein. Ähnlichkeiten zum Kouprey sind hier von Interesse.

Der Wildyak ist Vorfahr des Hausyaks, dessen Nutzung auf den innerasiatischen Raum beschränkt blieb (Bild 3.34: Farbtafel XV). Über die Zeit seiner Domestikation gibt es noch kaum sichere Hinweise. Die ersten eindeutigen Nachrichten von Hausyaks stammen aus dem Mittelalter.

In der indonesischen Inselwelt entstand aus dem Banteng das Haustier Balirind, dessen zeitliche Wurzeln ebenso unbekannt sind wie die des Hausyaks. Die javanische Überlieferung nennt im 14. Jahrhundert den Rinderexport von Bali nach Java. So ist auch hier nur die Existenz des Haustieres seit dem Mittelalter gesichert. Sekundäre Domestikation hielt in diesem Fall bis in die Neuzeit an. Noch im 18. Jahrhundert wurden auf Java wilde Bantengs zur Verwendung in der Balirinderzucht eingefangen. Gleiches gilt für den Gayal, die in Assam, Burma und Bhutan lebende Hausform des Gaur. Anhaltende Einkreuzung wilder Gaure wurde hier zur Verbesserung der Gayalzucht gern gesehen. Auch in diesem Fall wissen wir nichts über die Zeit primärer Domestikation.

Vielfache Kreuzungen dieser regionalen süd- und südostasiatischen Hausrindformen mit anderen Hausrindern sorgten für einen anhaltenden Genfluß zwischen den Arten, das heißt, für den Austausch von Erbgut und das Auftauchen von Merkmalen der einen Form bei der anderen. Zebu-Bastardierungen mit Balirind und Gayal reicherten den Genpool und damit das Erscheinungsbild der beiden letztgenannten Formen an. Sie lassen schließlich die Überlegung zu, ob Zebus nicht überhaupt den ursprünglichen Anstoß zur Nutzung von Banteng und Gaur im Haustierstand gaben.

Wie es in der europäischen Jungsteinzeit mit der Vermehrung des ursprünglich importierten Rinderbestandes durch Hinzufangen von Uren und deren schließliche Einkreuzung geschah (vgl. Kapitel 2), wäre auch im südostasiatischen Raum der Versuch zur raschen Vermehrung eines geringen, zunächst eingeführten Zebubestandes denkbar. Hier standen dafür nur keine Ure, sondern die einheimischen, verwandten Arten Banteng oder Gaur zur Verfügung. Auch hier konnte die Beimischung sowohl durch Einfang von Wildrindern als auch durch Besamung von Hausrindern durch wilde Stiere versucht werden. So mag es sich bei der Entstehung von Gayal und Balirind überhaupt nicht um primäre, sondern vielmehr um sekundäre Domestikationen handeln, vergleichbar der Entstehung von Primitivrassen anderer Haustiere durch unterschiedliche regionale Einkreuzungen der jeweiligen nächstverwandten Wildform. Parallelfälle wären das Hervorgehen des heutigen Hausschweines aus den beiden Wurzeln Pustelschwein und Bindenschwein, nebst vielfacher späterer Hinzumischung anderer Wildschweine, oder das Zustandekommen des Alpaka aus dem Haustier Lama und der einkreuzenden Hinzunahme des Wildtieres Vikunja. Die Suche nach der primären Domestikation von Banteng und Gaur ist in einem solchen Falle müßig. Auch für den Yak ist ein solches Geschehen vorstellbar. Mischlinge von Hausrindern mit Hausyaks spielen noch heute eine Rolle. Im Altai-Gebirge wurde aus beiden Ausgangsformen eine neue Rinderrasse gezüchtet, welche die für jenen Lebensraum wirtschaftlich bedeutsamsten Eigenschaften der beiden Arten vereinigt, nämlich die geringe klimatische Empfindlichkeit des Hausyaks und seine Nutzbarkeit als Gebirgslasttier mit der hohen Milchleistung des Hausrindes. Noch eine andere Rinderrassen-Neuzüchtung beruht auf einer solchen Artbastardierung, nämlich das Cattalo-Rind in Kanada. Durch Rückkreuzungen der fruchtbaren weiblichen Nachkommen der ersten Generation von Rind-Bison-Bastardierung (Rind = englisch **cattle** + Bison = buffalo gibt **cattlo**) wurde eine Rasse erzielt, die sich bei etwa 1/2 bis 3/4 Hausrindanteil durch besondere Kältefestigkeit auszeichnet und damit auf offener, schneebedeckter Weidefläche im kanadischen Winter einen geringeren Gewichtsverlust erleidet als andere Rinderrassen.

Wenn die Rinder als Muster einer domestikativen Nutzung der jeweiligen lokalen Wildtierformen im gesamten europäisch-asiatischen Raum zu betrachten sind, bei der der Haustierbestand jeweils die regionalen Wildformen der Gattung *Bos* widerspiegelt, und bei der nur die Frage nach der mehrfachen primären, voneinander gänzlich unabhängigen Domestikation oder eher nach einer Katalysatorfunktion der erstdomestizierten Hausrinder zu stellen ist, so gilt diese Frage grundsätzlich auch für die Domestikation des Wasserbüffels aus der Gattung *Bubalus*. Eine Einkreuzung von Büffeln in Hausrinderbestände ist in diesem Fall allerdings wegen höchstens geringer Erfolgsquote sehr erschwert. Die Möglichkeit einer Anregung der Büffeldomestikation erst durch die Idee des Wildrindereinfangs zur versuchten Vermehrung von Hausrinderbeständen bleibt dennoch auch hier bestehen. Weder das Zentrum noch die Zeit dieses Geschehens sind derzeit bekannt. Das Indiz der Verwendung des Büffels in der Feuchtreiskultur läßt mehr an den indochinesischen Raum denken, hingegen stammen die ersten archäozoologischen Belege des Hausbüffels aus dem 3. vorchristlichen Jahrtausend aus Vorderindien und Mesopotamien. Die ursprüngliche Verbreitung wilder Wasserbüffel deckt alle diese Gebiete ab, so daß auf diesem Weg ebenfalls keine Einengung auf ein bestimmtes Domestikationszentrum zu erhalten ist. Weitergehende Merkmalsanalysen liegen noch nicht vor.

Das Schaf

Neben den echten Rindern haben die rinderähnlichen Wiederkäuer (Bovidae) mit Schaf und Ziege aus der Gattungsgruppe Böcke und der Unterfamilie Ziegenartige (Caprinae) zwei weitere außerordentlich wichtige Haustierarten gestellt. Die Vorfahren des Hausschafes sind bei Wildschafen der Gattung *Ovis* zu suchen, die in einer großen Fülle sehr unterschiedlicher geographischer Formen von Europa bis nach Nordamerika verbreitet sind (Bild 3.35). Ihre taxonomische Behandlung, das heißt hier, die Beurteilung ihrer verwandtschaftlichen Abstände in Bezug auf Arteigenständigkeit und ihre Aufgliederung in einzelne Arten oder Unterarten, ist umstritten, was in unterschiedlicher wissenschaftlicher Namengebung der einzelnen Formen zum Ausdruck kommt. In Sardinien und Korsika und im östlichen Mittelmeerraum bis Nordwest- und Südiran leben die Mufflons (*Ovis musimon* oder *musimon*-Gruppe von *Ovis ammon*), verhältnismäßig kleine, kurzschnauzige Wildschafe mit breitem Schwanz und teilweise einem Sattelfleck auf dem Rücken. Heute auch in Mitteleuropa und an anderen Stellen der Welt wild vorkommende Mufflons wurden vom Menschen dorthin gebracht und gehen ursprünglich auf sardisch-korsische Tiere zurück (Bild 3.36), die offenbar selbst wiederum früh vom Menschen, wohl aus Kleinasien kommend, dort eingeführt worden waren. Alle regionalen Populationen dieser Gruppe zeichnen sich durch eine Chromosomenzahl von 54 aus. Weiter im Osten Vorderasiens schließt die Urial-Gruppe (*Ovis vignei* oder *vignei*-Gruppe von *Ovis ammon*) an, die

Bild 3.35 Verbreitung der Wildschafe. Punktiert im kleinasiatischen und vorderasiatischen Raum = Mufflons (***musimon***-Gruppe mit 54 Chromosomen); schraffiert = Uriale (*vignei*-Gruppe mit 58 Chromosomen), zwischen beiden eine Übergangszone; schwarz = Argalis (*ammon*-Gruppe mit 56 Chromosomen); punktiert in Ostsibirien und Nordamerika = amphiberingische Wildschafe (mit 54 Chromosomen zumindest bei den beiden nordamerikanischen Formen)

vom Nordostiran durch Mittelasien bis Tadshikistan und Afghanistan verbreitet ist. Die mehr mittelgroßen Schafe dieser Gruppe haben einen dünnen Schwanz, ebenfalls kurze Schnauze und einen doppelten Chromosomensatz von 58. Die zentralasiatischen Gebirgslandschaften von Pamir und Tianschan im Westen bis zu den chinesischen Gebirgen im Osten und dem Altai im Norden sind der Lebensraum der Argalis *(Ovis ammon* oder *ammon*-Gruppe von *Ovis ammon)*. Die Angehörigen dieser Verwandtschaftsgruppe sind langschnauzig und sehr groß, im doppelten Satz besitzen sie 56 Chromosomen. Die Schafe beidseits der Beringsee schließlich sind mittelgroß bis groß und relativ kurzbeinig. Sie unterscheiden sich in mehreren anatomischen Merkmalen von den bisher genannten Gruppen. Zu ihnen gehören das Schneeschaf *(Ovis nivicola)* Ostsibiriens sowie das Dallschaf *(Ovis dalli)* und das Dickhornschaf *(Ovis canadensis)* der Gebirge im westlichen Nordamerika. Diese amerikanischen Wildschafe haben einen Chromosomenbestand von 54.

Die Angehörigen dieser nordostasiatisch-nordamerikanischen Gruppe lassen sich mit ihrem gesamten Merkmalskombinat aus der Vorfahrenschaft des Hausschafes ausschließen. Alle Hausschafe haben einen doppelten Chromosomensatz von 54. So kommt für sie nur die mittelmeerländisch-südwestasiatische Muflongruppe als Ursprung in Frage. Biochemische Blutuntersuchungen stehen mit diesem Befund in Einklang. Das Domestikationszentrum des Schafes ist demnach westlich einer Linie vom Kaspisee zum Golf von Oman zu suchen. Archäozoologische Daten stimmen hiermit überein. So stammen die frühesten heute auf das Hausschaf bezogenen Stücke aus dem 9. vorchristlichen Jahrtau-

Bild 3.36 Europäisches Mufflon

Bild 3.37 Soay-Schaf, die mufflonähnlichste, wildfarbene Primitivrasse des Hausschafs

send des südwestasiatischen Raumes. Allerdings erscheint die Diagnose von Wildschafen und primitiven Hausschafen im Vorkommensgebiet der ersteren problematisch. Das Merkmal der Hornlosigkeit weiblicher Tiere, das häufig als Hausschafeigenheit angesehen wird, ist hierfür ebenfalls fraglich, gibt es doch bei den Mufflons des tyrrhenischen Gebietes ebenfalls hornlose Weibchen. Auf der anderen Seite wird gerade für diese Populationen auch die Möglichkeit diskutiert, daß es sich überhaupt nicht um echte Wildschafe handelt, sondern um Tiere, die auf einer sehr frühen Stufe der Domestikation wieder verwilderten. Die dem Mufflon ähnlichste Primitivrasse des Hausschafes, die bis in die heutige Zeit überdauerte, ist das Soay-Schaf, dessen verwilderten Populationen auf den St. Kilda-Inseln westlich der Hebriden vor dem Nordwesten Schottlands von allen späteren züchterischen Weiterentwicklungen des Hausschafes unberührt geblieben sind (Bild 3.37). Ihre Wurzeln mögen in die Frühzeit der Besiedlung der Britischen Inseln mit Schafen zurückreichen. Die ersten sicher datierten Hausschafe in Europa tauchen im 7. Jahrtausend v.Chr. im Balkanraum auf. Zunächst als end- und früh nacheiszeitlich angesehene Schaffunde aus der Dobrudscha, die noch älter wären, werden bezüglich ihrer Datierung angezweifelt.

Die Ziege

Wie bei den Wildschafen, so gibt es auch bei den Wildziegen mehrere Formen, die taxonomisch als eigene Arten oder als extreme Unterarten einer gemeinsamen Art umstritten sind. Die Bezoarziegen *(Capra aegagrus* oder *aegagrus*-Gruppe von *Capra ibex,* je nach Auffassung) des östlichen Mittelmeerraumes und Südwestasiens bis Afghanistan sind durch

Bild 3.38 Verbreitung der Wildziegen. Schwarz = Steinböcke *(ibex-*Gruppe); punktiert = Bezoarziegen *(aegagrus*-Gruppe); schraffiert = Schraubenhornziegen *(falconeri*-Gruppe)

Bild 3.39
Bezoarziege, die Stammform der Hausziege. Gegenüber den anderen Wildziegen verfügt sie über eine kennzeichnende Kontrastfärbung, wie sie ebenfalls bei wildfarbenen Hausziegen zu finden ist.

Bild 3.40
Markhor- oder Schraubenhornziege

Bild 3.41 Steinbock

säbelförmige Hörner mit scharfer Vorderkante, durch einen Aalstrich auf dem Rücken, dunkles Schulterkreuz und dunkle Beinzeichnung gekennzeichnet (Bild 3.39). Von ihnen heben sich die in den Gebirgen von Afghanistan bis Kaschmir, Tadshikistan und Usbekistan verbreiteten Markhors oder Schraubenziegen *(Capra falconeri* oder *falconeri*-Gruppe von *Capra ibex)* durch ihre namengebende Schrauben- oder Korkzieherhörnigkeit, die Mähne der Böcke und das Fehlen auffälliger Färbungskontraste scharf ab (Bild 3.40). Eine dritte Großgruppe stellen die Steinböcke *(Capra ibex* oder *ibex*-Gruppe von *Capra ibex)* dar, deren Horn vorn breitflächig, nicht mit einer Kante wie bei den Bezoarziegen versehen ist, und die in unterschiedlichem Maße nur Einzelelemente der Fellzeichnung der Bezoarziegen besitzen (Bild 3.41). Bei ihnen lassen sich nochmals vier Untergruppen

Bild 3.42
Hausziegenbock vom Wildfarbtyp (afrikanische Zwergziege) mit der Farbverteilung der Bezoarziege

Bild 3.43
Häufigste Form der Horndrehung bei Hausziegenböcken: im Vergleich zur Schraubenhornziege gegenläufige Windungsrichtung (Ziegen aus den verwilderten Populationen der Hawaii-Inseln)

Bild 3.44
Rekonstruktion eines altgriechischen Hausziegenbocks mit Hörnern, die in der gleichen Richtung gedreht sind wie bei der Schraubenhornziege. Nach Kleinbronzen im Archäologischen Nationalmuseum Athen

geographischer Populationen unterscheiden, nämlich die Iberiensteinböcke der iberischen Gebirge, die Steinböcke der Alpen und der zentralasiatisch-sibirischen Hochgebirge, die kaukasischen Ture und die von Abessinien bis zur arabischen Halbinsel lebenden abessinischen und nubischen Steinböcke.

Der Bezug der Hausziege auf die Bezoarziege unter diesen verschiedenen Wildziegenformen ist eindeutig. In ihrer Wildfärbung entspricht sie dem Bezoarziegentyp (Bild 3.42), ihre Behornung ist, soweit sie keine Sonderformen aufweist, die typische Säbelhornform dieses Wildtiers. Bei den häufig zu findenden gedrehten Hausziegenhörnern (Bild 3.43) ist die Drehrichtung entgegengesetzt derjenigen des Markhors, hat also mit ihm nichts zu tun. Der Schraubenhornziege gleichartig gedrehte Hörner bei den Tscherkessenziegen des kaukasisch-turkestanischen Gebietes und bei aus dem altägyptischen und altgriechischen Kulturraum dargestellten Ziegen (Bild 3.44) mögen allerdings ein Indiz für deren gelegentliche Einkreuzung geben. Die derzeit ältesten Hinweise auf eine Ziegendomestikation stammen gleichfalls aus dem Verbreitungsgebiet der Bezoarziege, nämlich aus dem westlichen Iran, und reichen ins 9. vorchristliche Jahrtausend zurück. Damit erscheinen Schaf und Ziege als die nach dem Hund ältesten Haustiere.

Das Kaninchen

Das fälschlicherweise immer wieder als Hase bezeichnete Hauskaninchen ist der eindeutige Abkömmling des europäischen Wildkaninchens *(Oryctolagus cuniculus)* aus der Ordnung der Hasentiere (Lagomorpha). Dessen ursprüngliche nacheiszeitliche Verbreitung war auf die Iberische Halbinsel beschränkt. Die ersten Kontakte mit Wildkaninchen erfolgten von Seiten der frühen Kulturvölker des Mittelmeerraumes durch Phönizier etwa um 1100 v.Chr. Im griechisch-römischen Bereich wurden sie erst in der zweiten Hälfte des 1. vorchristlichen Jahrtausends bekannt. Römer setzten Kaninchen dann auf den Inseln des westlichen Mittelmeeres aus und leiteten so ihre spätere weltweite Ausbreitung durch die Hand des Menschen ein. Ursprünglich zur Hasenhaltung errichtete Gehege wurden nun im Römischen Reich auch zur Kaninchenhaltung genutzt. Aus einer derartigen Gefangenschaftshaltung heraus ist die Entwicklung der Gefangenschaftszucht anzusetzen, die sich schließlich im Mittelalter über das westliche und mittlere Europa ausbreitete. Kaninchengroßgehege dienten dort der höfischen Jagd, die auch von Frauen betrieben wurde. Während dieser Zeit muß neben dem hierzu benutzten Gehege-Wildkaninchen unter beschränkteren Haltungsbedingungen das Hauskaninchen entstanden sein, wobei französische Klöster eine führende Rolle gespielt haben mögen. Die ersten eindeutigen Nachweise einer blühenden Haltung und Zucht von Hauskaninchen, einschließlich des Vorhandenseins verschiedener Farbformen und unterschiedlicher Größen, stammen aus dem 16. Jahrhundert, so daß die Domestikationsphase spätestens Ende des Mittelalters abgeschlossen gewesen sein muß.

Die Nagetiere

Aus der Ordnung der Nagetiere (Rodentia) sind mehrere Arten entweder in den vollen Haustierstand übergegangen oder werden heute zumindest in Vorstufen der Domestikation in gleicher Weise wie die älteren Haustiere aus dieser Gruppe genutzt. Die Anwendungsmöglichkeit der einleitend zum 1. Kapitel gegebenen Haustierdefinition wird in ihrem Falle im Gegensatz zur ziemlich klaren Situation bei den Großsäugetieren mehr und mehr verwaschen. Das älteste Hausnagetier der Alten Welt ist die von der wilden Hausmaus *(Mus musculus)* abgeleitete Maus, die in ihrer Albinoform, der allbekannten weißen Maus, bereits im griechischen Tempelkult eine gewisse Rolle spielte (Bild 3.45: Farbtafel XVI). Als Laboratoriumstier gelangte sie um die Mitte des 19. Jahrhunderts aus Japan nach Europa. Mit ihr gemeinsam gehört auch die Laborratte in die Familie der echten Mäuse (Muridae) aus der Unterordnung der Mäuseverwandten (Myomorpha). Die Ersterwähnung von Albino-Laborratten stammt von 1856. Ihre Entstehung aus der Wanderratte *(Rattus norvegicus)* in der ersten Hälfte des 19. Jahrhunderts läßt sich einigermaßen verfolgen. Ab der Wende vom 18. zum 19. Jahrhundert war für einige Jahrzehnte in Frankreich und England, bald auch in Amerika das Veranstalten von Rattentötungen durch Terrier populär. In Art eines Tierkampf-„Sports" wurden jeweils 100 oder 200 frisch gefangene Wanderratten in eine Arena gesetzt, und der Hund hatte in möglichst kurzer Zeit alle Insassen zu töten. Aufzeichnungen zufolge wurden aus den Unmengen benötigter Ratten die zwar sehr selten, aber doch immer wieder einmal darunter befindlichen Albinos herausgegriffen. Anstatt auch sie in die Arenen zu geben, wurden sie zu Schauzwecken benutzt, für die sie dann auch gezüchtet wurden. Hier stand also der Schauwert am Beginn der Domestikation (Bild 3.46: Farbtafel XVI).

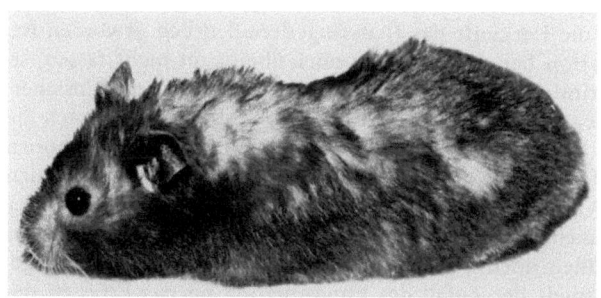

Bild 3.47 Goldhamster

Ebenfalls eine Farbvariante einer Wildart, nämlich des südosteuropäisch-kleinasiatischen Mittelhamsters *(Mesocricetus auratus)* aus der Familie der Wühler (Cricetidae), leitete die Haustierwerdung eines heute ebenso weit verbreiteten Nagetieres, des Goldhamsters, ein. Sämtliche heute als Heim- und Labortiere existierenden Goldhamster stammen von einem 1930 bei Aleppo in Syrien gefangenen Weibchen mit 12 Jungen ab, mit dem im Zoologischen Institut der Universität Jerusalem eine Zucht aufgebaut wurde. Hiervon kamen 1931 die ersten Tiere nach England, 1938 nach Amerika. Von dort aus gelangten sie 1945 nach Deutschland (Bild 3.47).

In der Neuen Welt wurde im Hochland von Peru bereits in der Vor-Inka-Zeit aus dem dortigen Wildmeerschweinchen *(Cavia aperea)* aus der Unterordnung Meerschweinchenartige (Caviomorpha) das Hausmeerschweinchen als wichtige Fleischquelle erzüchtet (Bild 3.48). Aus der gleichen Unterordnung stammen zwei heute als Pelzfarmtiere wichtige, ursprünglich südamerikanische Arten, nämlich das Chinchilla *(Chinchilla laniger)* und die Biberratte oder Nutria *(Myocastor coypus)*. Neben den heute schon klassisch zu nennenden Labornagetieren Maus, Ratte, Goldhamster und Meerschweinchen wurden in jüngster Zeit einige weitere Arten als Laboratoriumstiere in Zucht genommen, bei denen bislang höchstens von einem ersten Frühstadium der Domestikation zu sprechen ist. Es sind dies aus der Familie der Wühler zwei Arten von Rennmäusen *(Meriones unguiculatus* und *Meriones shawi),* die Baumwollratte *(Sigmodon hispidus* (Bilder 7.3—7.4: Farbtafel XIX)) und der Zwerghamster.

Bild 3.48
Hausmeerschweinchen mit Färbungsvielfalt

Wie aus dieser Übersicht über die Herkunft der Haussäugetiere deutlich geworden ist, läßt sich die Zeit der Domestikation bei einigen Arten noch überhaupt nicht fassen, so beim Ren, beim Yak, beim Balirind und beim Gayal. Bei anderen beträgt die Unsicherheitsspanne mehrere Jahrtausende, wie beim Lama und Alpaka. Schließlich sind auch die Versuche, die Domestikation bei der großen Mehrzahl der Arten zu datieren, mit hohen Fehlerwahrscheinlichkeiten behaftet. Das Problem der sicheren Unterscheidung zwischen Wildtier und primitivem Haustier im archäozoologischen Fundgut aus dem Kernraum der primären Domestikation wurde mehrfach angesprochen. So mögen bereits als Haustiere gedeutete Stücke in manchen Fällen noch auf Wildtiere zurückgehen, aber auch Umgekehrtes ist zu erwarten. Ferner spielt der Zufall der Fundsituation für das Erfassen des

Jt.			
≥10.		Hund	
9.	Schaf	Ziege	
8.		Schwein	
7.		Rind	
6.			
5.			
4.	Esel	Pferd	Dromedar
3.	Büffel	Katze	
2. v.Chr.		Kamel	
1. v.Chr.			
1. n.Chr.		Frettchen	
2. n.Chr.		Kaninchen	
	Labor- und Pelztiere		

Bild 3.49
Verteilung der Entstehungszeiten der Haussäugetiere. Für die Einordnung muß jeweils eine mehr oder minder große Unsicherheitsspanne einkalkuliert werden. Arten mit noch gänzlich ungewisser Domestikationszeit wurden in dieses Schema nicht einbezogen.

jeweiligen Anfangsstadiums eine große Rolle, so daß auch dort, wo eine sichere Bestimmbarkeit eines Restes als vom Haustier stammend möglich ist, nicht ausgeschlossen werden kann, daß die Zucht der betreffenden Art als Haustier noch beträchtlich älter ist, also weitere Funde das Datum noch kaum abschätzbar weit vorverschieben könnten. So kann das Bild, das von der Verteilung der Säugetier-Domestikationen in den Jahrtausenden zu zeichnen ist, nur ein Jeweilsbild auf der Basis des Kenntnisstandes sein (Bild 3.49). Dennoch scheint es eine wesentliche Grundfeststellung zu erlauben, daß es nämlich keinen Abschnitt der Vor- und Frühgeschichte des Menschen gibt, in dem Domestikationen eindeutig gehäuft geschehen wären. Die Verteilung der Haustierwerdung aller jener Arten, für die eine diesbezügliche Aussage wenigstens in den Grundzügen möglich erscheint, scheint vielmehr recht gleichmäßig über die Jahrtausende zu streuen. Dort, wo man eine gewisse Häufung hineinlesen könnte, löst auch sie sich auf, wenn die unterschiedlichen geographischen Räume und Kulturen in Rechnung gestellt werden (Bild 3.50). So deuten die ersten Daten für Schaf, Ziege und Schwein höchstens eine scheinbare Nähe an, nachdem sie für die beiden erstgenannten Arten aus dem Vorderen Orient, für die letzteren aber aus Neu-Guinea stammen. Ähnliches gilt für eine gewisse Ballung etwa in der Zeit vom 4. bis zum 2. vorchristlichen Jahrtausend. Die hier erstmals sicher faßbaren Haustiere kommen aus untereinander so entfernten Gebieten wie Osteuropa und Mittelasien, Südasien, der Arabischen Halbinsel und Nordostafrika. Damit scheint dem Zufall für die Haustierwerdung durchaus eine Hauptrolle zugekommen zu sein.

Unter diesem Zufall ist der Erfolg der tatsächlichen Gewinnung einer neuen Haustierart zu sehen, nicht notwendigerweise aber auch das Streben des Menschen nach neuen Nutztieren. Der Tierhaltungsgedanke mag durchaus von der jüngeren Altsteinzeit ab stetig gewachsen sein, und es erscheint durchaus denkbar, daß es später Zeiten und Kulturen seines Kulminierens gegeben hat, in denen vielfältige Tierhaltungs- und Tierzuchtversuche unternommen wurden. Das Ergebnis dessen, der bleibende Haustierbestand, zeigt jedoch keine deutliche Beziehung zu einem solchen eventuell gesteigerten Bestreben. Nur ein Bruchteil der in Gefangenschaft gehaltenen Arten wurde schließlich zu Haustieren, wie bereits zu Beginn des Kapitels festgestellt wurde. Es kam offensichtlich auf die zufällige Kombination an, daß ein Haltungsbestreben, ein Haltungswille des Menschen mit der speziellen Eignung einer ihm gerade zugänglichen Tierform zur Haustierwerdung zusammentraf, daß also das richtige Tier zur richtigen Zeit am richtigen Ort war. Unter einer solchen Eignung eines Wildtieres als potentielles Haustier sind einige grundsätzliche Voraussetzun-

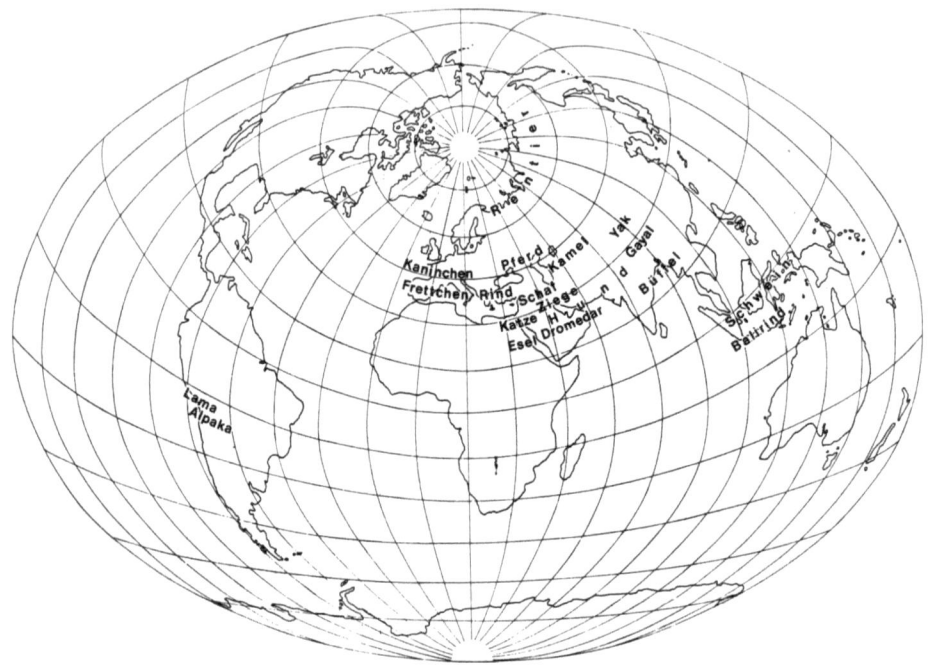

Bild 3.50 Domestikationsgebiete der größeren Haussäugetiere (ohne Nagetiere). Bei manchen Arten besteht zum derzeitigen Stand der Kenntnis noch beträchtliche Unsicherheit bezüglich des Raumes ihrer primären Domestikation.

gen zu verstehen. Das betreffende Tier muß einfach zu zähmen und zu beherrschen sein. Es darf anderen Angehörigen seiner eigenen Art gegenüber nicht so aggressiv sein, daß es nicht ständig gemeinschaftlich zu halten wäre, um überhaupt eine Zucht unter einfachen Bedingungen zustandekommen zu lassen. Schließlich muß es sich unter solchen Gefangenschaftsbedingungen erfolgreich fortpflanzen. Diese Mindestanforderungen betreffen alle den weiteren Bereich des Verhaltens. Die Eignung zur Haustierwerdung muß sich im Bereich des Verhaltens manifestieren, denn die Haustierwerdung setzt eine Verhaltensanpassung an die gegenüber dem Wildleben neuen Umweltbedingungen in Gefangenschaft mit ständigem menschlichem Kontakt voraus. Zum weiteren Verständnis dieses Vorgangs ist demnach eine grundlegende Kenntnis dieses Verhaltenswandels notwendig.

Übersicht über den Kapitelinhalt

Haustierwerdung setzt auf der Seite des Wildtieres eine Eignung hierzu vor allem im Verhaltensbereich voraus, auf der Seite des Menschen ein woher auch immer gespeistes Interesse an seiner Haltung. Ein Bestreben zur Gefangenschaftshaltung zahlreicher Tierarten, wie es spätestens ab dem 3. vorchristlichen Jahrtausend nachweisbar ist, reicht allein nicht zur Vermehrung des Bestandes an Haustierarten aus, solange die erste Voraussetzung nicht gleichzeitig gegeben ist. Die Verteilung der Entstehungszeiten der Haussäugetiere seit dem Ende der Altsteinzeit läßt keine eindeutige Häufung in bestimmten

Zeitabschnitten erkennen, sondern streut weit über die Jahrtausende. Allerdings sind diese Zeiten in den meisten Fällen nur mit großen Unsicherheitsspannen zu erkennen, da es in den noch nicht bei allen Arten geklärten primären Domestikationsgebieten Schwierigkeiten der sicheren Unterscheidung von Wildtieren und primitiven Haustieren im archäozoologischen Fundgut gibt. Bei einigen Arten sind die Domestikationszeiten noch gänzlich ungewiß.

4 Verhaltenswandel

Um Übereinstimmungen und Unterschiede des Verhaltens einer Haustierform und ihrer zugehörigen Wildart mit einiger Sicherheit zu erkennen, bedarf es unter vergleichbaren Bedingungen durchgeführter Studien. Solche Untersuchungen, bei denen Haustiere und Wildtiere unter aufeinander beziehbaren Gefangenschaftsverhältnissen, beispielsweise im Zoo, oder freilebende Wildtiere und verwilderte Haustiere vergleichend beobachtet wurden, gibt es bisher nur für eine Minderzahl der möglichen Vergleichspaare. Viele recht weitgehende Thesen zum Verhaltenswandel vom Wildtier zum Haustier basieren auf der Kenntnis von Haustieren unter voller „häuslicher", das heißt, an den Menschen gebundener Bedingung, die dem Verhalten des Wildtieres unter Freilandbedingungen gegenübergestellt wurde. Es ist leicht verständlich, daß solche Vergleiche kaum Aussagewert besitzen, wenn es um die Erkenntnis des domestikationsbedingten und nicht des rein haltungsbedingt erlernten Verhaltensunterschiedes geht.

Anhand von Beispielen, die weitgehend Hausgeflügel betreffen, teilte Konrad Lorenz beim Haustier beobachtete Verhaltensabweichungen in mehrere Bereiche ein, nämlich Hypertrophien und Atrophien von Instinkthandlungen, Erweiterung angeborener Auslösemechanismen, Dissoziation zusammengehöriger Verhaltensweisen und Persisitieren von Jugendmerkmalen. Als Ursache nahm er jeweils quantitative Änderungen der inneren Reizerzeugung, der Produktion zentralnervöser Energie an. Eine kritische Überprüfung mag am Beispiel der von Paul Leyhausen als domestikationsbedingt beschriebenen oder diskutierten Verhaltenseigentümlichkeiten der Hauskatze vorgenommen werden. Atrophie, also Reduktion oder Wegfall einzelner angeborener Handlungen, finden sich bei Hauskatzen insofern, als manche Exemplare zwar Beute, etwa Mäuse, fangen, sie aber nicht töten oder zumindest nicht gezielt töten. Dies erscheint weitgehend von der Erfahrung, vom Lernen der Katze in ihrer Jugend abhängig und damit als modifikabel, das heißt, als von Erbveränderungen unabhängig veränderlich. Hypertrophien, also Übersteigerung einzelner Handlungsabläufe, sind ebenfalls im Beutefangverhalten von Hauskatzen zu finden, wenn ein Wegfall des Tötens mit einer Zunahme von Fanghandlungen einhergeht, was dann zu ausgesprochenen „Spielkatzen" führt. Unter entsprechenden Aufzuchtbedingungen sind solche Beobachtungen aber ähnlich bei manchen gefangen gehaltenen Wildtieren zu machen, so daß auch hier wenigstens zum Teil von Modifikationen zu sprechen wäre, die wenig über den echten Wildtier-Haustier-Unterschied sagen. Weiterhin sind im Komplex des Beutemachens Hinweise zu gewinnen auf eine Dissoziation, das heißt, auf den Zerfall einer Handlungskette und von der ursprünglichen Funktion her gesehen „sinnlose" Ausführung einzelner Teilhandlungen. Beuteeintragen ohne eigenes Verzehren ist eine im Rahmen der Jungenaufzucht übliche Handlung. Bei manchen Hauskatzen taucht dieses Einbringen einer toten oder lebenden Beute gänzlich außerhalb des Zusammenhangs mit der Jungenbetreuung auf, wenn Beutetiere gefangen, angeschleppt und im Haus oder vor dem menschlichen Kumpan abgelegt werden, ohne sie selbst zu fressen. Bei allen diesen Fällen liegt der Gedanke an eine wie auch immer geartete Dressur der Katze nahe, die unter Umständen vom ausführenden Menschen sogar mehr oder minder unbewußt mit Straf- oder Belohnungsreizen in die Handlungskette des ganz normalen Verbringens einer Beute an einen gewohnten Freßplatz eingreift. Die große Rolle unterschiedlicher Lernbedingungen einerseits in der Menschenumwelt eines Haustieres, andererseits in der Freilandumwelt eines Wildtieres, darf bei der Beurteilung solcher Verhaltensänderungen keinesfalls übersehen werden. Ein Persistieren, also im späteren Leben Fortbestehen, von Jugendmerkmalen des Verhaltens gibt es bei Hauskatzen in verschiedener Hinsicht. Die soziale Verträglichkeit endet bei europäischen Wildkatzen in der Regel im Alter von sechs Monaten, bei Hauskatzen kann sie vor allem bei Wurfgeschwistern bis ins hohe Alter bestehen bleiben. Eine gewisse fortdauernde Verträglichkeit wurde jedoch auch bei Falbkatzen, also dem tatsächlichen Hauskatzenvorfahr, in Gefangenschaft gefunden, und sie trat sogar in einzelnen Fällen bei europäischen Wildkatzen unter einengenden Haltungsbedingungen auf. Das Schnurren erscheint bei Wildtieren gewöhnlich nur im Rahmen der Jugendentwicklung bei der Kommunikation von Mutter und Jungen bedeutsam, ist aber bei der Hauskatze ein allbekanntes Verhalten vor allem bei der Kommunikation mit dem Menschen. Unter gleichartigen Gefangenhaltungsbedingungen tritt es jedoch genauso nicht nur bei erwachsenen Falbkatzen, sondern auch bei zahlreichen anderen Katzenarten aus mehreren Gattungen auf. So wird auch hier eine wenigstens teilweise modifikatorische Bedingtheit durch geänderte Umweltqualitäten aufgezeigt. Die gänzlich verschiedenen Umweltverhältnisse, unter denen Haustiere und Wildtiere normalerweise leben, bringen selbstverständlich eine ganze Reihe von offensichtlichen Unterschieden im Verhalten mit sich, die aber nicht mit angeborenen Verschiedenheiten in der Verhaltensorganisation verwechselt werden dürfen.

Wie in diesem Beispiel das Verhalten der Hauskatze gewöhnlich auf dasjenige der europäischen Wildkatze bezogen wurde, von der sie primär aber nicht abstammt, so wurden auch Verhaltensvergleiche anderer Haustierarten vielfach mit solchen geographischen Formen ihrer Wildarten vorgenommen, die gerade nicht an ihrer Wurzel standen oder höchstens im Rahmen sekundärer Domestikation an der Entstehung von Rassen mitbeteiligt waren. Da Verhaltenszüge wie gestaltliche Merkmale der Veränderlichkeit zwischen Populationen unterworfen sind, können zunächst Verschiedenheiten in der Verhaltensorganisation unterschiedlicher geographischer Formen einer Art nicht ausgeschlossen werden. Dies engt die strenge Vergleichbarkeit von Haustier- und Wildtierverhalten über gleiche Beobachtungsbedingungen hinaus weiter auf den Vergleich des Haustieres mit Individuen aus seiner tatsächlichen geographischen Stammpopulation innerhalb der Wildart ein. Unter dieser Voraussetzung gibt es bislang nur sehr wenige brauchbare Vergleichsansätze. So soll im Folgenden der Vergleich mit dem entsprechenden kritischen Vorbehalt dennoch auf jeweils andere geographische Formen der Wildart ausgedehnt werden, um eine breitere Basis zur Überprüfung von Verallgemeinerungen zu erhalten.

Für das Paar Wolf—Hund unternahm zunächst Erik Zimen Verhaltensstudien an jeweils im Zwinger gehaltenen Wölfen und Hunden. Er benutzte hierzu allerdings Nordwölfe, die der Haushundwerdung ferner stehen (vergleiche die Behandlung der Hundeabstammung im vorhergehenden Kapitel) und arbeitete mit Pudeln als stellvertretend für den Hund insgesamt, ging also von einer Hochzuchtrasse aus. Im Vergleich zum Wolf zeigten sich beim Pudel starke Verhaltensänderungen infolge teilweise geringerer körperlicher Beweglichkeit und durch geringere Intensität, mit denen viele Handlungen ausgeführt wurden. Viele Verhaltensweisen erwachsener Pudel sind dem Verhalten junger Wölfe vergleichbar, entsprechen hier also dem Schema des Fortbestehens von Jugendmerkmalen. So weist die tägliche Aktivitätsverteilung der erwachsenen Wölfe deutliche morgendliche und abendliche Aktivitätsgipfel auf. Bei Jungwölfen ist ein rascherer Wechsel von Phasen der Aktivität mit Phasen der Ruhe zu beobachten, die Morgen- und Abendgipfel sind bei ihnen weniger deutlich. Der mit dem täglichen Lichtwechsel gegebene geophysikalische Zeitgeber für die 24stündige Aktivitätsverteilung wirkt sich demnach bei erwachsenen Wölfen stärker als bei jungen aus. Die Pudel verhalten sich hierin wie Jungwölfe, das heißt, sie werden ebenfalls weniger durch diesen allgemeinen Zeitgeber in ihrer Aktivitätsorganisation beeinflußt. Mit ihrem rascheren Aktivitäts- und Ruhewechsel sind Pudel wie Jungwölfe zu jeder Zeit leichter aktivierbar als dies bei erwachsenen Wölfen der Fall ist. So kann man hier wie für andere Verhaltensmerkmale von einer generellen Abnahme der Handlungsintensität bei Pudeln im Wolfsvergleich sprechen. Weiterhin erscheint die soziale Organisation der Hunde viel weniger differenziert als diejenige der Nordwölfe. Pudel verhalten sich mit geringerem Individualabstand untereinander und häufigerer aktiver Kontaktaufnahme wiederum mehr wie Jungwölfe. Insgesamt fehlt den Pudeln die straffe Beherrschtheit der Wolfsbewegung, die Intensität vieler Ausdrucksformen, die Komplexität der sozialen Ordnung im Wolfsrudel. In den meisten Zügen erscheinen die Pudel weniger weit entwickelt, handlungs- und reaktionsschwächer. Die Lautäußerungen machen hiervon eine Ausnahme. Das Bellen spielt beim Pudel eine große Rolle im Ausdrucksverhalten, beim Wolf nicht. Allgemein wirken die als Verständigungssymbole wichtigen Bewegungen der Gesichtsmuskulatur und des Schwanzes beim Hund im Vergleich zum Nordwolf undifferenziert und unklar, seine Lautgebung erscheint vereinfacht und im Informationsgehalt verringert, wie Wolf Herre zusammenfaßte. Er gebrauchte hierzu die treffende Formulierung: Haushunde haben einander nicht mehr soviel mitzuteilen wie die Glieder ihrer Stammart. Michael W. Fox wies darauf hin, daß das Niveau allgemeiner Aktivität und des Erkundungsverhaltens beim Wolf sehr hoch liegt, daß sich gerade hier aber bei Hunden eine breite Variabilität findet.

Weitere Information zum Wolf-Hund-Verhaltenswandel liefert ein Vergleich zwischen unterschiedlichen Hunderassen, wie ihn vor allem Lothar Schilling und Michael Schmidt in der Arbeitsgruppe des Verfassers durchführten. Hierzu standen Dingos als Vertreter ausgesprochen ursprünglicher, aus verwilderten Populationen stammender Primitivhunde, sibirische Huskies und grönländische Schlittenhunde als Vertreter stärker mit Nordwölfen durchkreuzter nordischer Primitivhunde, Dalmatiner-Setter-Kreuzungstiere als Repräsentanten von Hochzuchtrassen und Schäferhund-Rückkreuzungstiere eines Nordwolf-Schäferhund-Bastards zur vergleichenden Betrachtung zur Verfügung. Es zeigte sich, daß die mit dem Nordwolf auf der einen und dem von Erik Zimen studierten Pudel auf der anderen Seite gegebenen Verhaltensextreme mit der großen Entwicklungsspanne vom Primitivhund zum Hochzuchtrassehund teilweise überbrückt werden. Hinsichtlich der Aktivitätsorganisation, der leichten Aktivierbarkeit und des Bellverhaltens sind von den genannten Formen insgesamt nur die Jagdhundkreuzungen den Pudeln zur Seite zu stellen. Die Aktivitätsorganisation der von Lothar Schilling beobachteten Dingos rückt diese näher an den Wolf heran. Zwar findet sich bei ihnen ein häufiger Wechsel von Aktivität und Ruhe, doch lassen sich Haupt- und Nebenmaxima der Aktivität trennen, und der Übergang von Ruhe zu Aktivität erfolgt ziemlich schroff. Die Ruhephasen sind bei Wölfen kürzer; höhere Bewegungsintensität in den Aktivitätsphasen führt zu einem viel höheren Aktivitätsniveau der Wölfe. Straffen Bewegungen auf der einen Seite steht beim Dingo eine viel geringere Differenzierung der sozialen Interaktionen als beim Nordwolf auf der anderen Seite gegenüber. Aggressive Verhaltensweisen treten im geselligen Leben in den Vordergrund; die soziale Verträglichkeit erscheint im Vergleich zum Nordwolf viel geringer. Im Freileben führt dies dazu, daß Dingos allein oder paarweise leben, daß der Zusammenschluß mehrerer erwachsener Tiere eine Ausnahme ist. Hierin ähnelt das Dingoverhalten mehr dem Verhalten von Coyoten und offenbar auch dem von Südwölfen, der tatsächlichen Stammform des Hundes. Die nordischen Schlittenhunde kommen hinsichtlich der Tageszeitverteilung ihrer Aktivität dem Wolf ebenfalls sehr nahe, wobei unter den gegebenen Beobachtungsverhältnissen offensichtlich eine Umweltbeeinflussung zur Bildung ausgeprägter Morgen- und Abendgipfel mitspielt. Die Wärmeisolationswirkung des langen Felles veranlaßt eine Aktivitätssenkung in warmen Tagesstunden, die Aktivitätsverteilung wird durch wärmeregulatorisches Verhalten moduliert.

Das Formenpaar Wildkatze-Hauskatze wurde von Erich Zimmermann hauptsächlich im Blick auf das Brutpflegeverhalten und die Verhaltensentwicklung der Jungen unter vergleichbaren Bedingungen studiert. Eine Minderung der Bedeutsamkeit des Zeitgebers Jahreszeit zeigt sich bei der Geburtenverteilung. Bei der europäischen Wildkatze besteht eine starke jahreszeitliche Bindung. Bei europäischen Kurzhaarhauskatzen und bei Perserkatzen ist die Kurve der Geburtenhäufigkeiten im Jahresverlauf auf nur etwa halb so starke Unterschiede zwischen den Maxima und Minima abgeflacht. Siamkatzen vergleichmäßigen diese Kurve nochmals in beträchtlichem Maße. Bei der Geburt und der Jungenaufzucht sind in erster Linie bei Perserkatzen, aber auch bei Siamkatzen Verhaltensausfälle zu beobachten, die das Befreien der Neugeborenen aus den Eihäuten, das Abnabeln und das Fressen der Plazenta, das Niederlegen zu den Jungen, den Jungentransport und die Nestverteidigung betreffen. Die hierzu auslösenden Reize erscheinen für die betreffenden Katzen in ihrer Bedeutsamkeit gemindert. Das für eine problemlose Jungenaufzucht notwendige Verhalten kommt nicht mehr oder nur noch in Ansätzen zum Tragen. Ähnlich ist die Futteraggressivität der Jungen und der erwachsenen Katzen in der Reihenfolge: europäische Wildkatze – europäische Kurzhaarhauskatze – Siamkatze – Perserkatze verringert. Die Jugendentwicklung der Bewegungsweisen ist bei den Hochzuchtrassen verzögert. Im Bestehenbleiben sozialen Spielverhaltens auch in das Erwachsenenleben hinein zeigt sich eine schon über das Falbkatzenverhalten, weit stärker aber über das Waldwildkatzenverhalten hinaus gesteigerte soziale Verträglichkeit. In der Arbeitsgruppe des Verfassers stellte Heidrun Müller vor allem quantitative Verhaltensbeobachtungen an Waldwildkatzen, Falbkatzen und allen wichtigen Rassen der Hauskatze unter etwa vergleichbaren Bedingungen an. Im sozialen Bezug ließen sich die Waldwildkatze hieraus als Distanztyp, die Falbkatze und die weitgehend auf südostasiatische Hauskatzenpopulationen zurückgehenden Rassen (Siamkatze, orientalisch Kurzhaar) als Kontakttypen kennzeichnen. Die europäischen Kurzhaarkatzen, für die im Laufe ihrer Rassengeschichte Waldwildkatzeneinkreuzungen anzunehmen sind, ordnen sich dazwischen ein. Alle Hauskatzenrassen zeigen im Mittel gleichmäßiger über die Tagesstunden verteilte Aktivitäts- und Ruhewechsel als die beiden Wildformen. Letzteren am nächsten kommen die europäischen Kurzhaarkatzen. Die Aktivität und damit wenigstens teilweise auch das soziale Verhalten der sehr langhaarigen Perserkatzen erscheint verstärkt von den Zwängen der Wärmeregulation her gedämpft.

Ruhigeres Benehmen wird für Frettchen im Vergleich zu zahmen Iltissen beschrieben. Sie sollen in allen ihren Bewegungen langsamer und nicht so leicht zu erschrecken sein. Vor allem machen sie kaum Gebrauch von ihren Stinkdrüsen, was ihre Haltung weit angenehmer sein läßt. Ihre tageszeitliche Aktivitätsorganisation erscheint ausgeglichener als beim Iltis. Wie im Pudel-Wolf-Vergleich, so ist also auch hier von einer Abnahme der Handlungsintensität beim Haustier zu sprechen.

Es gibt zwar Freilandstudien verwilderter oder weitgehend unbeaufsichtigt lebender Hauspferde, aber nichts Vergleichbares vom Wildpferd. Hinzu kommt, daß solche Beobachtungen höchstens noch am Przewalskipferd durchführbar wären, das im Wildleben im stärksten Maße von der Ausrottung bedroht ist, nachdem die Wildpferde aus der unmittelbaren Vorfahrenschaft des Hauspferdes ausgestorben sind. Auch mit gleichen Methoden und unter vergleichbaren Bedingungen gemachte Zoobeobachtungen von Przewalskipferden und Hauspferden sind erst in Ansätzen vorhanden und ließen noch keine deutlichen Verhaltensunterschiede erkennen. Ähnliches gilt für den Esel. Hier gibt es Freilandbeobachtungen an Wildeseln, aber nicht in gleicher Weise an verwilderten Hauseseln. Zoountersuchungen auf einheitlicher Basis stehen erst in den Anfängen. Es scheint, daß die tägliche Aktivitätsverteilung von Hauseseln durch eine raschere Abfolge von Aktivitäts- und Ruhephasen gekennzeichnet sei als bei Wildeseln. Sichere Feststellungen sind noch nicht möglich. Die beiden Haustierarten Pferd und Esel erscheinen, wie von Eckehard Eich und Elisabeth Reichert im Arbeitskreis des Verfassers durchgeführte quantitative Beobachtungen ergaben, leichter ständig aktivierbar als das Steppenzebra, das eine weitere Wildart aus der Pferde-Familie ist. Ein aus der Dauer von Aktivitäts- und Ruhephasen und der Häufigkeit des Phasenwechsels errechneter Index besitzt beim normalfarbenen Zebra einen etwa doppelt so hohen Wert wie bei Pferd und Esel. Zebras haben längere Aktivitätsphasen und damit einen weniger raschen Wechsel von Zeiten erhöhter und geringer motorischer Aktivität.

Manfred Röhrs und Dieter Kruska zeigen eine Reihe von Verhaltensunterschieden zwischen Hausschweinen und Wildschweinen auf, wobei sie allerdings keine Angaben über die Vergleichbarkeit der zugrundegelegten Beobachtungen machen. Hiernach soll die ständige Aufmerksamkeit und Wachsamkeit des Wildschweins bei Hausschweinen weitgehend verloren sein. Die Sozialstrukturen des Wildschweins sind beim Hausschwein aufgelockert, seine Motilität, d.h. die Summe der Bewegungsaktivität, ist geringer. Verringert sind auch die Fluchtdistanz des Hausschweins und seine Aggressivität, ferner das Nestbauverhalten und die Verteidigung der Jungen. Intensiviert ist auf der anderen Seite das Sexualverhalten, und die Jungenzahl ist gesteigert. Andere Beobachtungen deuten auf weniger deutliche tägliche Aktivitätsgliederung des Hausschweines. Studien von Konrad Wolpert in der Arbeitsgruppe des Verfassers bestätigen diese Beobachtungen im Großen und Ganzen. Wildschweine synchronisieren ihr Verhalten innerhalb der Gruppe stärker als Hausschweine, sie haben häufiger soziale Kontakte, auch Aggressionen, ihre Bewegungsaktivität ist weit höher, die Aktivitätsphasen sind länger.

Für das Wildtier-Haustierpaar Guanako-Lama unternahm Hilde Pilters sehr ausführliche, aber vorwiegend qualitative Verhaltensstudien unter vergleichbaren Zoobedingungen. Im Paarungsverhalten fanden sich hierbei deutliche Ausfälle beim Lama. Die Bewegungen des Schnappens, Umkreisens und Nachuntendrücken des Halses im Paarungsvorspiel des Guanakohengstes fehlen beim Lamahengst meistens. Hingegen treiben Lamahengste auch nicht paarungsbereite Stuten mit viel Ausdauer und vergewaltigen sie bei nur schwacher Abwehr, wie es beim Guanako nicht geschieht. Nicht paarungswillige Guanakostuten greifen den Hengst an, Lamastuten nicht. Letztere sind in jeder Brunftphase länger paarungsbereit. Lamahengste werden auch früher als Guanakohengste geschlechtsreif. So geht also im Sexualverhalten des Lamas geringere Verhaltensintensität mit allgemein stärkerer Sexualisierung einher.

Wildrentiere rudeln nicht ganzjährig gleichmäßig und im Sommer in kleineren Gruppen als Hausrentiere. Bei den Rindern sind Verhaltensvergleiche der Haustiere mit ihren Wildarten für das Paar Hausrind-Ur nicht mehr möglich, bei den anderen Arten wurden sie noch nicht unter einheitlichen Gesichtspunkten und Beobachtungsbedingungen durchgeführt. Aus Sri Lanka werden als typisch für den wilden Wasserbüffel kleine Herden von 5–8 Individuen genannt, während verwilderte Hausbüffel viel größere Herden bilden. Weitere Vergleichsdaten liegen für die kleinen Hauswiederkäuer Schaf und Ziege vor. Freilandbeobachtungen an ausgesetzten Mufflons und verwilderten Hausschafen auf Hawaii zeigten, daß Mufflons unter vergleichbaren Bedingungen in kleinen Trupps leben, Hausschafe aber in großen Gruppen. Dadurch sind die letzteren für viel stärkere Zerstörungen der Vegetation verantwortlich als die ersteren. Im Arbeitskreis des Verfassers führte Wolfgang Pees quantitative Gehegeuntersuchungen an Mufflons und an mehreren Hausschafrassen durch, nämlich an Soayschafen, Zackelschafen, Heidschnucken und Texelschafen. Seine Ergebnisse belegen einen schrittweisen Verhaltenswandel vom Wildtier Mufflon über das Primitivhausschaf Soayschaf zu den Wollschafrassen. Die Motilität ist mit etwa 22% zügiger Fortbewegung im Rahmen der gesamten Beobachtungszeit bei Mufflons am größten. Es folgen Soayschafe mit etwa 18%, Heidschnucken und Zackelschafe mit um 15% und 14%, und schließlich Texelschafe mit nur 7%. Mufflons und Soayschafe liegen länger, als sie stehen oder grasen. Die Wollschafrassen sind hingegen länger auf den Beinen, ohne sich zügig fortzubewegen. Die Flucht- oder Ausweichdistanz erwies sich bei den Mufflons mit etwa 25 bis 30 m am größten. Bei den Soayschafen liegt sie mit etwa 12 m klar darunter, und bei den Heidschnucken und Texelschafen beträgt sie nur zwischen etwa 4 und 7 m. Auch nach mehrtägiger Gewöhnung an den Beobachter im Gehege verringerten sich diese Entfernungen bei den Wollschafen kaum, während sie bei den Mufflons und Soayschafen abnahmen. Mufflons und Soayschafe lassen ein hohes Maß sozialer Integration erkennen. Abgesehen von gelegentlicher Absonderung der Böcke ruhen die Mitglieder einer Gruppe gewöhnlich sehr nahe zusammen. Nach spontanem Aufstehen eines beliebigen Schafes werden Liegephasen auch von den anderen Gruppenmitgliedern rasch nacheinander beendet. Beim Fliehen schließen sich alle eng zusammen. Demgegenüber ruhen Heidschnucken und Texelschafe im lockeren Verband, von dem sich einzelne Exemplare auch weiter absetzen können. Hinsichtlich der Koordination von Liege- und Bewegungsphasen findet sich bei ihnen weit geringere Gemeinsamkeit. Der Gruppenzusammenhalt ist bei ihnen also geringer als bei den Wildschafen und der Hausschaf-Primitivrasse.

Aus der Ägäis werden unterschiedliche Rudelgrößen bei Bezoarziegen und verwilderten Hausziegen beschrieben. Bockgruppen der Hausziege umfassen dort meist 15 bis 20 Tiere, und es kommen bei diesen Ziegen Verbände von 30 bis 40 und mehr vor. Die mittlere Rudelgröße der Bezoarziege beträgt aber nur 4 bis 10 Exemplare, womit Angaben aus dem sowjetischen Teil ihres Verbreitungsgebietes von 3 bis 7 Tieren recht gut übereinstimmen. Vom Markhor werden Gruppengrößen von 3 bis 5, vom Steinbock von 5 bis 10 genannt. Nur in der winterlichen Brunftzeit findet sich letzterer zu größeren Herden zusammen. Wildziegen leben also überwiegend in kleineren Gruppen, verwilderte Hausziegen in größeren Rudeln.

Unter Zoobedingungen führte Ursula Mayer aus dem Arbeitskreis des Verfassers quantitative Verhaltensstudien an afrikanischen Zwergziegen als Hausziegenvertreter, an Alpensteinböcken und Markhoren und – lediglich stichprobenhaft – an Bezoarziegen durch. Sie konnte nachweisen, daß während der Lichtstunden die zeitliche Organisation der Aktivität bei den Hausziegen im Gegensatz zu den Wildformen weniger deutliche Gipfelbildungen hervorbringt. Mit rascher Abfolge von Aktivitäts- und Ruheperioden ist ihre Aktivität ziemlich gleichmäßig über den Tag verteilt. Diese Gleichmäßigkeit findet sich auch im Jahresverlauf, wo es nicht zu der von der Brunft bedingten klaren Jahreszeitgliederung des Verhaltens kommt wie bei den Wildziegen. Bei den Hausziegen ist die Brunft mehr verteilt und verläuft in ihrer Auswirkung auf die Verhaltensorganisation der Gruppen unauffälliger. Unter Einberechnung der jahreszeitlichen und tageszeitlichen Schwankungen tendiert die Motilität bei den Hausziegen zu geringeren Werten, wobei auch die Intensität der Bewegung, der Lebhaftigkeit, ausgedrückt durch den Anteil rascher Bewegungsweisen an der Gesamtbewegung, reduziert ist. Kämpfe der Böcke finden weniger häufig und weniger intensiv statt, die Mutter-Kitz-Beziehungen sind lockerer als bei den Wildziegen Steinbock und Markhor. Verringert ist der gesamte Gruppenzusammenhalt, die Aktivitäten der Einzeltiere sind bei den Hausziegen weniger stark aufeinander bezogen als bei den letztgenannten Wildformen. Die sozialen Bindungen sind also gemindert. Gleichartige akustische Störreize rufen bei den Hausziegen weniger heftige Reaktionen als bei den Wildziegen hervor. Steinbock und Markhor äußern in solchen Situationen Warnlaute, und ihre Gruppen schließen sich zur Flucht eng zusammen. Schließlich ist die Flucht- oder Ausweichdistanz der Hausziegen geringer als diejenige der Wildtiere.

Das Vergleichspaar Wildkaninchen–Hauskaninchen wurde vor allem von Richard Kraft ausführlich untersucht. Er stellte bei den Hauskaninchen geringere körperliche Gewandtheit und Beweglichkeit fest als bei den Wildkaninchen. Die Fluchtbereitschaft der Hauskaninchen ist beträchtlich herabgesetzt, womit gewisse Ausfälle im Schutz- und Verteidigungsverhalten einhergehen (Bild 4.3: Farbtafel XVIII). Während der Ruheperioden am Tag bleiben die Hauskaninchen außerhalb ihres Baues, die Wildkaninchen verschwinden in ihm. Die Agressivität, das Sexualverhalten und das Markierungsverhalten sind bei den Männchen der Hauskaninchen jedoch verstärkt. Die Aktivitätsverteilung der Hauskaninchen ist über den Gesamttag hinweg gleichmäßiger als bei den Wildkaninchen, Tag-Nacht-Unterschiede sind abgeschwächt.

Vor Curt P. Richter an Wanderratten und Laborratten vorgenommene Studien zeigen gelockerte Sozialbeziehungen bei der Hausform, bei der das Kontaktliegen viel weniger eng als bei der Wanderratte ist. Die Reaktionen der Laborratte beim Erschrecken sind geringer; hält man sie fest, so verfällt sie nicht in Panik. Ihre Aggressivität ist gemindert, und ihre Motilität ist auch bei Hunger reduziert. Ähnliches zeigte sich beim Vergleich wilder Hausmäuse mit Labormäusen. Auch hier geben die letzteren eine geringere Fluchtbereitschaft zu erkennen und neigen kaum zu Panikreaktionen. Die zeitliche Verhaltensorganisation wurde vor allem in der Arbeitsgruppe des Verfassers von Bernd Rosenbaum quantitativ verglichen. Labormäuse zeigen eine gleichmäßigere Verteilung ihrer Aktivität über den gesamten Tag hin, Tag-Nacht-Unterschiede erscheinen abgeschwächt. Unter gleichen Bedingungen lebende weiße Mäuse scheinen auch leichter in Fallen zu gehen als Wildmäuse.

Die hier dargelegten Wildtier-Haustier-Verhaltensunterschiede lassen eine Reihe gemeinsamer Aspekte erkennen, die folgende Verallgemeinerungen ermöglichen:
Haustiere haben ihren Wildahnen gegenüber
1. verringerte Intensität bis hin zum Wegfall verschiedener Verhaltensweisen einschließlich Reduktionen im Jungenpflegeverhalten und der Motilität, d.h. Verhaltensdämpfungen;
2. geringere Fluchtbereitschaft und Schreckreaktionen;
3. bei geminderter Gesamtaktivität gleichmäßigere Aktivitätsverteilung über den Tagesverlauf, d.h. Abschwächung des Einflusses des geophysikalischen Zeitgebers Tag-Nacht-Wechsel, damit erhöhte allzeitige Aktivierbarkeit, entsprechend auch gleichmäßigere Aktivitätsverteilung über den Jahresverlauf;
4. Lockerung sozialer Bindungen, einhergehend mit der Abnahme sozialer Komplexität und sozialer Differenzierung; dabei vielfach Steigerung sozialer Verträglichkeit;
5. intensiviertes Sexualverhalten, teilweise auch intensivierte innerartliche Aggressivität.

Diese Punkte erlauben noch eine weitere Zusammenfassung zu übergeordneten Gesichtspunkten. Die Punkte 1 bis 4 sind unterschiedliche Äußerungen einer allgemeinen Dämpfung des Haustierverhaltens. Man könnte verschärfend sagen, das Haustier lebt weniger intensiv als das Wildtier. Die Punkte 2 bis 4 haben eine allgemeine Minderung der Bedeutsamkeit von Faktoren der unbelebten und der belebten, einschließlich der sozialen Umwelt für das Haustier zum Inhalt. Zur kurzen, verständlichen Bezeichnung dieser Situation sei der von Jakob J. von Uexküll geschaffene Begriff der „Merkwelt" aufgegriffen und hier neu belebt. Von Uexküll verstand darunter die Gesamtheit der Bestandteile und Eigenschaften der Umwelt eines Lebewesens, die dieses mit seinen Sinnesorganen wahrnimmt, die es merkt. Erweiternd soll hinzugefügt werden, wie das Lebewesen das Wahrgenommene in Verarbeitung mit seinen Gedächtnisinhalten bewertet. So ausgedrückt haben Haustiere als Charakteristikum gegenüber ihren Wildahnen eine verarmte Merkwelt. Die geringere Reaktivität des Haustieres mündet wiederum in die erste Folgerung geringerer Lebensintensität aus. Punkt 5 stellt sich dem zunächst als scheinbarer Gegensatz einer einseitigen Intensitätssteigerung vor allem des Sexualverhaltens gegenüber.

Übersicht über den Kapitelinhalt

Das Haustierverhalten erscheint dem Wildtierverhalten gegenüber gedämpft und durch eine mindere Bedeutsamkeit von Umweltfaktoren bestimmt. Die Merkwelt des Haustieres ist im Vergleich zu der des Wildtieres angeborenermaßen verarmt. Dies drückt sich in einer Verringerung der Intensität bis hin zum Wegfall einzelner Verhaltensweisen, in einer gesenkten Fortbewegungsaktivität und einer Vergleichmäßigung der zeitlichen Aktivitätsorganisation, in einer Lockerung der sozialen Bindungen und in einem Abbau der sozialen Differenzierung aus. Im Gegensatz zur allgemeinen Verhaltensdämpfung steht eine einseitige Intensivierung der sexuellen Aktivität.

5 Streß

Unter Streß verstehen wir den Zustand allgemeiner Aktivierung eines Organismus, wie er durch die Einwirkung von Reizen zustande kommt. Solche Reize, die als Stressoren bezeichnet werden mögen, können sowohl physiologischer als auch psychischer Natur sein. Physiologischer Streß kommt durch die Organtätigkeit unmittelbar beeinflussende Faktoren wie Kälte, Hitze, Nahrungsmangel, Sauerstoffmangel zustande. Psychischer Streß basiert vor allem auf von Artgenossen ausgehenden Signalen, seine Hauptkomponente ist daher der durch die soziale Umwelt verursachte psychosoziale Streß. Die Abhängigkeit vielfacher Organfunktionen von der Populationsdichte einer Art, d.h., von der Individuenzahl pro Raumeinheit, dokumentiert diesen psychosozialen Streß in eindeutiger Weise. Zahlreiche Studien in dieser Richtung wurden vor allem an Nagetieren unternommen, Bestätigungen der dabei gewonnenen Befunde kommen aber auch aus anderen Säugetierordnungen einschließlich der Primaten, so daß eine grundsätzliche Verallgemeinerung möglich ist. Mit einer Zunahme der Populationsdichte geht eine Verzögerung des Wachstums des Tieres einher, die schließlich zu einer kleineren Endgröße führt. Das Körpergewicht nimmt ab. Der Eintritt der Geschlechtsreife wird hinausgeschoben, im Extrem sogar ganz unterdrückt. Die Brunftzyklen werden verlängert. Die Zahl der Jungen nimmt ab, ebenso deren Überlebensdauer. Auf dem Niveau einzelner Organe zeigt sich eine Vergrößerung der Nebennierenrinde. Die Geschlechtsorgane werden reduziert, die Spermienbildung der Männchen wird verzögert. Bei den Weibchen verringert sich die Ovulation und die Einnistung befruchteter Eier in die Gebärmutterschleimhaut. Die vorgeburtliche Sterblichkeit in der Gebärmutter steigt an. Auf biochemischem Niveau erhöht die verstärkte Aktivität der Nebennierenrinde schließlich den Spiegel u. a. der Glucocorticoide im Blut, das sind die Nebennierenrindenhormone, die den Zuckerstoffwechsel beeinflussen. Im Zusammenhang damit kommt es ferner zu einer Hemmung des Immunsystems. Die Widerstandsfähigkeit gegen Infektionskrankheiten wird also herabgesetzt, die Sterblichkeit erhöht.
Zentrale Schaltstellen für das Streßgeschehen sind der Hypothalamus und die Hypophyse, die Hirnanhangdrüse. Die Reize, Signale, Informationen, die durch die Sinnesorgane aus der Umwelt empfangen und in Erregung umgesetzt werden, wirken sich über den Thalamus des Zwischenhirns direkt und je nach ihrer Verarbeitung auf Bedeutsamkeit in der Großhirnrinde, dem Neocortex der Säugetiere, indirekt auf den Hypothalamus aus. Dieser kleine Zwischenhirnbezirk an der Hirnbasis über der Hypophyse sorgt auf der einen Seite für die Anregung des sympathischen Nervensystems, die den Körper aktiviert, ihn in Anspannung versetzt, um ihn bei akuter Gefahr ohne Zögern mit Kampf- oder Fluchtreaktionen reagieren zu lassen. Dies ist die akute Streßkomponente. Auf der anderen Seite steuert der Hypothalamus die Hormonproduktion der Hypophyse, mit der die übrigen Hormondrüsen des Körpers reguliert werden. So entsteht die in der Populationsdichtebeziehung zum Ausdruck kommende chronische Streßkomponente (Bild 5.2). Im Belastungsfall reagiert die Hypophyse mit verstärkter Ausschüttung ihres adrenocorticotropen Hormons (ACTH), das die Nebennierenrinde aktiviert. Die Zunahme der dort produzierten Corticosteroidhormone verursacht die genannte Erhöhung der Infektionsanfälligkeit, bedingt die Gewichtsverminderung und die Wachstumsverzögerung, steigert die Reaktionsbereitschaft der Nebennierenrinde auf ACTH und greift in die Aktivierung der Schilddrüse ein, die von der Hypophyse über die Ausschüttung eines thyreotropen Hormons (TSH) ge-

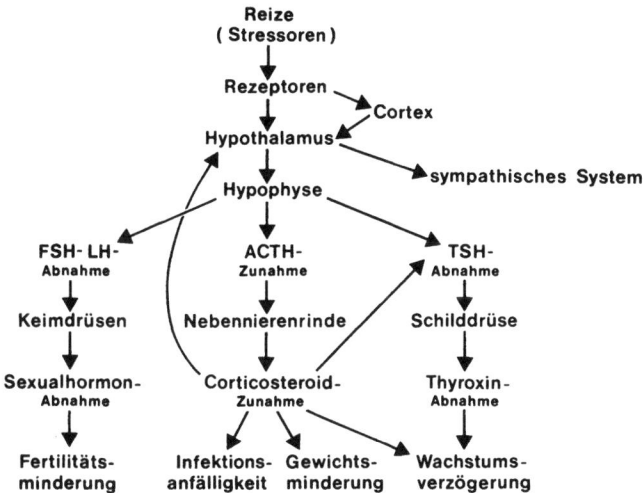

Bild 5.2 Schematische Darstellung der zentralen Streßachse von der Verarbeitung der über die Sinnesorgane (Rezeptoren) eingehenden Informationen im Gehirn bis zur Aktivierung der Nebennierenrinde zur verstärkten Ausschüttung von Corticosteroidhormonen, samt der für den Gesamtzustand des Organismus entscheidenden Neben- und Rückkopplungswege. Der nur angedeutete Weg zum sympathischen Nervensystem ist der Weg akuten Stresses, der unmittelbaren Aktivierung des Körpers bei hoher momentaner Belastung.

steuert wird, womit eine weitere Beeinflussung des Wachstums möglich wird. Gleichzeitig senkt die Hypophyse die Produktion der Hormone, die eine Anregung der Tätigkeit der Keimdrüsen zur Folge haben, nämlich des follikelstimulierenden Hormons (FSH) und des luteinisierenden Hormons (LH). Damit verringert sich die Keimdrüsenaktivität, mit der Folge verzögerter sexueller Reifung bei Jugendlichen und einer Fruchtbarkeitsherabsetzung bei beiden Geschlechtern.

Da Streß durch Einwirkung belastender Reize zustande kommt, muß seine Intensität grundsätzlich zu der Menge solcher Reize in Beziehung stehen. Dies wird aus der Abhängigkeit psychosozialen Stresses von der Populationsdichte unmittelbar beweisbar. Zunahme der Populationsdichte besagt ja nichts anderes als Zunahme der Zahl ständig um ein Tier herum befindlicher Artgenossen, beziehungsweise Zunahme der Häufigkeit der Begegnung mit Artgenossen. Von diesen ausgehende Signale, die für das Bezugstier die Bedeutung belastender Reize besitzen, werden also bei zunehmender Populationsdichte pro Zeiteinheit erhöht. So kann Streß als eine mathematische Funktion der auf ein Individuum eindringenden Reize und der aus ihrer Verarbeitung bezogenen Information definiert werden. An diesem Punkt eröffnet sich die Bezugsmöglichkeit auf den im vorhergehenden Kapitel dargestellten Verhaltenswandel Wildtier-Haustier. Im Vergleich zum Wildtier zeigte sich für Haustiere eine Verhaltensbestimmung durch mindere Bedeutsamkeit von Umweltfaktoren, von Reizen geophysikalischer, zwischenartlicher und sozialer, innerartlicher Natur, kurz, eben durch Verarmung der Merkwelt. Damit ist bei Haustieren unter objektiv gleichen Umweltbedingungen minderer Streß zu erwarten als bei Wildtieren.

Beobachtungen verschiedenster Art bestätigen diese Postulat. Enorme Belastungssituationen, die den Organismus von Wildtieren leicht überfordern, treten beispielsweise beim Gefangenwerden auf. Bei Wildratten kann ein Festhalten unter Umständen über heftige Panikreaktionen binnen weniger Minuten zum Streßtod führen. Auch bei Wildmäusen ist nach andauerndem Gejagtwerden und beim schließlichen Gefangenwerden ein Schocktod möglich. Bei Laborratten und Labormäusen kommt eine solche Überreaktion kaum vor. Das für die Aktivierung wesentliche Streßorgan, die Nebenniere, ist bei Haustieren im allgemeinen kleiner als bei ihren wilden Stammarten, was bei letzteren als Folge von chronischem Streß, bei ersteren als Folge von vermindertem Streß gedeutet werden kann. Haustiere reagieren infolge ihrer Merkwelt-Verarmung unter Bedingungen, die beim Wildtier schon starke Streßreaktionen hervorrufen, geringer. Um ein gleiches Niveau der psychosozialen Belastung zu erzielen, müßten also bei Wildtieren eine kleinere Anzahl von Sozialpartnern, eine kleinere Gruppengröße als bei Haustieren ausreichen. Dies stimmt überein mit Beobachtungen größerer Herden bei solchen Haustieren, die kaum Futterkonkurrenz und darauf aufbauende Agressionen kennen wie Schafe, Ziegen, Wasserbüffel oder Rentiere (Kap. 4), als bei den jeweils zugehörigen Wildarten, die sich durch kleinere Trupps auszeichnen. Gleichzeitig reiht sich der zunächst scheinbare Widerspruch zwischen einer allgemeinen Verhaltensdämpfung beim Haustier, aber einer Intensivierung seiner sexuellen Aktivität, zwanglos in das Streßkonzept ein. Geringerer Streß bedeutet schließlich verstärkte Sexualhormonproduktion, die sich außer auf die Fortpflanzungsleistung selbst auch auf die männliche Agressivität auswirkt, und umgekehrt. Dank ihrer verarmten Merkwelt geringerem Streß unterliegende Haustiere sind so notwendigerweise als fortpflanzungsbiologisch aktiver und erfolgreicher als stärkerem Streß unterliegende Wildtiere zu erwarten. Selbstverständlich gelten alle diese Vergleiche stets nur unter vergleichbaren Umweltbedingungen. Unter ungünstigen Haltungsvoraussetzungen wird ein Haustier, absolut gesehen, ähnlichem Streß unterliegen können wie ein Wildtier im natürlichen Lebensraum.

Diese Ableitung erlaubt es nun, ein Konzept gesteigerter psychischer Toleranz im Sinne einer Umkehrformulierung der Streßsenkung aufzustellen:

Haustiere zeichnen sich ihren Wildahnen gegenüber durch eine angeborenermaßen verarmte Merkwelt und damit unter vergleichbaren Bedingungen durch gesteigerte psychische Toleranz aus.

Da das Gruppenleben eine zentrale Rolle bei der Entstehung psychosozialen Stresses spielt, läßt sich hieraus ein erstes allgemeines Prinzip der Haustierwerdung ableiten, das sich auf die spezielle Eignung einer Art, auf ihre Potenz zur Domestikation bezieht:

Je leichter die erfolgreiche Zucht von Wildtieren bei Gemeinschaftshaltung unter eingeengten Gefangenschaftsbedingungen ist, desto besser erscheinen sie zur Domestikation geeignet.

Den bei der Zoohaltung einer Art gesammelten Erfahrungen der Regelmäßigkeit von Nachzucht, der Jungensterblichkeit und dem Eintritt der Geschlechtsreife kommt gemäß diesem Grundprinzip der Haustierwerdung eine Schlüsselrolle zu. Anhaltspunkte sind aber auch aus Freilandbeobachtungen des sozialen Verhaltens zu entnehmen, das meist gewisse Beziehungen zum Haltungserfolg in Gefangenschaft besitzt. So findet sich zwar nicht bei allen, aber doch bei den meisten Wildvorfahren der Haussäugetiere geselliges Verhalten.

Wölfe sind als Rudeltiere bekannt, in deren Gruppen komplexe Steuerungsmechanismen des sozialen Lebens ausgebildet sind und die eine hohe Stufe der Vergesellschaftungskapazität innehaben. Allerdings gilt dies nur für die hoch evoluierten Nordwölfe. Für die Südwölfe als den eigentlichen Hundevorfahren gibt es diesbezüglich wenig Beobachtungen. Danach scheint jedoch der Drang oder die Befähigung zur Vergesellschaftung über die Kernfamilie hinaus bei den Wölfen der arabischen Halbinsel und Indiens viel geringer als bei den Nordwölfen zu sein. Ihr Leben spielt sich offenbar wie das der Coyoten häufiger nur in Paarbindung oder auch als Einzelgänger ab, wie es auch beim Dingo als frühzeitig wieder verwildertem Primitivhund der Fall ist und wie es ähnlich für frei lebende Primitivhunde in anderen Regionen gelten dürfte. In Gefangenschaft stellen sich Wölfe als recht leicht zu haltende Tiere dar, die auch problemlos züchten.

Im Gegensatz zum Wolf hat die Wildkatze außerhalb der Brunftzeit kaum eine Neigung zu irgendwelcher direkten Vergesellschaftung. Dies scheint, soweit bekannt, grundsätzlich auch für die Falbkatze zuzutreffen. Auf der anderen Seite tolerieren Falbkatzen in Gefangenschaft durchaus die Haltung in größerer Familiengruppe, ohne daß Störungen des Fortpflanzungsverhaltens festzustellen wären. Die übrigen Hausraubtiere, nämlich die Pelztiere Fuchs und Nerz und das Frettchen, stammen ebenfalls von mehr oder minder einzelgängerisch lebenden Wildahnen ab. Hier liegen aber insofern Sonderfälle vor, als diese Arten auch als Haustiere meistens nicht in größeren Gruppen zusammen in einem kleinen Käfig oder Gehege gehalten werden und damit wenigstens psychosozialer Streß eine untergeordnete Rolle spielt. Rotfüchse lassen sich zwar in Gemeinschaft unterbringen, mit ihrer Zucht treten dann aber häufig Probleme auf.

Wildpferde und Wildesel sind Gruppentiere, die auch unter Gefangenschaftsbedingungen das Gruppenleben tolerieren und zur Fortpflanzung kommen. Ausgesprochen gesellig leben weiterhin die Wildschweine. In Zoogehegen erleiden sie keine deutlichen Fruchtbarkeitseinbußen. Sozialverbände finden sich weiterhin bei den wilden Kamelarten. Über eine eventuelle Haltungsproblematik des Wildtrampeltiers in Gefangenschaft ist noch wenig bekannt. Guanakos sind in Zoogruppen unproblematische Pfleglinge, bei Vikunjas treten hingegen häufig Zuchtschwierigkeiten auf, die vor allem auf das hohe Temperament der Hengste zurückgeführt werden.

Das wilde Tundrarentier bildet zeitweise die größten Verbände aller Hirscharten. Daß seine Haltung in Zoos weit südlich seines Verbreitungsgebietes dennoch nicht einfach ist, dürfte vor allem an nicht passenden klimatischen Verhältnissen und an der Ernährung liegen, zumal Entsprechendes auch für Hausrentiere gilt. Hier ist eine primäre Rolle rein physiologischen Stresses zu vermuten, ohne daß eine psychosoziale Komponente von Bedeutung wäre. In zum Teil großen Herden leben auch die Wildrinder. In Gefangenschaft galt der Gaur früher als schwierig zu halten, was aber offensichtlich nicht unbedingt richtig ist. Über die Haltung von Wildyaks ist unsere Kenntnis noch zu gering; für den früh ausgestorbenen Ur ist solches Wissen nicht mehr zu erlangen. Ebenfalls Gruppentiere sind die Wildschafe und Wildziegen, bei denen psychosozialer Streß auch in Gefangenschaft höchstens eine untergeordnete Rolle spielen dürfte. Mufflons als unmittelbare Hausschafvorfahren erscheinen bei Zoohaltung sogar in höherem Maße gegen parasitäre Erkrankungen resistent als andere geographische Formen der Wildschafe, so daß ihre Haltung und Zucht noch unter Umständen gelingen, unter denen sie bei anderen Wildschafen schon problematisch sind. Dies mag aber teilweise auch damit zusammenhängen, daß die betreffenden ursprünglich sardisch-korsischen Mufflons schon durch eine allererste Selektion in Richtung Domestikation gegangen waren.

Im Gegensatz zum verwandten Hasen verhalten sich Wildkaninchen ausgesprochen gesellig. Deshalb gelingen ihre Pflege und Zucht in Gefangenschaft viel einfacher als die sehr schwierige Feldhasenhaltung. Gruppenleben zeichnet auch die Wildvorfahren der Hausnagetiere Laborratte und -maus und Meerschweinchen aus. Vom wilden Goldhamster sind die diesbezüglichen Kenntnisse noch sehr beschränkt. Der eventuell vergleichbare europäische Großhamster lebt einzelgängerisch, kann aber offenbar relativ hohe Populationsdichte einigermaßen tolerieren. Aufwachsen von Jungtieren dieser Art in Gefangenschaft in andauernder enger Gemeinschaftshaltung geht allerdings mit starkem Zurückbleiben im Wachstum und Verzögerung oder Ausbleiben der Geschlechtsreife, also den Anzeichen hohen Stresses einher (Bild 5.1: Farbtafel XVIII).

Das Konzept der Steigerung psychischer Toleranz als Folge der Verarmung der Merkwelt im Zuge der Haustierwerdung erlaubt es, Aussagen über die allgemeine körperliche Entwicklung vom Wildtier zum Haustier im Verlauf der Domestikation abzuleiten, die dann mit den tatsächlichen archäozoologischen Befunden verglichen werden können (Bild 5.3). Damit sollen sich Thesen zum Erkennen von Domestikationsabläufen im Fundgut auf ihren Wahrscheinlichkeitsgehalt überprüfen lassen. Zwei Extreme der Gefangenschaftszucht von Wildtieren lassen sich gegenüberstellen: die Zucht unter minimalen psychosozialem Streß, d.h. ohne jegliche Überbesetzung beziehungsweise mit gerade adäquater Besetzung eines Geheges, und die Zucht bei starker Überbesetzung. Im ersten Fall sind keine psychosozialstreßbedingten Veränderungen beim Aufwachsen der Folgegenerationen zu erwarten, wodurch kein Grund gegeben ist, daß Auslesefaktoren in das Toleranzsystem eingreifen. Dieser Weg entspricht den bei artgerechter Haltung in Zoologischen Gärten bestehenden Verhältnissen. Der zweite Extremweg ist überhaupt nur bei solchen Arten gangbar, bei denen sich die entsprechende Grundvoraussetzung für eine Domestizierbarkeit findet, die nämlich bei starker Einengung in Gemeinschaftshaltung überhaupt noch zum, wenn auch eingeschränkten, Zuchterfolg kommen. Alle anderen Arten ordnen sich im Ablauf ihres Zuchtgeschehens in Gefangenschaft zwischen diesen beiden Polen ein, und zwar mit um so größerer Züchtbarkeit, je höher die psychische Toleranz ist.

Zucht bei starker Überbesetzung führt infolge hohen Stresses neben der Minderung der Fortpflanzungsleistung und damit der grundsätzlichen Verlangsamung des gesamten Zuchtgeschehens während des Heranwachsens der Folgegenerationen immer wieder zu einer Minderung von Körpergröße und Körpergewicht (wobei das Gewicht natürlich auch ein Ausdruck der Größe als solcher ist). An einer auf diesem Wege aufgebauten Gefangenschaftspopulation, die hinsichtlich der Merkwelt und psychischen Toleranz und damit der körperlichen Entwicklung der Einzeltiere eine gewisse Variabilität besitzen wird, können nun drei unterschiedliche Hauptrichtungen der nicht von vornherein auf Veränderungszucht gezielten Selektion ansetzen.

Zum einen mögen jeweils die größten, schwersten Exemplare weggenommen werden, sei es, weil sie zum Verzehr die größte Fleischmenge bringen, sei es, weil sie zum Weitergeben am repräsentativsten sind. In diesem Falle wird es neben der modifikativ, also nicht erblich bedingten Größenminderung durch den Faktor Streß eine weitere mittlere Größenabnahme durch diesen an der genetischen Vielfalt ansetzenden Selektionsprozeß geben. Soweit die Größenunterschiede auf unterschiedlicher psychischer Toleranz beruhen, wird damit die mittlere Toleranzlage in der Population zunehmend gesenkt. Dies muß immer näher an den Punkt heranführen, an dem die psychosoziale Belastung der einzelnen Tiere so groß wird, daß überhaupt keine erfolgreiche Fortpflanzung mehr stattfinden kann. Auf diesem Weg wird also die Fortpflanzungsrate zunehmend gesenkt, der Bestand verschlechtert sich mehr und mehr.

Zum anderen mögen jeweils die unruhigsten, die scheuesten oder die aggressivsten Tiere aus einer Gefangenschaftspopulation entfernt werden, sei es, sie entkommen von sich aus am ehesten der Gefangenschaft, sei es, sie werden von Pflegern oder Hirten als erste ausgewählt, wenn es darum geht, Tiere aus dem Bestand herauszunehmen oder zu schlachten, weil sie am meisten Schwierigkeiten bereiten. Soweit diese Verhaltensunterschiede wiederum auf Unterschieden der Merkwelt, der psychischen Toleranz beruhen, wird mit solchen selektiven Maßnahmen langfristig eine mittlere Toleranzanhebung, eine Merkwelt-Verarmung einhergehen, die streßbedingte Größenminderung also verringert werden, was einer neuerlichen Annäherung der Körpergröße an diejenige der Ausgangssituation des ursprünglich in Gefangenschaft und Zucht genommenen Wildtieres entspricht, ja sogar schließlich über diese hinausführen mag. Gleichzeitig wird damit die Fortpflanzungsrate erhöht, der Bestand also insgesamt langsam verbessert.

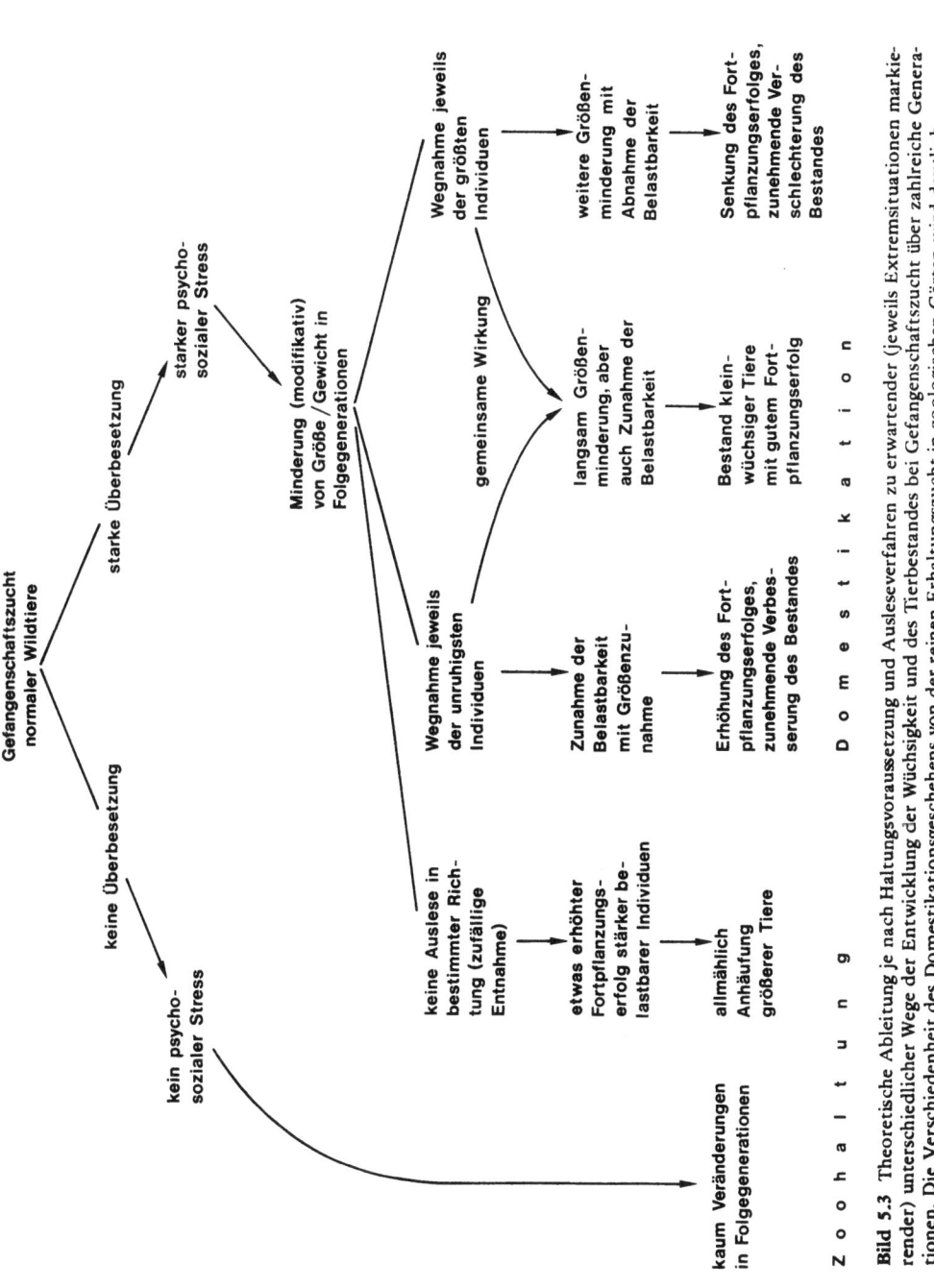

Bild 5.3 Theoretische Ableitung je nach Haltungsvoraussetzung und Ausleseverfahren zu erwartender (jeweils Extremsituationen markierender) unterschiedlicher Wege der Entwicklung der Wüchsigkeit und des Tierbestandes bei Gefangenschaftszucht über zahlreiche Generationen. Die Verschiedenheit des Domestikationsgeschehens von der reinen Erhaltungszucht in zoologischen Gärten wird deutlich.

In der vor- und frühgeschichtlichen Haustierhaltung ist mit einer Mischung dieser einander teilweise entgegengesetzten beiden Ausleseformen zu rechnen, d.h. mit dem Entlaufen oder der baldigen Schlachtung besonders temperamentvoller Tiere und auch mit der Herausnahme besonders stattlicher Exemplare zu repräsentativen Zwecken. Ein solches Verfahren sollte dann letztlich über die dabei mitlaufende Selektion auch von streßunabhängigen Faktoren der Körpergrößenvielfalt auf der einen Seite zu einer Minderung der mittleren Körpergröße führen, und zwar deutlich langsamer als im Fall reiner Selektion des erstbesprochenen Typs. Auf der anderen Seite sollte es, ebenfalls deutlich verlangsamt gegenüber der ausschließlichen Selektion des zweiten Typs, zu einer Anreicherung höher belastbarer, Merkwelt-verarmter Individuen kommen. Im Ergebnis wird eine solche Mischselektion schließlich einen Bestand kleinwüchsiger Tiere mit guter Fortpflanzungsleistung erbringen.

Eine dritte mögliche Hauptrichtung der weiteren Behandlung des Bestandes läßt sich mit dem Fehlen einer gerichteten Auslese charakterisieren. Sie ist im Falle rein zufälliger Entnahme von Tieren aus dem Bestand verwirklicht; mit ihr ist, an Stelle einer einseitigen Verschiebung, höchstens eine allmähliche allgemeine Zunahme der Vielfalt zu erwarten. Die etwas höhere Fortpflanzungsrate der jeweils psychosozial höher toleranten Individuen wird aber allmählich den Anteil größerer Exemplare am gesamten Bestand wachsen lassen. Dieser Weg stellt das andere Extrem der vom Menschen an sich unselektiv betriebenen Zoozucht einer beliebigen Art dar. Im Praxisrahmen früher Domestikationen dürfte er kaum eine Rolle gespielt haben.

Experimentelle und unmittelbar beobachtende Bestätigungen für derartige Veränderungen der Qualität der in einer Population befindlichen Individuen im Zusammenhang mit hoher Populationsdichte oder mit der Gefangenschaftszucht kann es vorläufig nur bei Nagetieren mit einer gewissen grundlegend vorhandenen Höhe psychischer Toleranz, raschen Wachstums und rascher Geschlechtsreife geben, bei denen zahlreiche aufeinander folgende Generationen zu überschauen sind. So stellte Barry L. Keller an einer nordamerikanischen Wühlmausart mit drei- bis vierjährigen Zyklus der Bestandsdichte fest, daß die Population jeweils zum Gipfel eines solchen Zyklus durch schwerere und größere Individuen mit sehr raschem Wachstum gekennzeichnet ist. Eine Gefangenschaftszucht der europäischen Feldwühlmaus in der landwirtschaftlichen Hochschule in Brno (Tschechoslowakei) folgte dem hier theoretisch erörterten Weg. Zunächst besaßen die in Käfigen gehaltenen Mäuse eine sehr geringe mittlere Größe, die aber von Generation zu Generation eine Zunahme erfuhr, um schließlich recht großwüchsige Tiere zu erbringen.

Archäozoologische Bearbeitungen der Größenveränderungen des Hausrindes in Mittel- und Osteuropa vom Beginn seiner Zucht ab zeigen das im Fall einer Mischselektion der beschriebenen Art zu erwartende Bild. Ab dem Neolithikum, in dem die Schulterhöhen des Rindes etwa um 125 bis 130 cm schwankten, verringerte sich die Körpergröße bis hin zur Römerzeit. Schon in der Bronzezeit waren in manchen Regionen verzwergte Rinder nur etwa 110 cm hoch. Die hohen züchterischen Fähigkeiten der Römer unterbrachen dann diesen Entwicklungstrend und wirkten sich in einer deutlichen Größensteigerung aus. Der zum Mittelalter hin eingetretene Verlust des Wissens um entsprechende Zuchtmaßnahmen hatte eine neuerliche mittlere Größenabnahme zur Folge, die schließlich zu Beginn der Neuzeit in planmäßiger Zuchtarbeit wieder umgekehrt wurde. Hochzuchtrinder übertrafen nunmehr die jungsteinzeitlichen und die römerzeitlichen Rinder bei weitem (Bild 5.4). Das hier skizzierte Bild gibt allerdings nur die mittlere Situation (unter Einbeziehung unterschiedlicher Landrassen) wieder, und auch nur für den genannten geographischen Raum. Tatsächlich findet sich, je länger die Rinderhaltung andauerte, zu jedem Zeitpunkt eine zunehmende Körpergrößenvielfalt regionaler Rassen. So gibt es heute bei den verschiedenen allein in Deutschland gehaltenen Rassen bei den Kühen Schulterhöhen zwischen 115 und 145 cm und Gewichte von 350 bis 900 kg.

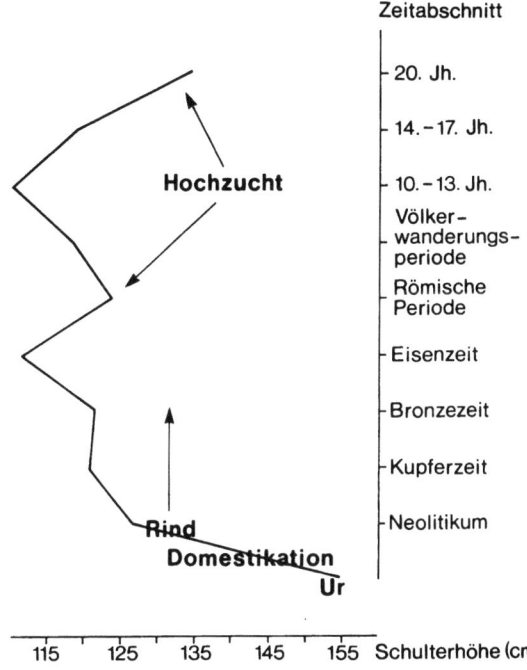

Bild 5.4
Durchschnittliche Größenveränderung des Hausrindes in den Epochen seit seiner Domestikation aus dem Ur (Polen und Ungarn). (Umgezeichnet nach S. Bökönyi (1974): History of domestic mammals in central and eastern Europe. Akadem. Kiadó, Budapest)

Eine Größenverringerung in der Domestikation läßt im archäozoologischen Fundgut von Beginn dieses Prozesses ab in zunehmendem Maße Wildtier- und Haustierreste allein durch ihre absolute Größe voneinander trennen. Es wäre allerdings verfehlt, in jedem Fall den Umkehrschluß vornehmen zu wollen, daß nämlich die Domestikation um so weniger lang zurückliege, je geringer der Größenunterschied der Haustier- und Wildtierknochen eines Fundortes ist. Wie das Beispiel des Rindes zeigt, kann eine Zucht auf Größensteigerung durchaus wieder einen neuerlichen Größenausgleich herbeiführen, wenn die Zeit der Haustierwerdung der Art bereits seit vielen Jahrtausenden verstrichen ist.

Übersicht über den Kapitelinhalt

Unter gleichen Außenbedingungen führt die das Verhalten der Haustiere bestimmende angeborene Verarmung der Merkwelt zu erhöhter psychischer Toleranz des Haustieres im Vergleich zum Wildtier, das heißt, zu geringerem Streß. Streß ist der Zustand allgemeiner Aktivierung eines Organismus, wie er durch die Einwirkung von Reizen zustandegekommen ist, eine Funktion der auf ein Individuum eindringenden Reihe und der aus ihnen gewonnenen — beim Haustier geringeren — Information. Der scheinbare Widerspruch zwischen einer allgemeinen Verhaltensdämpfung beim Haustier und der einseitigen Intensivierung sexueller Aktivität wird mit dem Streßkonzept gelöst. Da psychosozialer Streß durch Gruppenleben eine zentrale Rolle im Streßgeschehen spielt, erscheinen Wildtiere um so besser zur Domestikation geeignet, je leichter ihre erfolgreiche Zucht bei Gemeinschaftshaltung unter eingeengten Gefangenschaftsbedingungen ist. Verschieden gerichtete Auswirkungen auf das Größenwachstum und den Fortpflanzungserfolg durch unterschiedliche Haltungsbedingungen und unterschiedliche Selektionsmaßnahmen durch den Halter führen im Verlauf zahlreicher Generationen zu unterschiedlichen Bestandsentwicklungen, wie sie einerseits die Zoohaltung von Wildtieren, andererseits die Domestikation kennzeichnen.

6 Informationsaufnahme und Informationsverarbeitung

Wie im vorhergehenden Kapitel abgeleitet wurde, hängt Streß von der Merkwelt ab, also davon, welche und wieviele Reize auf ein Individuum eindringen und welche und wieviel Information schließlich aus ihrer Verarbeitung von ihm bezogen wird. Die Streßlage ist demnach zunächst von der Qualität des reizempfangenden Systems abhängig, also von den Sinnesorganen. Ferner beruht sie entscheidend auf der Qualität des informationsverarbeitenden Systems, also der Speicherkapazität und Schaltkomplexität des Gehirns.

Tatsächlich finden sich sowohl in den Sinnesorganen, als auch im Gehirn im Wildtier-Haustier-Vergleich Veränderungen, die in aller Regel auf Qualitätsminderung der informationsaufnehmenden und informationsverarbeitenden Systeme hinweisen und damit Grundlagen der Merkwelt-Verarmung aufzeigen. Vergleichende Untersuchungen an Sinnesorganen betreffen vor allem Auge und Gehör. Licht- und elektronmikroskopische Studien der Retina (der Netzhaut) und des Sehnerven bei Wölfen und Pudeln durch Lothar Schleifenbaum zeigten beim Pudel eine Abnahme der neuronalen Anteile des Sehorgans, also der Sinneszellen, der Ganglienzellen und der Fasern im Sehnerven. Selbst innerhalb einzelner Rassen gibt es noch Unterschiede. Die lichtreflektierende Schicht des Augenhintergrundes, das Tapetum lucidum, das bei vielen Säugetieren das scheinbare nächtliche Leuchten der Augen verursacht, wenn sie von Licht getroffen werden, und das ihnen bei schwachem Licht durch doppelte Ausnutzung einfallender Strahlen über die Reflektion erhöhte Sehfähigkeit erlaubt, fehlt bei einer hier geprüften Inzuchtlinie von Königspudeln, ist aber bei Zwergpudeln vorhanden.

Beim Hausschwein findet sich eine im Vergleich zum Wildschwein stark verminderte Zahl der Stäbchenkerne in der Retina, d.h. eine Reduktion im Hell-Dunkel-Sehen vermittelnden System. Darüber hinaus scheinen Hausschweine kurzsichtig zu sein. Bei Ratten ist überraschenderweise das Augengewicht der Laborform größer als das der Wanderratte. Welche strukturellen Änderungen damit einhergehen, bleibt aber noch festzustellen.

Am Ohr der Haustiere sind bereits vielfache äußerliche Veränderungen auffällig. Hängeohren und Kippohren sind beim Hund geläufig (Bild 2.18), Hängeohren kennzeichnen aber auch einzelne Rassen oder Rassengruppen bei anderen Haustierarten, so bei Schweinen und Ziegen. Die normale Funktion eines Schalltrichters wird dadurch zunichte gemacht, der äußere Gehörgang verformt. Dies muß zwangsläufig eine Leistungsminderung des schallauffangenden Systems zur Folge haben. Beim Hund ist das Trommelfell kleiner als beim Wolf, desgleichen die knöcherne Gehörkapsel; seine Empfindlichkeit für hohe Frequenzen erscheint geringer, seine Hörschwelle höher. Bei Wildkatzen der Gattung *Felis* steht die Größe dieser Gehörkapsel mit dem Lebensraum der betreffenden Art oder Unterartengruppe in Zusammenhang. Sie nimmt vom feuchten zum trockenen, vom dicht bewachsenen zum spärlich oder kaum bewachsenen Lebensraum, von der Sumpflandschaft zur Sanddünenlandschaft der Wüsten stark zu. Hauskatzen fallen aus dieser Reihe heraus, gegenüber den Falbkatzen findet sich im Mittel eine deutliche Verkleinerung. Auch im Vergleich Guanako und Lama lassen entsprechende Veränderungen am Schädel auf eine verringerte Leistungsfähigkeit des Gehörs schließen.

Änderungen treten auch im Bereich des Geruchsorgans auf. Bei Farmfüchsen wurde im Vergleich mit Wildfüchsen eine Reduktion von 11 % im Bereich der Geruchsnerven gefunden.

Der für die Speicherkapazität und Schaltkomplexität des Säugetiergehirns entscheidende Bereich ist der Neocortex, ein Teil des Endhirns. Das paarig angelegte Vorder- oder

Endhirn hatte im Zuge der Wirbeltierevolution ursprünglich die Aufgabe eines Riechhirns zur Verarbeitung von Geruchsinformationen. Zusätzlich zu dieser Funktion entwickelte es sich dann allmählich zu einem übergeordneten Ort der zentralen Auswertung der über das Zwischenhirn zu ihm weitergeleiteten Erregungen aus den anderen Sinnesorganen. Damit entstand das sogenannte Großhirn. In jeder seiner beiden Hälften wurde an der Spitze der Bulbus olfactorius als Riechabschnitt mit der ursprünglichen Funktion abgegliedert. An der Basis bildete sich das Basalganglion aus, das für die Ausführung angeborener Handlungsabläufe zuständig ist. Die obere Wand der Großhirnhälften breitete sich ab der Reptilien-Evolutionsstufe zur Umhüllung auch der unteren Endhirnteile aus und erhielt daher die Bezeichnung Mantel (Pallium). Aus ihm läßt sich der zur Hirnmitte hin liegende Bereich als sogenanntes Archipallium, der seitliche Bereich als Palaeopallium ausgliedern. Zwischen diesen beiden Teilen bildete sich im Reptilienstadium der Wirbeltierevolution, von dem die Säugetiere ihren Ausgang nahmen, das Neopallium aus, das infolge seiner flächigen, rindenhaften Ausdehnung auf der Basis eines Schemas von sechs Nervenzellschichten den Namen Neocortex (= Neurinde) erhielt. In ihm enden die Nervenbahnen aus allen Sinnesgebieten, und gleichzeitig erfolgt von hier aus die Steuerung der Bewegungsabläufe. Als primäre Rindengebiete lassen sich neben einem Inselfeld ein Sehzentrum, ein Tastzentrum, ein Hörzentrum und ein motorisches Feld fassen, von denen Verknüpfungsbahnen zu allen anderen Teilen des Gehirns ziehen. Abgesehen von diesen primären Feldern kam es im Zuge der Evolution zu einer zunehmenden Ausdehnung neuer Rindenfelder, die nun vor allem Integrationsfunktion besitzen und so als Integrationsfelder bezeichnet werden können (Bild 6.1).

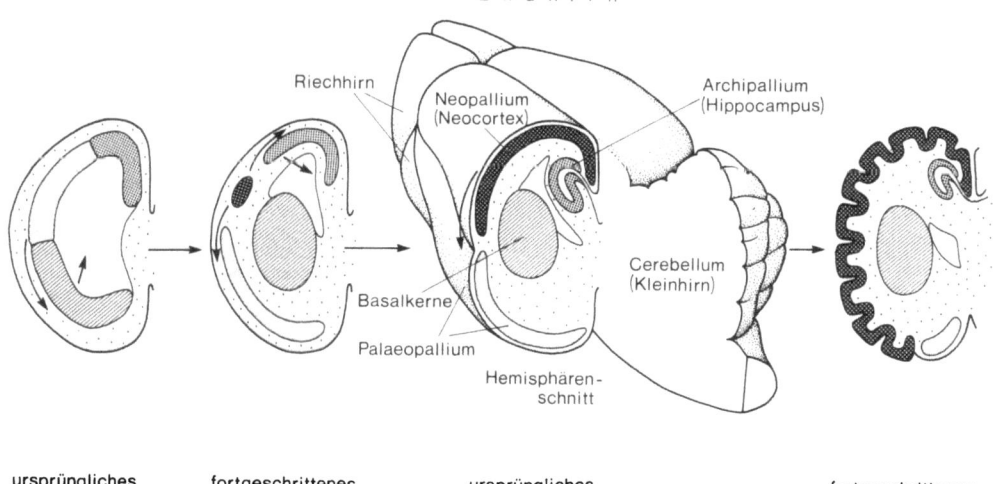

Bild 6.1 Schematische Darstellung der Entstehung und Lagebeziehung der im Text genannten Endhirnabschnitte während der Evolution zu den Säugetieren. Die Pfeile in den Querschnittsbildern jeweils einer Endhirnhälfte (Hemisphäre) geben die Lageverschiebungen und Ausdehnungsrichtungen während der durch die Pfeile zwischen den aufeinander folgenden Schnittbildern angedeuteten Evolutionsschritte an (In Anlehnung an Abbildungen bei A.S. Romer (1959): Vergleichende Anatomie der Wirbeltiere, Parey, Hamburg–Berlin). Für das ursprüngliche Säugetier-Stadium wird die Lage des Schnittes im Gesamthirn angedeutet.

Die für die Funktion dieses Schaltsystems entscheidenden Bauteile sind die Nervenzellen oder Neuronen, die mit Ausläufern über Schalt- beziehungsweise Kontaktstellen, die Synapsen, miteinander in Verbindung stehen. So kann im menschlichen Hirn jedes Neuron Kontakte mit bis zu 10 000 anderen Neuronen haben. Im zwischenartlichen Vergleich innerhalb der Ordnung der Primaten, der Affen, zeigte es sich, daß die Verzweigungszahl der einzelnen Neuronen, also die Schaltkomplexität, mit steigender Hirngröße zunimmt. Dabei nimmt auch die Zahl der Neuronen absolut gesehen zu, relativ zur Größe des Gehirns aber ab, d.h. die Neuronendichte sinkt.

Die Unterbringung eines ausgedehnten flächenhaften Schaltsystems, wie es der Neocortex darstellt, erfordert, wenn die Oberfläche im Verhältnis zum verfügbaren Raum zu groß wird, in Abhängigkeit von diesem Verhältnis mehr oder minder starke Einfaltungen (Bild 6.2). So finden sich im zwischenartlichen Vergleich bei großen Gehirnen mehr Furchen und Falten als bei kleinen. Die Neocortexfurchung steht bei Säugetieren in einer ganz allgemeinen, regelhaften Beziehung zum gesamten Hirnvolumen. Mit steigender Hirngröße steigt die Oberfläche des Neocortex in nahezu gleichem Maße, die gesamte Länge des Furchensystems nimmt sowohl absolut, als auch relativ zu. Auch das Volumen des Neocortex steht in einer derartigen allgemeinen Größenbeziehung zum Gesamthirn. Damit läßt sich, wenigstens innerhalb zusammengehöriger Verwandtschaftsgruppen, aus dem Gewicht oder dem Volumen des Gesamthirns als leicht erhältlichem Rohmaß ein statistischer Grund-Schätzwert für die Schaltkomplexität, damit aber für die prinzipielle Leistungsfähigkeit eines Säugetiergehirns erhalten (Bild 6.3).

Der Vergleich von Absolutwerten der Hirngröße ist allerdings zum Vergleich von Tieren unterschiedlicher Körpergröße sinnlos, da eine prinzipielle Abhängigkeit der Hirngrösse von der Körpergröße besteht, die sich mit der Allometrieformel Hirngröße = Integrationskonstante x Körpergröße^{Allometrieexponent} (allgemein: $y = b \cdot x^a$) beschreiben läßt. Da der Allometrieexponent für alle Säugetiere weitgehend im selben Bereich liegt, kann die art- oder populationsspezifische Integrationskonstante, die als Hirngrößenwert bezeichnet werden mag (z.B. Bild 3.4), aus Hirn- und Körpergröße ausgewachsener Indivi-

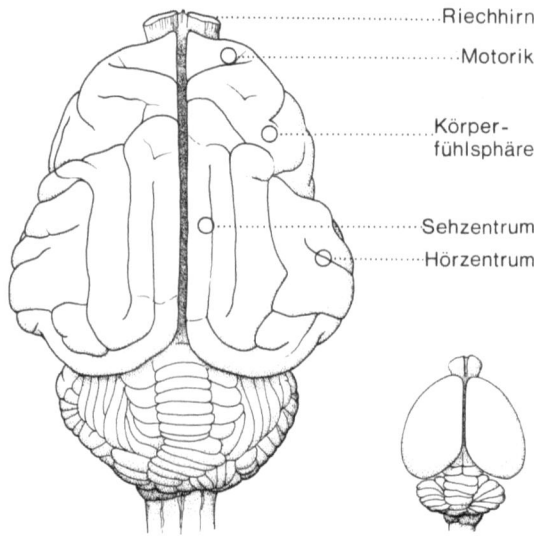

Bild 6.2
Zwei Gehirne unterschiedlich großer Säugetierarten im Vergleich. Links Hauskatze, rechts Hausmaus, gleicher Maßstab. Gegenüber einem Körpergewichtsunterschied beider Arten von rund 100 : 1 ist der Hirngrößenunterschied sehr viel geringer und weist auf die allometrische Größenbeziehung von Hirn und Körper hin. Das größere Gehirn zeigt komplexe Einfaltungen des Neocortex, wie sie zur Unterbringung der mit dem Volumen etwa isometrisch vergrößerten Oberfläche notwendig ist. Beim Katzengehirn ist in einer Hemisphäre die Lage der primären Rindengebiete als Zentren der einzelnen Sinnesgebiete und der Motorik angedeutet.

duen einer Population bestimmt werden. Die Hirngröße ist als Hirngewicht oder als Hirnvolumen ausdrückbar, die Körpergröße als Körpergewicht oder mit einem Körper- oder Schädellängenmaß. Im Wildtier-Haustier-Vergleich ist mit dem Bezugspaar Hirngewicht/Körpergewicht gewisse Vorsicht am Platze, verweist doch das Stresskonzept auf die Wahrscheinlichkeit höherer Körpergewichte beim Haustier als beim ansonsten gleich grossen Wildtier. Damit sind Scheinunterschiede vorprogrammiert, die das Haustier auch bei gleicher Hirngröße relativ zum Körpergewicht etwas kleinhirniger erscheinen lassen. Als Bezugsmaß für das Hirnraumvolumen des Schädels bieten sich verschiedene Längenmaße an. Erhöhte Vorsicht ist bei Schädelgesamtlängen zu wahren, wenn die Möglichkeit unterschiedlicher, mit in ein Gesamtmaß eingehender Schnauzenlänge gegeben ist. Bei Haustieren sind solche Schnauzenverkürzungen häufig zu finden. Ein Maß der Hirnschädelbasis allein gibt mehr Sicherheit, kann aber auch nicht verabsolutiert werden, da auch in diesem Bereich ein Proportionswandel nicht auszuschließen ist. So sollten nach Möglichkeit Gewichte und Längen einander ergänzend in Betracht gezogen werden, vor allem, wenn es im Wildtier-Haustier-Vergleich um nur geringe Hirngrößenunterschiede geht oder wenn eine nähere Bestimmung prozentualer Unterschiede vorgenommen werden soll. Ganz genaue Prozentangaben müssen dabei sowieso immer etwas fragwürdig bleiben.

Beim Wolf existieren deutliche geographische Unterschiede der relativen Hirngröße, wie bereits in Kapitel 3 festgestellt wurde (Bilder 3.4 und 3.7). Die höchsten Werte weisen die Wölfe der nördlichen Regionen Eurasiens auf, etwas geringere besitzen nordamerikanische Wölfe, die geringsten die Wölfe der arabischen Halbinsel und Südasiens: die Südwöl-

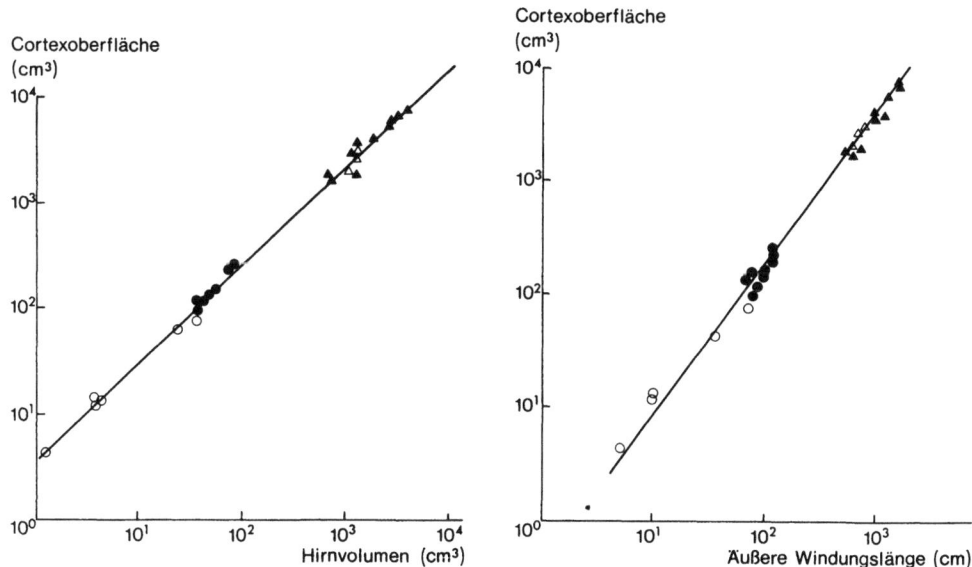

Bild 6.3 Oberfläche und Einfaltung des Cortex stehen bei Säugetieren in einer allgemeinen, engen Beziehung zum Hirnvolumen (als Maß der Hirngröße), die es erlaubt, aus dem Gesamtvolumen grob auf die Komplexität eines jeweiligen Gehirns zu schließen, die Hirngröße also als Richtmaß für seine prinzipielle Leistungsfähigkeit zu benutzen.
6.3.1: Beziehung Cortexoberfläche/Hirnvolumen
6.3.2: Beziehung Cortexoberfläche/äußere Windungslänge
o = Beuteltiere; ● = Carnivoren; △ = Mensch; ▲ = Wale
(Umgezeichnet nach H. Elias und D. Schwartz (1971): Cerebrocortical surface area, volumes, lengths of gyri and their interdependence in mammals, including man. Z. f. Säugetierkde. 36: 147–163.)

fe. Diese haben um etwa 15% kleinere Hirne als die Nordwölfe. Noch geringer sind die Hirngrößen der Haushunde. Dingos als früh verwilderte und außerordentlich ursprüngliche Hunde liegen, was die Hirngröße betrifft, knapp 30% unter den Nordwölfen, Primitivhunde der Tropen und Zuchtrassen Ostasiens nochmals etwa 15% bis 20% unter den Dingos. Die meisten europäischen Hochzuchtrassen vermitteln zwischen dieser untersten Ebene und dem Dingoniveau, dem sie im Mittel sehr nahe kommen. Die kleinen Pinscherrassen rangieren hierbei sehr tief, die Terrier etwas höher. Windhunde und vor allem Doggenverwandte übersteigen meist sogar die Dingos bis zum Annähern an die Südwölfe. Da aber sowohl bei den einzelnen Populationen des Wolfes als auch bei den einzelnen Hunderassen breite Hirngrößenstreuungen vorliegen, bei denen jeweils zwei Drittel aller Tiere in den Bereich von etwa ± 10% um den jeweiligen Mittelwert fallen, kommt es zu breiten Überlappungen der diesbezüglichen Variationsbreiten von Südwölfen und Dingos oder großhirniger Hochzuchtrassehunden, und auf der anderen Seite zu entsprechendem Übergreifen zwischen Dingos und den kleinsthirnigen Primitivhunden. Da der Hund primär von den Südwölfen abzuleiten ist, fand also während seiner Domestikation eine über die Dingostufe zu den übrigen Primitivhunden hin fortschreitende Reduktion der Hirngröße statt. Auch europäische Primitivhunde lassen anhand der Messung ihres Hirnschädelvolumens von der Jungsteinzeit bis in die Römerzeit und das frühe Mittelalter eine entsprechende Kleinhirnigkeit nachweisen. Es muß dann während der Herausbildung der heutigen europäischen Hochzuchtrassen zu einem rassenunterschiedlichen Mosaik der neuerlichen Hirngrößenzunahme gekommen sein.

Auch bei den verschiedenen geographischen Populationen der Wildkatze finden sich Unterschiede der Hirngröße. Am höchsten ist sie bei den Waldwildkatzen Europas, am geringsten bei den Falbkatzen Nordostafrikas und Palästinas und bei den Steppenkatzen Südwest- und Südasiens. Andere Falbkatzenpopulationen und die Steppenkatzen Mittelasiens vermitteln zwischen diesen beiden Polen und kommen den europäischen Populationen nahe. Wie beim Wolf, so zeigt sich auch hier, daß das Haustier von der kleinsthirnigen Population oder Populationsgruppe der Wildart abstammt. Altägyptische Hauskatzen, die zahlreich als Mumien erhalten sind, haben noch die gleiche Hirngröße wie ihre wilde Ausgangsform. Eine Absenkung um etwa 10% ist zum derzeitigen Kenntnisstand erst im osteuropäischen Mittelalter faßbar, wobei diese Katzen den heutigen europäischen Hauskatzen entsprechen. Eine noch weitergehende Hirnreduktion von etwa 5% bis 10% findet sich schließlich bei der Siamkatze.

Das Frettchen zeigt im allgemeinen Vergleich zum Iltis eine starke Hirnverkleinerung. Die Iltisse des Mittelmeerraumes als offensichtliche Ausgangsgruppe für die Domestikation dieser Art wurden allerdings auf dieses Merkmal hin noch nicht getrennt studiert.

Sowohl Primitivrassen als auch heutige Hochzuchtrassen des Pferdes besitzen im Vergleich zum Przewalskipferd als einzigem noch lebenden Wildpferd kleinere Hirne. Von Vollblutpferden wird die Hirngröße des letzteren allerdings gerade erreicht. Da das Przewalskipferd selbst aber nicht an der primären Wurzel der Pferdedomestikation steht, ist eine Schlußfolgerung von ihm her wenig aussagekräftig. Messungen des Hirnraumvolumens europäischer, vor allem osteuropäischer eindeutiger Wildpferde steht noch aus. Hierfür ist auf Funde aus den ersten nacheiszeitlichen Jahrtausenden zurückzugreifen, da bei allen späteren archäozoologischen Materialien die Unterscheidung von Wildpferd- und frühen Hauspferd-Schädeln nicht eindeutig möglich ist. Der Schädel eines der letzten russischen Tarpane besitzt die Hirngröße eines Hauspferdes; eine Beimischung von Hauspferden in die Tarpanrestpopulation ist jedoch nicht auszuschließen, so daß auch hier jede Sicherheit fehlt. Beim Esel ist die Hirngröße des Haustiers geringer als die der Wildart.

Bei den Wildschweinen sind beträchtliche Hirnunterschiede bei den an der Basis des Hausschweins stehenden Arten und ihren geographischen Populationen zu finden. Die größten Hirne besitzen die Wildschweine Europas und Vorderasiens, denen sich die nördlich-asiatischen Populationen bis Ostasien anschließen dürfen. Bindenschweine Südostasiens haben um 20% kleinere Hirne, die Wildschweine Indiens reihen sich dazwischen ein. Die Pustelschweine liegen etwa im Niveau der Bindenschweine (Bild 3.24). Auch beim Schwein setzte also offensichtlich die primäre Domestikation an den besonders kleinhirnigen Formen an, wie es bereits für den Hund und die Katze festgestellt wurde. Die Papuaschweine als wohl primitivste aller Hausschweine aus dem Wildtier-Haustier-Übergangsbereich unterscheiden sich diesbezüglich nicht von den Pustelschweinen. Primitivhausschweine des Sudans haben etwa 25% bis 30% geringere Hirngröße als Pustelschweine und Bindenschweine. Chinesische Maskenschweine als Zuchtrasse schließen sich hier mit entsprechend geringer Hirngröße an. Demgegenüber sind die Hirne mitteleuropäischer Landschweine zwar dem europäischen Wildschwein gegenüber um rund 30% kleiner, haben im Vergleich zu den Pustelschwein- und Bindenschweinhirnen aber nur wenig reduzierte Größe. Hier ist mit einer Auswirkung der massiven sekundären Domestikation europäischer Wildschweine, d.h. ihrer Einkreuzung in frühe Primitivrassen des Hausschweins, zu rechnen. Im Vergleich europäischer Wildschweine und europäischer Hausschweine wiesen Dieter Kruska und Heinz Stephan bei der Analyse einzelner Hirnteile starke Abnahmen der den Sinnesorganen zugeordneten Zentren nach, wobei das Sehzentrum am stärksten betroffen ist.

Bei den Kamelen ist ein Vergleich des Dromedars mit dem unbekannten Wilddromedar nicht möglich. Es besitzt jedoch noch geringere Hirngröße als das Trampeltier, das dem Wildkamel der Gobi gegenüber wiederum eine deutliche Hirnreduktion aufweist. Das Lama zeigt eine breite Überlappung mit seiner Stammart, dem Guanako, hat aber im Mittel ein etwa 15% kleineres Gehirn. Das Alpakahirn ist dem Lama- und dem etwa gleich grossen Vikunjahirn gegenüber nochmals um etwa 5% verkleinert.

Das Hausrentier scheint, soweit bisher bekannt, ähnliche Hirngrößen wie das Wildren zu besitzen. Für die Rinder deuten erste Ansätze an archäozoologischem Material auf eine geringere Hirngröße des frühen mitteleuropäischen Hausrindes im Vergleich zum mitteleuropäischen Ur. Auch beim Yak fand eine gewisse Hirnverkleinerung in der Domestikation statt. Für die anderen Hausrindformen existieren noch keine Vergleichsstudien.

Wildschafe zeichnen sich durch unterschiedliche Hirngröße in verschiedenen geographischen Populationen oder Populationsgruppen aus. Die Mufflons von Sardinien und Korsika, aus denen die mitteleuropäischen Bestände aufgebaut wurden, sind besonders kleinhirnig. Etwas größere Hirne besitzen die Mufflons Vorderasiens und die Urialgruppe. Spitzenwerte finden sich bei den Argalis der zentralasiatischen Hochgebirge. Die Domestikation setzte also auch hier an einer kleinhirnigen Form an. Hausschafe haben wiederum kleinere Hirne als Mufflons, es gibt aber deutliche Rassenunterschiede. Während die Reduktion beim Zackelschaf nur gering ist, liegt sie beim Soayschaf als ausgesprochener Primitivrasse in der Größenordnung um 20%. Unter den Landschafen ordnen sich die Heidschnucken ebenfalls hier ein. Die Hausziege hat geringere Hirngrößen als ihre Stammform, die Bezoarziege. Vergleichende Untersuchungen an anderen Wildziegenformen stehen noch in den Anfängen.

Hirngrößenstudien von Heinz Moeller an Hauskaninchen belegen in besonderem Maß die oben schon angesprochene Problematik um eine alleinige Verwendung des Rechenpaares Hirngewicht/Körpergewicht bei Haustieren. In unterschiedliche Richtung laufende Selektion schuf bei vielen Hauskaninchenrassen starke Wuchsformunterschiede mit sehr unterschiedlichem Gewichtszustand. Die Zucht auf Fleischertrag führte bei den „Wirtschaftsrassen", wie dem Deutschen Widder und dem Weißen Wiener, zu hohem Gewichtszustand der Tiere. Dem steht der niedrigere Gewichtszustand bei den „Sportrassen", wie dem Hasenkaninchen und dem Englischen Widder entgegen. Allein mit dem Körperge-

89

wichtsbezug sind Hirngrößenunterschiede hier also stark zu relativieren. Im Rassenmittel ergäbe sich damit vom Wildkaninchen her eine scheinbare Reduktion um 24 %. Für das körperbaulich der Wildform am nächsten kommende Hasenkaninchen beträgt diese aber nur 16 %.

Beim Meerschweinchen und bei der Laborratte bewegen sich Hirngrößenreduktionen vom Wildtier zum Haustier zwischen 5 % und 10 %. Bei Labormäusen wurde wilden Hausmäusen gegenüber bisher keine eindeutige Hirngrößenminderung festgestellt.

Wie diese Übersicht belegt, kam es bei der Domestikation von Säugetieren in aller Regel zu einer mehr oder minder beträchtlichen Verringerung der Hirngröße. Daß hiervon der Neocortex seiner allgemeinen Beziehung zum Gesamthirn zufolge am stärksten betroffen sein mußte, bestätigte sich unmittelbar bei allen Arten, bei denen quantitative Untersuchungen einzelner Hirnteile vorgenommen wurden. Diese Reduktion der Speicherkapazität und der Schaltkomplexität muß sich zweifellos auf die Informationsverarbeitung in diesem System auswirken. Ihre Änderung korrespondiert wiederum mit einer Änderung der von Reizen aller Art gespeisten Merkwelt (Kap. 5). Im speziellen Fall der Leistungsminderung beim Haustier muß dies eine Streßminderung bedeuten, wie sie zunächst von der Beobachtung des Haustierverhaltens her erschlossen wurde. Damit lassen sich die während der Domestikation erfolgenden strukturellen Änderungen am Gehirn und an den Sinnesorganen als gestaltliche Resultate einer Auslese auf Merkwelt-Verarmung, auf Verhaltensdämpfung und geringere Reaktivität begreifen.

Wie sich diese Unterschiede der Informationsverarbeitung vom Wildtier zum Haustier, deren primäre Bedeutung in unterschiedlichem Streß zu sehen ist, daneben auch in experimentell eindeutig faßbaren Unterschieden einzelner Lernleistungen ausdrücken, ist noch weitgehend offen. Für alle Tests steht der Umstand erschwerend im Wege, daß die geringere Scheu des Haustieres, seine geringere Reaktivität und damit Ablenkbarkeit durch Nebenreize ihm bei Lernaufgaben oder Dressuren zunächst einen Vorsprung im Erkennen einer Aufgabe, eines Problems gewähren kann, wo das Erkundungsverhalten des Wildtieres zunächst mehr oder minder gehemmt ist.

Intelligenztests mit Hunden unterschiedlicher Rassen lieferten in Bezug auf ihre Hirngröße bisher widersprüchlich erscheinende Resultate. Stets zeigten sich große individuelle Leistungsunterschiede. Bei einem in der Arbeitsgruppe des Verfassers von Ruth Vierengel durchgeführten, an Hunde offensichtlich hohe Anforderungen stellenden Versuch wurde ein Futterstück am Ende einer locker auf dem Boden liegenden Schnur befestigt und war für das Tier nur durch Heranziehen der Schnur zu erreichen (Bild 6.4). Boxer als Vertreter

Bild 6.4 Drei Phasen eines Intelligenztests mit einem Hund:
6.4.1: Das Tier hat das Futterstück am Ende der Schnur wahrgenommen und zerrt an der Leine, ohne es unmittelbar erreichen zu können (junger Kanaanhund, aus israelischen Primitivhunden herausgezüchtete Rasse).
6.4.2: Nach nicht zum Ziel führenden Anstrengungen und Pausen mit scheinbarer Interesselosigkeit hat der Hund die Lösungsmöglichkeit gefunden und zieht an der Schnur.
6.4.3: Das Ziel ist nun fast erreicht.

einer vergleichsweise großhirnigen Rasse erbrachten hierbei im Mittel etwas bessere Ergebnisse als Deutsche Schäferhunde, und diese erschienen wiederum Chows, einer Rasse mit geringer Hirngröße, leicht überlegen. Einige von Bernhard Grzimek mit dem gleichen oder einem sehr ähnlichen Versuch getestete Nordwölfe lösten die Aufgabe auf Anhieb. Bei einer Wölfin mußte er sich jedoch weit zurückziehen, ehe sie sich überhaupt für den Futterköder zu interessieren begann. Dies zeigt deutlich die bereits angesprochene Problematik der Vergleichbarkeit von Wildtier und Haustier in solchen Situationen, bedingt durch höhere Scheu des ersteren. Aus ähnlich aufgebauten Tests mit anderen Hunderassen gingen demgegenüber eher gegenteilige Ergebnisse hervor. Aus unterschiedlichen Temperamenten der Hunde und unterschiedlicher Reaktion in der Testsituation (Verhinderung der direkten Erreichbarkeit des Futterbrockens durch Anleinen oder Zwischensetzen eines Gitters) herrührende Einflüsse auf die aktuelle Leistung scheinen eine vordergründige Rolle zu spielen. Harry Frank unterzog amerikanische Wölfe und Polarhunde in gleicher Weise unterschiedlichen Tests. Die Wölfe erbrachten bei Problemlöseaufgaben viel bessere Leistung als die Hunde, standen aber klar hinter ihnen zurück, wenn bei reinen Trainingsaufgaben das angestrebte Verhalten keinerlei klare funktionelle Beziehung zur Reizkonstellation selbst hatte. Die damit scheinbar geringere Verhaltensplastizität der Wölfe mag durchaus mit behinderter Einsicht in unsinnig erscheinende Aufgaben gerade durch gehobene Problemlöse-Intelligenz erklärbar sein (siehe aber auch Verringerung der Verhaltensflexibilität durch erhöhte dopaminergische Aktivität, S. 95). Die Bevorzugung wenig intelligenter und so auch in für die eigenen Fähigkeiten aussichtslos erscheinenden Situationen, entsprechend vorherigem Training, stur beharrender Hunde durch Zollhundeausbilder stellt sich als Parallele hierzu dar.

Gewisse Rassenunterschiede der Lerngeschwindigkeit und der Gedächtnisleistung wurden bei Hauskaninchen nachgewiesen, wobei dort eher ein Zusammenhang mit der Körpergröße existieren mag. Dies ließe sich dann am ehesten mit unterschiedlichen Stoffwechselraten deuten.

Beim Hund besitzen auf Leistung hochgezüchtete Rassen, wie die Doggengruppe, Primitivhunden gegenüber deutlich angehobene Hirngrößen. Gleiches scheint beim Pferd im Hinblick auf europäische Vollblutzuchten der Fall zu sein. Der ursprüngliche Hirnminderungsprozeß der Domestikation ist in solchen Fällen, wo Lern- und Gedächtnisfähigkeit einen offensichtlich positiven Selektionswert erhielten, wieder umgekehrt.

Die in diesem Kapitel gegebene Übersicht über die Hirngrößensituation der einzelnen Haustierarten im Vergleich mit ihren wilden Stammformen belegt nicht allein das Phänomen einer in der Regel während der Domestikation stattfindenden Hirnreduktion. Sie zeigt auch, daß bei den Wildarten, bei denen zwischen verschiedenen geographischen Populationen deutliche Unterschiede der Hirngröße bestehen, die Haustierwerdung gerade jeweils an den Populationen ansetzte, bei denen sich die geringsten Hirngrößen innerhalb ihrer Arten finden. Nach dem bisherigen Wissensstand gilt diese Feststellung mindestens für den Hund, die Katze, das Schwein und das Schaf. Die in der Domestikationsphase ablaufende Selektion arbeitete demnach bereits bei der primären Gewinnung der Domestikations-Ausgangstiere. Diese Feststellung erlaubt die Formulierung eines zweiten Prinzips der Haustierwerdung, das neben dem im vorhergehenden Kapitel abgeleiteten ersten eine weitere Seite des Geeignetseins für die Domestikation beschreibt:

Von einer zu domestizierenden Art erscheinen als Ausgangsgruppe zur Haustierwerdung besonders die Individuen geeignet, die über eine besonders geringe Hirngröße verfügen.

Übersicht über den Kapitelinhalt

Die für den psychischen Stress über die Reichhaltigkeit der Merkwelt verantwortliche Qualität der Informationsaufnahme- und Informationsverarbeitungssysteme ändert sich während der Domestikation in der für die Verarmung der Merkwelt beim Haustier zu erwartenden Richtung. Reduktionen im Bereich der Sinnesorgane, dem informationsaufnehmenden System, betreffen in unterschiedlicher Quantität und Qualität das Auge, das Gehör und das Geruchsorgan. Im informationsverarbeitenden System, dem Zentralnervensystem, ist der Neocortex des Großhirns der für die Speicherkapazität und Schaltkomplexität entscheidende Bereich. Da dessen Entwicklung mit der Gesamthirnentwicklung im Zusammenhang steht, erlauben neben Spezialstudien seines Aufbaus bereits Gesamthirnmessungen einen Einblick in die relative Leistungsfähigkeit dieses Systems. Beim Haustier zeigen sich im Wildtiervergleich in der Regel Hirngrößenabnahmen während der Domestikation, die beträchtliche Ausmaße annehmen können. Wo deutliche geographische Hirnunterschiede in der Wildart bestehen, setzte die Haustierwerdung von vornherein an den Populationen mit der geringsten Hirngröße an. Individuen einer zu domestizierenden Art erscheinen also um so besser hierzu geeignet, desto geringere Hirngröße sie besitzen.

7 Überträgerstoffe zur Informationsverarbeitung

Für die Informationsverarbeitung und damit die Merkwelt sind nicht allein Größe und Struktur des Gehirns und seiner Teile, voran des Neocortex, ausschlaggebend, sondern in gleicher Weise auch die Situation im Komplex der Überträgerstoffe des Nervensystems, der sogenannten Neurotransmitter. Solche Überträgerstoffe sind für die Erregungsleitung an jeder der zahlreichen Schaltstellen zwischen einzelnen Nervenzellen, beziehungsweise deren Ausläufern, unerläßlich. Während die Erregungsleitung am Neuron selbst als elektrischer Prozeß abläuft, muß sie an den Schaltstellen, den Synapsen, auf chemischem Weg vermittelt werden, da ein direktes Überspringen nicht möglich ist. Da die Erregungsleitung über jeden Nerven stets eine Einbahnleitung ist, lassen sich an jeder Synapse ein präsynaptisches und ein postsynaptisches Element unterscheiden. Das präsynaptische stellt den Endteil des die Erregung an die Synapse heranführenden Nervenausläufers dar, das postsynaptische Element ist der Anfangsteil des die Erregung weiterleitenden Ausläufers einer benachbarten Nervenzelle. Zwischen diesen beiden liegt ein synaptischer Spalt (Bild 7.1)

Im präsynaptischen Element findet sich eine große Zahl synaptischer Bläschen, die einen Neurotransmitter enthalten. Durch eine in Form einer Änderung des elektrischen Potentials (Aktionspotential) als Nervenimpuls hier ankommende Erregung werden diese Bläschen aktiviert, bewegen sich zur Zellmembran und geben in den synaptischen Spalt hinein den Transmitter frei. Die postsynaptische Membran besitzt spezifische Rezeptoren, Empfängerstrukturen für jeweils bestimmte Transmitter. Durch ihre Vermittlung kommt es zur Transmittereinwirkung auf diese Membran, in deren Zuge lokale Entladungen verursacht werden. Solche sogenannten exzitatorische postsynaptische Potentiale lassen sich addieren. Potentialanstieg über einen Schwellenwert hinaus löst ein Aktionspotential aus,

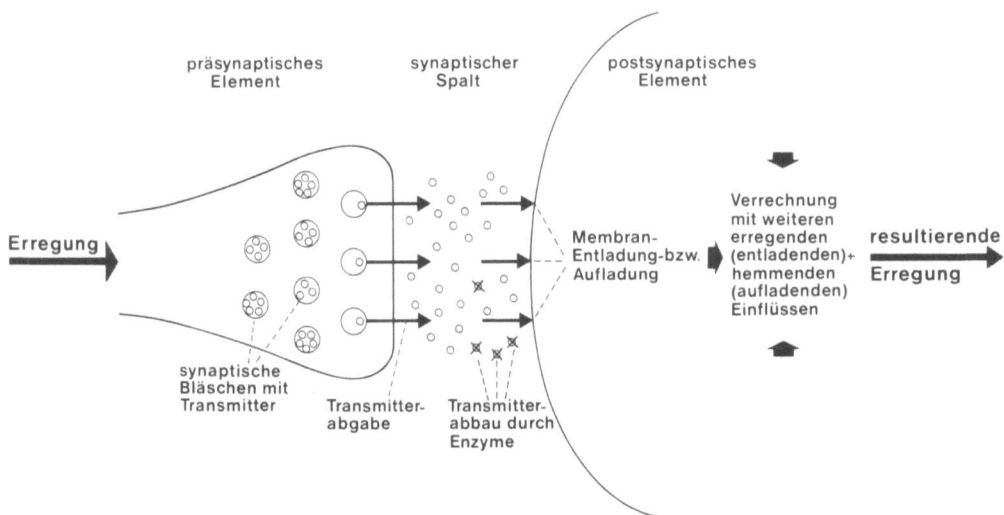

Bild 7.1 Schematische Darstellung des Prinzips der Erregungsübertragung an der Synapse. Erläuterung siehe Text.

was dem Weiterleiten der Erregung entspricht. Die Summation der postsynaptischen Potentiale kann eine zeitliche oder eine örtliche sein. Im ersteren Fall ist die Impulsfrequenz im präsynaptischen Element angesprochen, die in Form des sogenannten Impulsfrequenzkodes der Umsetzung eines Reizes in eine Erregung Auskunft über die zu meldende Reizstärke gibt. Die örtliche Summation beruht auf der Verrechnung der Einflüsse mehrerer auf dasselbe Neuron gleichzeitig einwirkender Transmitterströme an mehreren Synapsen.

Da nicht sämtliche Neurotransmitter Entladungen, Depolarisationen der postsynaptischen Membran verursachen, sondern je nach ihrer Spezifität auch Hyperpolarisationen, weitere Auflagungen, bewirken können, ist das postsynaptische Element tatsächlich eine Verrechnungsstelle eines Neurons. Ein neues Aktionspotential und damit eine weitergeleitete Erregung kommt erst zustande, wenn die Summe der Depolarisationen die Summe der Hyperpolarisationen um einen Schwellenwert überschreitet. Somit steuert die Spezifität der Neurotransmitter aus erregenden und hemmenden Neuronen und ihr quantitatives Zusammenspiel an den postsynaptischen Elementen der Synapsen insgesamt gesehen die Informationsverarbeitung im Nervensystem. Enzyme im Spaltraum und in den beiden synaptischen Elementen sorgen jeweils für einen raschen Abbau der in den synaptischen Spalt freigesetzten Transmitter. An diesem multifaktoriell gesteuerten und damit ziemlich labilen System ist eine leichte Ansatzmöglichkeit für eine verschiedenartige Beeinflussung der Erregungsübertragung und damit letztlich der gesamten Informationsverarbeitung durch zahlreiche psychoaktive Drogen gegeben, die auf den Transmitteraufbau und die Transmitterspeicherung im präsynaptischen Element, auf die Transmitterabgabe, auf drn enzymatischen Transmitterabbau oder auf die Rezeptoren der postsynaptischen Membran einwirken können (Bild 7.1).

Unter der Vielzahl von Stoffen mit Neurotransmittereigenschaft erscheinen das Acetylcholin und die sogenannten biogenen Amine besonders wichtig. Zu diesen sind die Indolamine (Serotonin) und die Catecholamine zu rechnen, wobei die letztere Gruppe zum weiteren Verständnis der Haustierproblematik von besonderem Interesse erscheint. Sie werden auf einem gemeinsamen biochemischen Weg, ausgehend von den Aminosäuren Phenylalanin und Tyrosin, über das Zwischenprodukt Dopa in jeweils fortschreitender Folge zu den Einzelsubstanzen Dopamin, Noradrenalin und Adrenalin synthetisiert (Bild 7.2). Dopamin und Noradrenalin spielen als Neurotransmitter eine zentrale Rolle, Adrenalin vor allem als die Körperfunktion allgemein aktivierendes Hormon des Nebennierenmarks, das hier bei akutem Streß, das heißt, in unmittelbarer Folge der Einwirkung belastender Reize, ausgeschüttet wird, während seine Neurotransmitterfunktion zweitrangig erscheint.

Mit erhöhter Dopamin-Ausschüttung im Gehirn gehen verstärkte Reaktionen, Handlungsintensivierungen einher, vor allem im Komplex aggressiven Verhaltens. Erhöhte dopaminergische Aktivität scheint eine Verringerung der Vehaltensflexibilität zur Folge zu haben, bis hin zur stereotypen Wiederholung von Verhaltensabläufen. Solcher Verhaltenswandel kann auf eine Steigerung der Sinneswahrnehmungen beziehungsweise der Bedeutung sonst banaler Reize für den Organismus zurückgeführt werden, das heißt, auf eine entsprechende Veränderung der Informationsverarbeitung. Dopamin scheint bei der Entstehung aller wesentlichen sogenannten endogenen Psychosen, wie manisch-depressiven Erkrankungen und Schizophrenie, die jeweils mit Funktionsstörungen im Bereich der Informationsverarbeitung verbunden sind, eine wesentliche Bedeutung zu haben. Psychosozialer Streß beeinflußt den Catecholamin-Stoffwechsel über Verschiebungen der die Synthese bewirkenden Enzymaktivitäten und wirkt sich damit auf das Informationsverarbeitungsgeschehen aus. Psychopharmakologische Eingriffe in das dynamische Gleichgewicht des Neurotransmittersystems erhellen den Zusammenhang mit der Informationsverarbei-

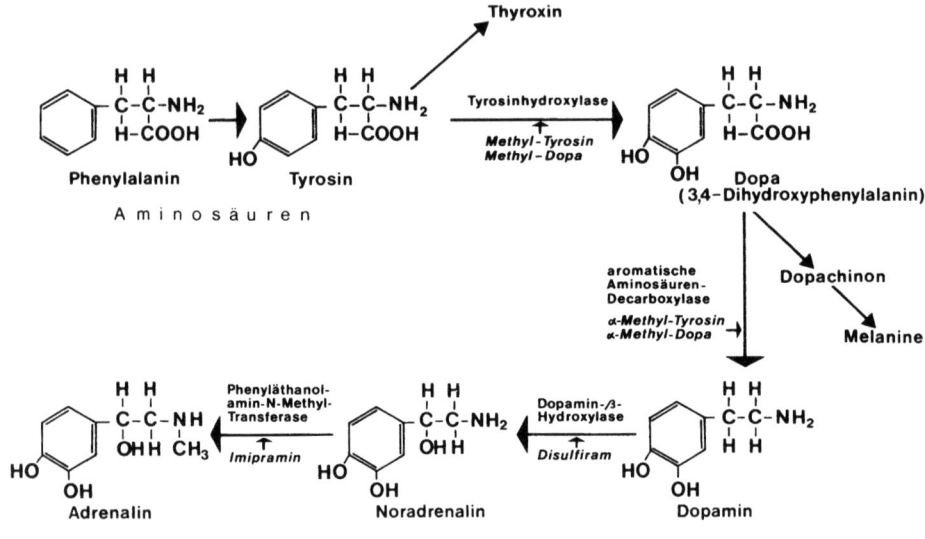

Bild 7.2 Schematische Darstellung der Synthese der Catecholamine aus den Aminosäuren Phenylalanin und Tyrosin, mit Andeutung der Verzweigungsstelle zur Synthese der Melanine, der Pigmente der Fellfärbung, und zur Synthese des Thyroxins, des Schilddrüsenhormons. Über den Pfeilen bzw. neben dem Pfeil oben ist das jeweilige Enzym angegeben, das als Biokatalysator den betreffenden Syntheseschritt bewirkt, darunter sind jeweils in Kursivschrift Hemmstoffe für diese Reaktionen genannt. (Zusammengestellt und ergänzt nach Einzeldarstellungen in J.P. Schadé (1969): Die Funktion des Nervensystems. Fischer, Stuttgart.)

tung und der Streßbildung. So verursacht beispielsweise Amphetamin die Ausschüttung von Catecholaminen und steht mit ihrer Speicherung, ihrer Aufnahme, ihrer Freisetzung und ihrer Inaktivierung in Wechselwirkung. Seine übrigen physiologischen Auswirkungen sind hiermit verknüpft. Entsprechend dem Streßgeschehen führt Amphetamin zu einer Zunahme des adrenocorticotropen Hormons (ACTH) der Hypophyse und einer Erhöhung des Corticosteroid-Spiegels im Blut (vgl. Kap. 5). Beim Menschen ist die ursächliche Verstellung des Informationsverarbeitungssystems im subjektiven Erleben nach Amphetamin-Gabe unmittelbar zu fassen. Licht, Geräusche, Geschmack, Düfte, kurz, die Sinneswahrnehmungen erscheinen intensiver. Ähnliches, mit allerdings weitergehenden Störungen der Informationsverarbeitung, gilt für die Wirkung von Haschisch oder Marihuana. Die ACTH-Ausschüttung wird angeregt, in Dosisabhängigkeit kommt es zu Stimmungsveränderungen und Steigerung von Sinneswahrnehmungen bis hin zu räumlich-zeitlichen Fehleinschätzungen, Illusionen und Halluzinationen, zur Konfusion der Merkwelt.

Derartige Beeinflussungsmöglichkeiten des Informationsverarbeitungssystems lassen die für das Zustandekommen des kennzeichnenden Verhaltens- und Toleranzwandels vom Wildtier zum Haustier zu postulierende Verstellung des dynamischen Gleichgewichts des Neurotransmittersystems auf eine andere Stufe der experimentellen Überprüfung zugänglich werden. Zur Simulation des Wildtier-Haustier-Wandels erscheint der Einsatz von Tranquilizern, wie sie außer in der Humanmedizin in der Tierzucht teilweise zur Streßminderung benutzt werden, besonders angezeigt. In der Arbeitsgruppe des Verfassers wurde ein solcher Modellversuch durch Heiko Ernst mit mehrmonatiger, d.h. chronischer Verabreichung von Chlordiazepoxid (Librium®) über eine spezielle Futtermischung vorgenommen. Die betreffende Droge beeinflußt unter anderem das Catecholamin-System. Als Versuchstier wurde die nordamerikanische Baumwollratte *(Sigmodon hispidus)* gewählt, eine Art aus der weiteren Hamster-Verwandtschaft, die verschiedentlich als Labortier für bestimmte parasitologische Untersuchungen und zur Beurteilung zentral-depressiver Stoffe Verwendung findet (Bilder 7.3–7.4: Farbtafel XIX). Ihre besonders hohe Schreckhaftigkeit und Störanfälligkeit läßt sie hierzu gut geeignet erscheinen. Baumwollratten sind dem eigenen Familienverband angehörenden Artgenossen gegenüber sehr kontaktfreudig, Fremden gegenüber aber äußerst unverträglich. Nur im Rahmen sozialer Desorganisation lassen sich Tiere aus verschiedenen Sippen zu einer gemeinsamen Gruppe zusammengewöhnen. Auch hierbei finden dann noch andauernd heftige Kämpfe statt. Auch zusammengehörige Familiengruppen bleiben auf die Dauer nicht ungestört. Von Zeit zu Zeit werden Einzeltiere sozial isoliert und im Käfig, der keinen Ausweg bietet, schließlich getötet.

Zur Erfassung von Änderungen der Fluchtreaktion nach Beginn der Drogenverabreichung wurde ein standardisierter Luftstoß als Reiz verwendet; dieser Luftstoß wurde aus einer Pipette mit Gummibällchen und einer Düsenöffnung von 2 mm auf den Nacken eines Tieres gerichtet. Bei unbehandelten Baumwollratten erfolgte auf einen solchen Reiz hin zunächst ein durchschnittlich 20 cm hoher Schrecksprung, dann eine etwa 3 Sekunden dauernde und im Mittel etwa 75 cm weit führende Flucht. Nach einer Woche der Drogenaufnahme unterblieb der Sprung ganz, die Fluchtdauer war auf etwa 1 Sekunde herabgesetzt, der Fluchtweg betrug nur noch um 10 cm. Gleichzeitig senkte sich die Häufigkeit und die Intensität von Körperkontakten mit den Artgenossen auf nahezu die Hälfte der Werte von Kontrolltieren. Halbwüchsige tendierten mehr zur sozialen Isolation in den Käfigecken, ihr Kontaktliegen war verringert. Die Häufigkeit ernsthafter Kämpfe ging stark zurück. Nach Mitte der zweiten Behandlungswoche waren keine Beißereien mehr zu beobachten. Selbst gruppenfremde Tiere ließen sich nun problemlos in eine bestehende Gruppe einfügen. Die Nestverteidigung durch Muttertiere wurde abgebaut. Normalerweise attackiert eine Baumwollrattenmutter mit Jungen näher als in eine Entfernung von 10 bis 15 cm kommende Artgenossen heftig. Nun kam es im Extrem sogar zu Kontaktliegen anderer Tiere mit einer Mutter im unmittelbaren Nestbereich, wobei Jungtiere entweder totgedrückt oder vom Nest weggedrängt wurden. Auch der gewöhnlich möglichst in Deckung, zum Beispiel in einer Ecke, angelegte Nestplatz wurde unter chronischer Chlordiazepoxid-Beeinflussung mehr zufällig, auch in Käfigmitte, gewählt. Die sonst übliche räumliche Trennung von Freß-, Ruhe- und Kotplätzen verschwand allmählich. Während der Drogenzeit geborene und aufwachsende Junge waren im Alter von 5 Monaten um etwa 40% schwerer als Kontrollwürfe. Die bei den Kontrolltieren in Gruppenhaltung im Mittel 4 bis 5 Jungen umfassenden Würfe wurden bei den Testtieren auf durchschnittlich 6 bis 7 Jungen gesteigert und erreichten damit die Wurfgröße von Müttern, die in Paarhaltung nicht entsprechend hohem psychosozialem Streß unterliegen.

Die chronische Tranquillizer-Gabe bewirkte hier also eine beträchtliche Minderung der Fluchtbereitschaft und der Schreckreaktionen, eine Lockerung sozialer Bindungen bei gleichzeitiger starker Senkung aggressiver Reaktionen, damit eine Erhöhung der sozialen Verträglichkeit, eine Dämpfung bis hin zum Wegfall differenzierter Verhaltensweisen vor allem bei der Jungenpflege; sie beeinflußte die Fortpflanzung aber nicht negativ, erhöhte sogar die Wurfgröße und ließ die Jungen zu einem größeren Gewicht heranwachsen. Dies entspricht vollkommen den in Kapitel 4 zusammengestellten Verhaltensänderungen vom Wildtier zum Haustier, und steht in vollem Einklang mit dem in Kapitel 5 formulierten Merkwelt-Streß-Konzept des Wild-Haustier-Wandels. Das Experiment erbringt somit eine Bestätigung dieses Konzepts der Haustierwerdung über eine Senkung des Informationsverarbeitungsgeschehens auf eine neue, verarmte Stufe der Merkwelt.

Übersicht über den Kapitelinhalt

Das dynamische Gleichgewicht der Erregungs-Überträgerstoffe im Nervensystem, der Neurotransmitter, ist für das Informationsverarbeitungsgeschehen und damit für die Merkwelt von aussschlaggebender Bedeutung. Durch psychoaktive Drogen, die den Wirkungsmechanismus der Neurotransmitter an den Synapsen, den Schaltstellen des Nervensystems, beeinflussen, läßt sich dieses Gleichgewicht in unterschiedlicher Richtung verändern. Damit besteht die Möglichkeit zur experimentellen psychopharmakologischen Simulation der für den Wildtier-Haustier-Übergang postulierten Dämpfung der Informationsverarbeitung als Ursache der beobachteten Verhaltens- und Toleranzänderung. Ein solches mit Baumwollratten als Wildtiermodell durchgeführtes Experiment bestätigt das Konzept der Änderung eines Komplexes aus Informationsverarbeitung, Streß und Verhalten.

8 Fellfärbung und Verhalten

Auf dem gleichen biochemischen Grundsyntheseweg wie die für die Informationsverarbeitung wesentlichen Catecholamine entstehen die Melanine, die Pigmente der Fellfärbung (vergleiche Kapitel 2). Die durch die Wirkung des Enzyms Tyrosinhydroxylase aus Tyrosin synthetisierte Aminosäure Dopa liegt der weiteren Bildung beider Verbindungsgruppen zugrunde. Auf der einen Seite entsteht aus Dopa Dopamin als das erste in der Reihe der Catecholamine, auf der anderen Seite werden über das Zwischenprodukt Dopachinon die Melanine aufgebaut (Bild 7.2). Nun sind für die Wirkung sowohl aller Neurotransmitter im Allgemeinen als auch der Catecholamine im Speziellen selbstregulatorische Rückkopplungsmechanismen bekannt, wodurch Änderungen der Konzentration der Vorstufe Dopa zu Reaktionsänderungen im Catecholamin-System führen. Im lebenden System sind ähnliche Rückkopplungen auch mit anderen Verbrauchswegen der gleichen Ausgangsverbindung zu erwarten, so daß aus dieser Überlegung heraus bereits die zunächst vor allem von Clyde E. Keeler geäußerte Vermutung einer grundlegenden Beziehung zwischen dem Dopa-Angebot und -Verbrauch im Nervensystem und dem Dopa-Angebot und -Verbrauch zur Melaninsynthese in der Haut möglich erscheint.

Für die Basis des betreffenden Syntheseweges wird ein durch eine gemeinsame Komponente verursachter Zusammenhang dieser beiden zunächst sicherlich ganz unabhängig voneinander anmutenden Systeme anhand menschlicher Stoffwechsel-Erbschäden demonstriert. Die Phenylketonurie, der sogenannte Brenztraubensäure; Schwachsinn, geht mit den Symptomenkomplexen Schwachsinn auf der einen, auffällig helle Pigmentierung von Augen und Haaren auf der anderen Seite einher und beruht auf einem Enzymschaden im Phenylalanin-Stoffwechsel, der die Synthese der Aminosäure Tyrosin aus der Aminosäure Phenylalanin als Grundlage der daraus erfolgenden Dopa-Bildung blockiert.

Zusammenhänge zwischen Haarfarbe und Verhalten waren früher im Volkswissen gängig, so beispielsweise bei den Pferdekundigen:
„Wähl' den Rappen, willst Du Feuer! Falben gut, sind nie zu teuer! Schimmel oftmals träg geboren. Braune – leuchten sie auch wenig – sind verläßlich, drahtig, sehnig! Füchse haben's hintern Ohren".

Braune Pferde wurden als sanguinisch, Füchse, das sind definitionsgemäß Pferde in verschiedenen, meist rötlichen Braunabstufungen, deren Langhaar in Mähne und Schweif nicht schwarz ist, wurden als cholerisch, Rappen, also schwarze Pferde, als melancholisch und Schimmel als phlegmatisch charakterisiert. Hundezüchter sehen teilweise noch heute in den rötlichen Tieren mancher Rasse die nervöseren, unzuverlässigeren und erachten die stark pigmentierten, also dunkel gefärbten für lebhafter als helle. Schließlich schreibt die Volksweisheit auch unterschiedlichen Haarfarben beim Menschen selbst unterschiedliche Verhaltensnormen zu. In der zunehmenden Verwissenschaftlichung des Lebens im 20. Jahrhundert ging allerdings viel dieses ursprünglich auf Erfahrung beruhenden Wissens verloren beziehungsweise wurde als unwissenschaftlich abgetan und belächelt, da die Annahme eines solchen Farb-Verhaltens-Zusammenhangs vor dem Erwerb detaillierten Wissens über die biochemischen Grundlagen der Informationsverarbeitung im Gehirn und der Pigmentbildung als völlig unsinnig erscheinen mochte.

Experimentelle und quantitativ-registrierende Grundlagen zur Absicherung der tatsächlichen Existenz solcher Beziehungen zwischen Fellfarbe und Verhalten wurden vor allem seit den 40er Jahren durch Clyde E. Keeler in den USA mit Studien an Laborratten und Farmnerzen und -füchsen und in den letzten Jahren durch die Arbeitsgruppe des Verfassers mit Studien an mehreren anderen Klein- und Großsäugetierarten geschaffen. Für den Menschen überprüfte unter anderen Wolfram Bernhard mit psychodiagnostischen Testverfahren 500 Soldaten der deutschen Bundeswehr und wies dabei statistisch absicherbare psychische Unterschiede zwischen den Extremen der Haar- und Augenpigmentierung nach.

Clyde E. Keeler kreuzte zunächst Wanderratten mit Albinolaborratten, die außer für den Albinofaktor homozygot (reinerbig) für den Scheckfaktor und für das Non-Aguti-Allel des Agutifaktors (vgl. Kap. 2) waren. Aus der Weiterzucht der Nachkommen verglich er das Verhalten der wildfarbenen Tiere (also mit zur Ausprägung gelangtem Aguti-Allel des Agutifaktors) mit dem der schwarzen (mit Non-Aguti-Allel). Die non-aguti-schwarzen Ratten erwiesen sich als weniger ängstlich und weniger aggressiv, und sie zeigten sich in neuen Situationen sicherer, indem sie diese rascher erkundeten. Albinoratten erwiesen sich bei diesen Untersuchungen als weniger reaktionsbereit auf Geruchsreizung als die anderen.

Später beobachtete er das Verhalten von Farmnerzen, die eine reiche Palette unterschiedlicher Fellfarben aufwiesen, und stellte ihre körperliche Entwicklung fest. Als Bezugsfarbe diente dabei stets der dunkelbraune (dark) Standardnerz. Pastell-Nerze, das sind heller braune Tiere, erwiesen sich als 8% schwerer, besaßen kleinere Nebennieren und zeichneten sich durch geringere Aktivität und Aggressivität, also durch zahmeres Verhalten aus. Nahezu die gleichen Abweichungen vom Standard zeigten Silverblu-Nerze, bräunlich-graue Tiere. Weiße Nerze mit dunklen Augen, also Träger eines vom Albinofaktor unabhängigen Weißfaktors, zeigten sich sehr zahm, mit sehr geringer Fluchtbereitschaft. Relativ zahm, bei 14% geringerem Gewicht, erschienen Palomino-Nerze, beige-isabellfarbene Tiere. Die 5% leichteren, kurzen und schlanken Aleutian-Nerze, schwärzlich mit grünlichgrauem Schimmer, zeichneten sich hingegen durch besondere Aggressivität aus. Ebenfalls aggressiver waren graue Saphir-Nerze, bei denen die für Silverblu und Aleutian verantwortlichen Färbungsallele gemeinsam homozygot vorliegen.

Am bedeutsamsten unter den Keelerschen Studien wurden schließlich quantitative Bestimmungen von Verhalten, Größenentwicklung und biochemischen Parametern bei Farmfüchsen. Verfügbar waren wilde Rotfüchse, Silberfüchse, das sind non-aguti-schwarze Tiere mit einem Silberfaktor, und die Zuchtfarben Perl, bei der das Non-Aguti-Allel mit einem Aufhellungsfaktor („blau") kombiniert ist, Bernstein, die neben diesen letzteren beiden Faktoren zusätzlich das Braun-Allel des Schwarzfaktors tragen, und Gletscher, Tiere, bei denen zu den Faktoren der Bernstein-Färbung schließlich noch ein Weißfaktor tritt. Mit dieser letzteren Farbe wurden allerdings nicht alle Messungen ausgeführt, so daß die voll vergleichende Behandlung auf die Farben Wildfarbe, Silber, Perl und Bernstein beschränkt ist. Das Gewicht der Füchse nimmt in der Reihenfolge Wildfarbe-Silber-Perl-Bernstein zu, das relative Gewicht der Nebennieren ab. Die Fluchtdistanz in Großgehegen, in denen entsprechende Tests ausgeführt wurden, zeigte dramatische Veränderungen. Während Silberfüchse schon bei Annäherung auf etwa 180 m reagierten, wilde Rotfüchse noch eher, entfernten sich Perl-Füchse erst bei einer Entfernung zum Beobachter von etwa 130 m bis 150 m, und Bernstein-Füchse hielten die Annäherung bis auf etwa 5 m aus, d.h., ihre Fluchtdistanz betrug nur etwa ein Vierzigstel derjenigen der Silberfüchse und etwa ein Dreißigstel derjenigen der Perl-Füchse. In der gleichen Reihenfolge stieg der Gehalt von Protein-gebundenem Jod im Blut als Maß der Schilddrüsenfunktion auf mehr als das Eineinhalbfache, und die Ausscheidung von Catecholsäuren, Stoffwechsel-(Abbau-)produkten des Adrenalins im Harn, nahm klar zu. Bei diesen Füchsen führt also die zunehmende Kombination der betreffenden Färbungsallele zu mehr und mehr „zahmem" Verhalten, das sein Extrem bei den bernsteinfarbenen Tieren erreicht, die durch geringe Aktivität, durch geringe Aggressivität und durch geringere Reaktion auf Reize verschiedener

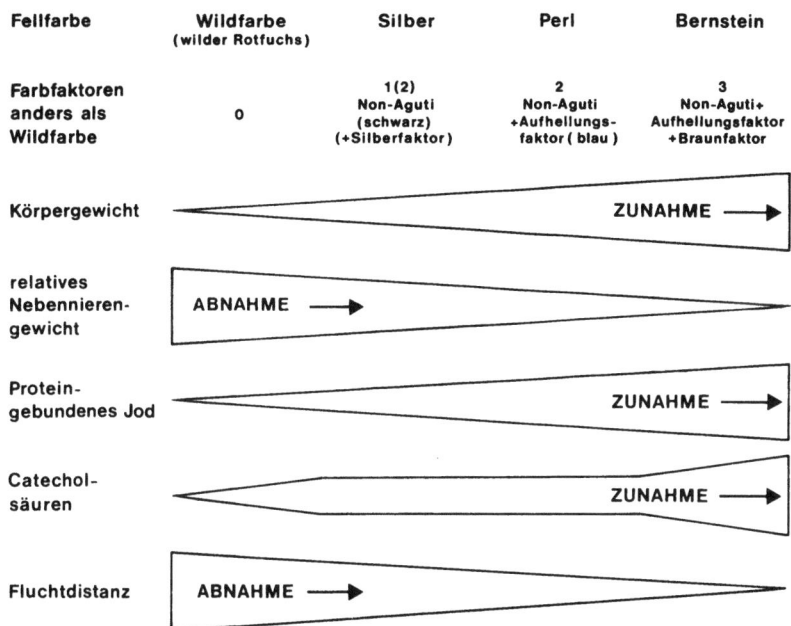

Bild 8.3 Schematische Darstellung der Änderung des Körpergewichts, des relativen Gewichts der Nebenniere als wesentliches Organ der Streßachse (vgl. 5, Bild 5.2), des Gehalts von Protein-gebundenem Jod im Blut als Maß der Schilddrüsenfunktion, der Ausscheidung von Catecholsäuren im Harn als Maß des Adrenalinabbaus, und schließlich der Fluchtdistanz vor dem Beobachter jeweils in Abhängigkeit von zunehmender Änderung der Fellfärbung durch unterschiedliche Farbfaktoren (nach Ergebnissen von Clyde E. Keeler). Zur Orientierung über die Farben Wildfarbe, Silber und Bernstein (= Amber) vergleiche Bild 8.2 (Farbtafel XVIII).

Art auffallen. Die Bindung dessen zum Streßsystem wird aus den parallelen Veränderungen der Nebenierenentwicklung und ihrer Funktion (Adrenalinausschüttung) sowie der Schilddrüsenfunktion deutlich, die Gewichtszunahme läßt sich als eine Folge geringeren Stresses verstehen (vgl. Kap. 5 und Kap. 7) (Bild 8.3, Bild 8.2: Farbtafel XVIII).

Kreuzungen von Bernstein-Füchsen mit wilden Rotfüchsen und Rückkreuzungen der Nachkommen mit Bernstein-Füchsen erbrachten eine Skala von acht verschiedenen Farbtypen, nämlich rot-wildfarben, non-aguti-schwarz, blau-aguti, braun-aguti, blau-non-aguti, braun-non-aguti, blau-braun-aguti und blau-braun-non-aguti. Hiervon besitzt die erstere Farbe keines der geänderten Farballele homozygot, die zweite bis vierte jeweils eines, die fünfte bis siebte zwei und die letzte drei dieser Allele homozygot. In einem kleineren Testgehege erwies sich die Fluchtdistanz dieser Kreuzungsprodukte bei den ersten vier Typen im Vergleich zu den letzten vier als durchschnittlich deutlich verringert, nur knapp mehr als die Hälfte betragend. Dies bestätigt die Möglichkeit, durch Zufügung mehrerer von der Wildfarbe abweichender Färbungsallele eine zunehmende Verhaltensänderung zu erzielen. Wie das Beispiel der Nerze lehrt, muß eine solche Änderung allerdings durchaus nicht immer eine Zunahme „zahmeren" Verhaltens bedeuten.

Horst W. Schwabe testete in seiner Zucht schwarzer Hausratten (*Rattus rattus*) aufgetretene silbergraue Tiere (Bild 8.1: Farbtafel XX) gegen die schwarze Farbform. Allgemein ließ sich bei den silbergrauen Ratten ein nervöseres, empfindlicheres Reagieren beobachten, sie neigten zu heftigeren Fluchtreaktionen und zu Stereotypien, d.h. zu Unruhe anzeigenden, hintereinander vielfach gleichmäßig wiederholten Bewegungsabläufen. Ihre gesamte Bewegungsaktivität (Motilität) in einer großen Arena erwies sich als höher, die Zahl der dem Erkundungsverhalten zuzurechnenden Aufrichtebewegungen aber als geringer. Einen ihnen unbekannten Raum erkundeten sie weniger intensiv als die schwarzen Ratten. Bei direkter Bedrängung von außen neigten sie zum rascheren Abwehrangriff, Artgenossen gegenüber waren sie jedoch weniger aggressiv, sie verhielten sich hier gleichgültiger; nach einem Zusammengewöhnen mit zunächst fremden Tieren ruhten sie weniger mit diesen gemeinsam als die schwarzen Tiere dies taten. Insgesamt erweist sich so die Farbänderung Silber-

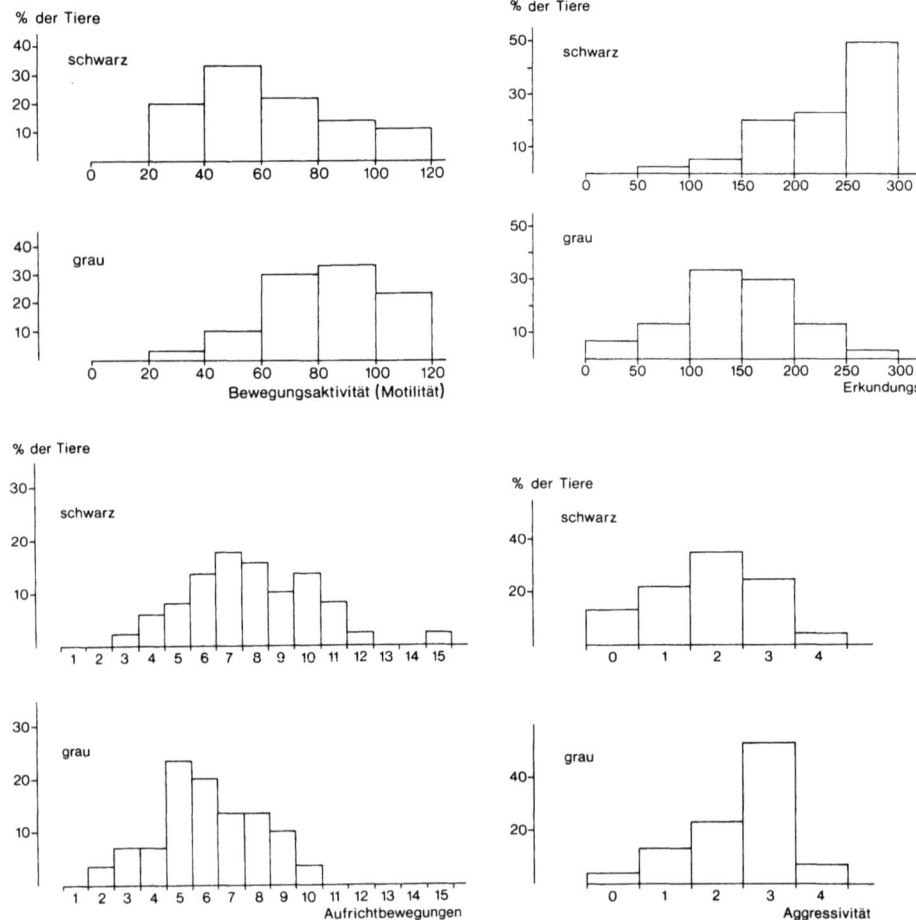

Bild 8.4 Verschiebung der Häufigkeit von Verhaltensintensitäten bei Zuchtgruppen von Hausratten die sich nur in einem Allel eines Farbfaktors unterscheiden: schwarze und silbergraue Tiere. Diese Originalergebnisse von Horst W. Schwabe verdeutlichen, wie bei einer großen Zahl von Beobachtungen und Versuchstieren mit Änderungen der Fellfärbung gekoppelte Verhaltensunterschiede statistisch sehr gut zu erfassen sind, aber infolge großer Streubreite keine Zuordnung von Einzeltieren zu ermöglichen brauchen. Weitere Erläuterungen siehe Text. (Umgezeichnet nach Abbildungen in H.W. Schwabe (1979): Pigmentationskorrelierte Verhaltensunterschiede bei Hausratten (Rattus rattus L.). Zool. Jb. Syst. **106**: 406—426).

grau gegen Schwarz als mit höherer Bewegungsaktivität, allgemein hektischerem Verhalten, gesenkter Erkundungsbereitschaft und größerer sozialer Indifferenz gekoppelt. Schließlich sind die silbergrauen Tiere im gleichen Alter etwa 10% leichter als die schwarzen. Diese Verhaltensänderungen erinnern an Beobachtungen von Nagetieren unter Amphetamin-Einfluß. In geringen Dosen steigert Amphetamin zwar die Fortbewegungsaktivität, das Aufrichten, das Erkunden und die sozialen Interaktionen, reduziert alles dies aber in höheren Dosen unter gleichzeitigem vermehrten Auftreten von Stereotypien. Diese weitgehende Parallele läßt gemäß der Amphetamin-Reaktion erhöhte Ausschüttung im Catecholaminsystem des Gehirns für die silbergrauen Ratten vermuten.

Bei Labormäusen beobachtete man Verhaltensunterschiede vor allem von Albinos einerseits und wildfarbenen oder schwarzen Tieren andererseits. Albinos erscheinen besonders reaktionsträge mit wenig hastigen Bewegungen. Sie machen kaum Entkommensversuche, beschäftigen sich intensiver mit neuen Objekten in ihrer Umgebung, Aktivitäts- und Ruhephasen wechseln bei ihnen gleichmäßiger, die 24-Stunden-Periodik beeinflußt die Aktivitätsorganisation in geringerem Maße. Allerdings erscheint auch ihre Fortpflanzungsleistung etwas verringert. In von Ernst Spangenberger in der Arbeitsgruppe des Verfassers ausgeführten Versuchen zur Gewöhnung an neue Räume zeigen wildfarbene Mäuse im Vergleich zu schwarzen höhere Bewegungsaktivität, häufigere Bewegungsunterbrechung, mehr Sprünge und rascheres Koten und Harnen, sie erscheinen insgesamt unruhiger und vermehrt fluchtbereit. Mäuse mit einem Gelbaufhellungsfaktor erweisen sich als besonders aktiv und unruhig und neigen zu überschießenden Reaktionen; Tiere mit einem Fahlfärbungsfaktor erscheinen nervös und hoch reaktiv und zeigen unter zusammengepferchten Haltungsbedingungen verringerte Überlebensfähigkeit, andere Farbvarianten haben starke Verhaltensabnormalitäten mit Störungen der Bewegungskoordination bis hin zu Kreiselstereotypien, Zittern und Krämpfen.

Gut abzusichernde Ergebnisse quantitativer Verhaltensunterschiede verschiedener Farbtypen sind bei Labornagetieren unter standardisierten Versuchsabläufen leicht zu erzielen, da sie in großer Zahl unter gleichen Umweltbedingungen gehalten und gezüchtet werden können. Dies ist bei Großsäugetieren unter den Normalbedingungen von Zoologischen Gärten oder Wildgehegen sehr viel schwieriger, da hier in der Regel nur sehr wenige wirklich vergleichbare Individuen nutzbar sind. Dennoch konnten in der Arbeitsgruppe des Verfassers auch hier einige in die gleiche Richtung weisende Befunde erhoben werden. Albinotische Dingos, die Lothar Schilling im Vergleich zu rötlichbraunen Wurfgeschwistern studierte, verhielten sich dem Menschen gegenüber weniger scheu. Im Sommer sind bei den Albinos die Gipfel der Tagesaktivität verstärkt in die Dämmerungsphasen verschoben. Dies erscheint als eine unmittelbare Folge des mangelnden Pigmentschutzes des roten Albinoauges; dieser Mangel zwingt die Tiere im hellen Licht zum weitgehenden Lidschluß und läßt sie dadurch bei großer Helligkeit unsicher werden.

Erste Anhaltspunkte liegen für Schafe und Ziegen vor. Quantitative Erfassung der Bewegung und der sozialen Handlungen in einer Heidschnuckengruppe durch Hedi Brentzel deuten bei grauen, dunkelköpfigen Tieren auf etwas höhere Bewegungsaktivität als bei weißen hin. Entsprechende Studien von Sigrid Yavari-Kojabad an einer Herde afrikanischer Zwergziegen zeigte bei dunkel-wildfarbenen und schwarzen Tieren höhere Bewegungsintensität und stärkere soziale Aktivität als bei weißen.

Eckehard Eich und Elisabeth Reichert beobachteten eine Familiengruppe ostafrikanischer Steppenzebras, in der das sonst seltene Allel, das die Schwarzfärbung der Streifen zu einem hellen Beigeton reduziert (sogenannte weiße Zebras), mit einer Gesamthäufigkeit von etwa 50% vertreten ist (Bild 12.2). Die „weißen" Tiere verteilen ihre Aktivität gleichmäßiger über den Tagesablauf, als es die normalfarbenen tun. Die für die ersteren gewonnenen Aktivitätswerte stimmen mit denjenigen von Hauspferden und Hauseseln überein, während sich die Werte der normalfarbenen Zebras von diesen allen deutlich absetzen. Die Scheu der „weißen" Zebras gegenüber Beobachtern im Gehege ist geringer als die der Vergleichstiere. Gewisse Unterschiede deuten sich auch bezüglich der Reaktion auf verschiedenartige Reize aus der Umwelt an. In ähnlicher Weise verhielt sich ein einzelner albinotischer Esel, der von Elisabeth Urban mit grauen, braunen und schwarzen Hauseseln verglichen werden konnte. Seine Bewegungs- und seine sozialen Aktivitäten waren geringer, seine Aktivitätsverteilung über den Tag ausgeglichener, seine Zutraulichkeit höher.

Für einen ersten messend-beobachtenden Einblick in die Wirklichkeit von Färbungs-Verhaltens-Zusammenhängen beim Pferd, wie sie früher im Züchterwissen überliefert wurden (vergleiche Kapiteleinleitung), wurde von Elfie Bursch ein anderer Weg als der über Zoo- oder Gatterbeobachtungen eingeschlagen, der anstelle eines langen, ausführlichen Studiums kleinerer Gruppen auf einmaligen Momentaufnahmen einer großen Zahl von Pferden aufbaute. In Reitställen testete sie insgesamt 176 Pferde anhand einer einfachen Dreistufen-Reaktionsskala. Hierzu gab – stets in der gleichen Handlungsreihenfolge – eine mit den jeweiligen Pferden gut vertraute Person den Tieren einen Klaps auf den Oberschenkel, klopfte sie am Hals, streichelte sie am Kopf und fuhr ihnen an der Flanke mit der Hand gegen den Fellstrich. Die Erfassung der Reaktion erfolgte bei jeder dieser Einzelhandlungen über die mit den Wertzahlen 0, 1 und 2 belegten Einteilungsstufen ‚keine oder kaum Reaktion', ‚Zurücklegen der Ohren und leichte Abwehrbewegungen' und ‚heftige Abwehr mit Schnappen, Steigen oder Auskeilen'. Verrechnet wurde schließlich die Summe der pro Tier erreichten Werte, die sich zwischen 0 und 8 bewegen konnte. Da bei diesen Kurzerfassungen alle Zufälligkeiten der momentanen Stimmung der Pferde, ihrer Vorgeschichte und ihrer Beziehungen zum Versuchsausführenden mit in die Ergebnisse eingingen und damit eine außerordentlich große Streuung der Werte verursachten, mußte, um doch noch zu statistisch aussagekräftigen Resultaten zu gelangen, wenigstens die Alters-, Geschlechts- und Rassenvielfalt eingeschränkt werden. So blieben absicherbare Aussagen für Pferde aus einem enger umrissenen Herkunftsgebiet nur für Hannoveraner Wallache im Alter von über drei Jahren, beziehungsweise für über dreijährige Wallache aus allen deutschen Warmblutzuchtgebieten übrig, und zwar jeweils nur für die Farbvergleichsgruppen Braune und Füchse. In beiden Serien erwiesen sich die Füchse, also mehr oder minder rötlich-braune Pferde ohne schwarzes Langhaar, als klar reaktiver als die Braunen, also braune Pferde mit schwarzem Langhaar. Eine weitere Momentaufnahme anderer Art wurde schließlich bei 273 Pferden aller zufällig beteiligten Rassen, Geschlechter und Altersstufen gemacht, die im Mainzer Rosenmontagszug unter dem Reiter gehend gegen Ende des Zugweges eine enge, durch Musikkapellen und zahlreiche Zuschauer sehr lärmende Straßenschlucht passierten, folglich unter außerordentlich hoher Reizbelastung standen. Eine Stufeneinteilung ihres zufälligen Verhaltens beim Vorbeikommen an der Beobachtungsstelle erbrachte das prinzipiell gleiche Ergebnis. Während sich die Braunen im allgemeinen durch ruhiges, unauffälliges Verhalten auszeichneten, war bei den Füchsen eine Häufung deutlich aufmerksameren Verhaltens bis hin zu ungleichmäßiger Bewegung und zu Sich-Sträuben zu registrieren. Die alte Volksweisheit bezüglich eines gewissen Grundunterschiedes des Benehmens bei den Vertretern dieser beiden Farbgruppen ist offensichtlich doch mehr als nur ein Märchen.

Für zahlreiche andere Säugetierarten gibt es vielfache Einzelhinweise auf färbungsparallele Verhaltenseigentümlichkeiten, spezielle Überprüfungen stehen jedoch noch aus. Bei verwilderten Hauskatzen der subantarktischen Marion-Insel hat offenbar das Scheckallel einen gewissen Einfluß auf die Nebennierenentwicklung; für das Non-Aguti-Allel wurden keine klaren Verhältnisse gefunden, und Beobachtungen des Verhaltens der betreffenden Tiere fehlen noch. Dem schwarzen Leoparden wird immer wieder größere Wildheit als dem normalen, auf hellem Grund gefleckten Färbungstyp nachgesagt. Eine statistische Auswertung der Wurfgrößen von Zooleoparden könnte dies im Rahmen des Streßkonzepts durchaus bestätigen, da die durchschnittliche Jungenzahl pro Wurf bei schwarzen Weibchen niedriger liegt als bei normalfarbenen. Ein anderes Beispiel mag von Jagdbeobachtungen an weißen und gescheckten Rehen angeführt werden, die vertrauter erscheinen und bei Störungen später abspringen als braune Rehe. Wolf Herre berichtet von Hausrentieren, daß man sich schlafenden weißen Individuen, die im allgemeinen schwächer als normalfarbene sein sollen, auch im Falle sonst allgemeiner Erregung in der Herde ohne weitere Vorsichtsmaßnahmen unbemerkt nähern könne und die Lappen solche weißen Rentiere daher als von „müder Farbe" bezeichnen.

Die Kopplung von Fellfärbung und Verhalten, von Fellfärbung und Merkwelt, läuft offensichtlich nicht nur über quantitative Verschiebungen in dem die Informationsverarbeitung tragenden System der Neurotransmitter (Verschiebungen, die von der biochemischen Grundlage der Melanine und Catecholamine her durchaus verständlich sind), sondern auch über derzeit noch schwerer deutbare Veränderungen in den Systemen der Informationsaufnahme, also den Sinnesorganen. Daß es bei Albinos bei hellem Sonnenlicht zu Informationsverlust kommt durch den Zwang zum stärkeren Augenschließen mangels schützender Pigmente in der Regenbogenhaut (Iris), wie es bei Ratten und Dingos beobachtet wurde (Bild 2.5: Farbtafel V), ist ein funktionell zwangsläufiger Zusammenhang. Auch bei nicht-albinotischen weißen Rentieren ist dies der Fall. Albinoratten erscheinen jedoch auch geruchlich weniger reaktionsbereit. Augendefekte bis hin zur Blindheit und weiterhin Taubheit kommen mit der sogenannten englischen Scheckung bei Hunden vor. Die Kopplung von blauen Augen und Taubheit bei dominant-weißen, nicht albinotischen Katzen ist allerdings ein Fall der Beteiligung zweier verschiedener Erbfaktoren bei der Entstehung einer Färbungs-Sinnesorgan-Beziehung. In der gut durchgearbeiteten, von Willys K. Silvers vergleichend dargelegten Genetik der Mäusefellfarben finden sich bei einigen unterschiedlichen, mit besonders aktivem und verstärkt reaktivem Verhalten einhergehenden Farbtypen mehr oder minder weitgehende Degenerationen im Bereich des Innenohres.

Zum Verständnis von Färbungs-Verhaltens-Zusammenhängen dürfen auch eventuelle Beziehungen der Pigmentierung zur Struktur der Haare nicht vernachlässigt werden. So stellte Clyde E. Keeler bei zahlreichen Albinos eines Indianerstammes in Panama feineres Kopfhaar als bei den übrigen Stammesangehörigen mit normaler Haut- und Haarfarbe fest. Bei den „weißen" Zebras erscheint die Behaarung stellenweise länger als bei den normalfarbenen Tieren. Der Fuchsfarbe bei den Pferden wird ein feineres Haarkleid nachgesagt. In diesen Fällen können aber nur vergleichende Haarmessungen wirklich Aufschluß bringen. Haarveränderungen solcher Art lassen gewisse Veränderungen der Berührungsempfindlichkeit der Haut erwarten, die wiederum für geänderte Reaktivität sorgen sollte. Fellverlängerungen wirken sich auch auf die Isolation, auf die Wärmeabgabe des Körpers aus. Bei Langhaarformen unter hoher Außentemperatur notwendig werdende Stoffwechselsenkungen sind zweifellos durch Dämpfung der Aktivität zu erreichen.

Eine gewisse Verallgemeinerung der Verhaltenswirkung bestimmter Fellfärbungsänderungen dem jeweiligen Wild- oder Normaltyp gegenüber erscheint zunächst nur für den Albinofaktor möglich, nachdem entsprechende Studien an Albinos der Laborratte, der Labormaus und des Hundes (beim Dingo) vorliegen, die wiederum mit der Beobachtung eines Einzelfalles beim Esel und Erfahrungsberichten über Albinos bei weiteren Arten übereinstimmen und in deren Richtung auch die nicht voll-albinotische Situation der

„weißen" Zebras deutet. Allgemein ist hier eine Erhöhung der Reaktionsträgheit, eine Minderung der Fluchtbereitschaft festzustellen; teilweise erscheint dementsprechend auch die Verteilung von Aktivität und Ruhe über den Tag hinweg ausgeglichener.

Bei der Laborratte geht das Non-Aguti-Schwarz, verglichen mit dem Aguti-Wildfarballel, mit geringerer Ängstlichkeit und geringerer Aggressivität einher, beim Fuchs erscheint ebenfalls die Fluchtbereitschaft gesenkt. Gerade für das Gegenteil scheinen aber die derzeit für den Leoparden vorliegenden Vermutungen und Daten zu sprechen. Ob hier tatsächlich ein Widerspruch vorliegt, werden auf der einen Seite erst exakte Studien am Leoparden zu klären haben. Auf der anderen Seite steht auch in Frage, ob es sich in allen diesen Fällen wirklich um das gleiche bzw. voll vergleichbare Gen handelt. Veränderungen der Fellfarbe durch Minderung der Eumelanine, durch Allele der Schwarzfaktoren also, die zu gelblicheren, rötlicheren oder bräunlicheren Tönungen gegenüber der jeweiligen Wildfarbe führen, scheinen weitgehend eine Aktivitäts- und Reaktionsdämpfung mit sich zu bringen, so beim Fuchs in der Kombination Bernstein (mit dem Non-Aguti-Allel und einem Aufhellungsfaktor), beim Nerz in den Farben Pastell und Palomino, bei der Maus und bei der Ziege. Ein entsprechender Verhaltenswandel in die „zahme" Richtung kann jedoch keinesfalls allen grundsätzlich dem Wildtier gegenüber helleren Färbungen zugeschrieben werden. Tatsächlich tritt hier verschiedentlich der gegenteilige Wandel zu höherer Aktivität und nervöserem Reagieren ein, wie beim Silberungsfaktor der Hausratte, bei der auf einer Zweifaktorenkombination beruhenden hellgrauen Saphir-Farbe des Nerzes oder bei manchen helleren Mäusefarbtypen.

Insgesamt belegen diese Befunde, daß sich das Aktivitäts- und Reaktivitätsniveau einer Säugetierart auf der Skala vom Wildtier- zum Haustierverhalten in Abhängigkeit von geänderten Fellfärbungstypen — gemessen an der Wildfärbung — verschieden weit und in verschiedener Richtung hin und her verschieben läßt. Damit ist ein drittes Prinzip der Haustierwerdung zu formulieren, das besagt:

Einige von der jeweiligen Wildfärbung abweichende Fellfärbungsmutanten besitzen infolge günstiger Korrelation im Verhaltensbereich besondere Eignung zur Domestikation.

Übersicht über den Kapitelinhalt

Die Fellfärbung eines Säugetieres steht mit dem Grundniveau seiner Aktivität, seiner Reaktionsintensität und seiner Merkwelt in Zusammenhang, wobei die wesentliche Ursache hierfür in einem Stück gemeinsamen biochemischen Syntheseweges der farbbestimmenden Pigmente, der Melanine, und der das Informationsverarbeitungssystem in hohem Maße tragenden Catecholamin-Gruppe der Neurotransmitter zu suchen sein dürfte. Durch die Selektion bestimmter Fellfärbungen ist ein Verhaltenswandel mit entsprechendem Wandel im Streßsystem sowohl zur Verhaltensdämpfung und Toleranzerhöhung als auch in gegensätzlicher Richtung zu verwirklichen. Kombinationen der vom jeweiligen Wildtyp abweichenden Allele einzelner Farbfaktoren verstärken oder verändern deren Verhaltenswirkung. Als Strategie zur Haustiermachung folgt hieraus, daß die Auslese und Kombination bestimmter Fellfarbtypen unmittelbare Domestikationseffekte zustandebringen kann.

9 Fellfärbungs-Auslese

Eine von der Norm auffällig abweichende Fellfärbung eines Wildtieres führt in der Regel zu dessen erhöhter Gefährdung, vor allem, wenn es sich um eine gesellig lebende Art handelt, wie bereits in Kapitel 2 dargelegt wurde. Diese Gefährdung kommt durch eine Erhöhung der Auffälligkeit des Tieres in seinem Lebensraum, an den die Normfärbung angepaßt ist, und durch die Andersartigkeit im Rahmen seines sozialen Verbandes zustande, die es zur Zielscheibe von Angriffen von außen und der sozialen Aggression von innen werden läßt. Auf der anderen Seite kann solche abweichende Farbe dem Einzeltier auch eine erhöhte Chance Raubfeinden gegenüber bieten. Hat durch die Erfahrung mit bestimmten Beutetierformen ein Fleischfresser ein auf die Norm dieser Tiere ausgerichtetes Suchbild erlernt, so hemmt eine nicht gut in ein solches Bild passende Ausnahmeerscheinung auffälliger Andersartigkeit zunächst das Zugreifen. Der Angriff wird nur zögernd vorgetragen, was dem Angegriffenen eher die Gelegenheit zum Entkommen gibt als seinem normal gefärbten Artgenossen, der sofort nach seinem Erkanntwerden ungehemmter Verfolgung unterliegt. Laborversuche mit Frettchen und verschieden gefärbten Ratten als Beutetiere, sowie Freilandexperimente mit Turmfalken und wildfarbenen und weißen Mäusen als Beutewahlangebot belegen dies sowohl für fleischfressende Säugetiere als auch für Greifvögel.

Wie ein mit dem Gesichtssinn jagendes Tier, das Beutesuchbilder erlernt hat, der Ausnahmesituation des auffällig davon abweichenden Individuums nicht völlig neutral gegenübersteht, sondern einerseits mit einer gewissen Zurückhaltung reagiert, andererseits aber ein solches Exemplar auch zur speziellen Zielscheibe machen kann, weil es eben besser im Auge zu behalten ist, so verhält sich auch der jagende Mensch in einer derartigen Sondersituation nicht neutral. Seine Reaktion auf eine Ausnahmeerscheinung in der ihm vertrauten Natur mag vom Wunsch des speziellen Besitzenwollens bis hin zur Angst vor dem eben nicht Natürlichen, das heißt im Rahmen ursprünglicher Naturreligionen dem Übernatürlichen, bestimmt werden. Der Versuch des Menschen, alle Phänomene in seiner Umwelt möglichst problemlos in ein einheitliches Weltbild einzufügen und damit im Spezialfall eine wie auch immer geartete Erklärung für sie zu haben, legt in solchen seltenen Ausnahmesituationen, zumindest in einer nicht einer Hochreligion angehörigen Bevölkerung, die Umsetzung in den kultischen Bereich nahe. Damit ist die Basis für die Assoziation des plötzlichen Auftretens eines auffällig andersartigen Tieres mit Vorstellungen übernatürlicher Zeichensetzungen, mit Wertungen von Glück bis Unglück geschaffen. Kommt eine solche Haltung zustande, so legt sie die Grundlage für eine nach der Fellfärbung selektiven Jagd oder Schonung, für einen selektiven Lebendfang, eine selektive Haltung und Zucht, die nicht auf die übliche Nutzung des Tieres als Nahrungs- oder Rohstofflieferant gerichtet sind, sondern von der kultischen Wertung bestimmt werden. Daß diese Überlegung kultischer Fellfärbungs-Auslese tatsächlich überall zutrifft, belegen vielfach vermehrbare Beispiele aus den unterschiedlichsten Kulturkreisen.

Die Kultherden der Inka-Haustiere Lama und Alpaka waren nach Farben getrennt. Jeder Gottheit war eine Vorzugsfarbe zugeschrieben. Hundert braune Tiere, die im August bis September geopfert wurden, sollten zum Schutz der neuen Maisfelder vor den Unbilden der Witterung sorgen. Das Opfer hundert weißer Lamas im Oktober wurde mit der Vorstellung einer Anregung des Regens verknüpft. Hundert weiße Opfertiere sollten auch die Sonne zum Scheinen beeinflussen und damit das Wachstum auf den Feldern fördern. Schließlich war die Maisernte im Mai durch die Opferung von hundert Tieren gemischter Färbung günstig zu gestalten. Ein Hauptsymbol der Macht der Inka-Herrscher war das Napa, ein weißes Lama (Bild 9.1: Farbtafel XXI). Jeden Morgen wurde am Haupttempel in Cuzco ein weißes Lama geopfert. Weiße Alpakas dienten als Gabe für den Sonnengott, schwarze für seinen Sohn. Vor der Zeit der Inka-Herrschaft verehrte ein am Titicacasee wohnender Stamm das weiße Alpaka sogar als Hauptgottheit.

Die Prärieindianer Nordamerikas sahen das Fell weißer Bisons als heilig an. Im Jagdkult fand es Verehrung als Fetisch. Auf den Samoa-Inseln in Polynesien konnte ein Buschgeist in Gestalt eines weißen Hundes auftreten. Dessen Verhalten galt als gutes oder böses Omen. Sogenannte „weiße" Elefanten blieben in Siam als Zeremonialtiere dem König vorbehalten. Albinos des Balirindes stammen meist aus heiligen Herden. Die Heiligkeit weißer Rinder im Hinduglauben findet schließlich eine Entsprechung in alten europäischen Kulturen.

So spielten weiße Opferrinder bei den Römern, den Kelten und anderen Völkern der Antike eine Rolle (Bild 9.2: Farbtafel XXI). Schwarze Rinder symbolisierten in der keltischen Religion den Tod, rotbraune die Fruchtbarkeit, weiße den Sonnenkult. Aus dem vorchristlichen Irland ist ein Opfer von dreihundert weißen Kühen mit roten Ohren überliefert. Der Preis weißer Kühe betrug das 18-fache solcher mit üblicher Färbung. Eine weisse Stute soll bei der Wahl eines keltischen Königs eine wesentliche, rituelle Rolle gespielt haben. Im vorchristlichen Norwegen wurden blonde Pferde zu Prozessionszwecken gehalten. Für Hundeopfer für die Göttin Hekate wurden im alten Griechenland meist schwarze Tiere ausgewählt. Eine Farbsymbolik assoziierte schließlich das Weiß mit Reinheit und Unschuld, das Schwarz mit Bosheit und Hölle. Schwarze Katzen dienten im keltischen England der Teufelsbeschwörung und wurden im europäischen Mittelalter vielfach mit Hexenkünsten in Verbindung gebracht. Das schwarze Schaf wurde zur Redensart als Kennzeichnung einer durch ihr Verhalten negativ aus der Norm ihrer Gruppe, beispielsweise ihrer Familie, herausfallende Person. Das Erlegen eines weißen Hirsches war mit Vorstellungen von Unglück verknüpft. Auch in die Volksmedizin gingen entsprechende Anschauungen ein. Ein Tuch, das einer schwarzen Ziege umgebunden wurde, sollte beispielsweise gegen Mumps helfen.

Farbauslesen hatten jedoch nicht allein kultische Hintergründe. Manchmal waren durchaus praktische Überlegungen für sie ausschlaggebend. So berichtet der römische Schriftsteller Columella, daß die Schäfer weiße Hütehunde bevorzugten, damit der Hund bei einem nächtlichen Wolfsüberfall auf die Schafherde nicht mit dem Wolf verwechselt werden könne, auf daß die Hirten dabei nicht den Falschen, nämlich ihren Hund, angriffen und töteten. Tatsächlich trifft diese alte Farbbeschreibung noch auf zahlreiche heutige europäischen Hirtenhunderassen zu, so auf die riesigen Pyrenäenhunde, den großen Maremmaner Hirtenhund der italienischen Berge, die großen bis riesigen ungarischen Rassen Komondor und Kuvasz, den ebenso großen Tatrahund, oder die mehr mittelgroßen Rassen Südrussischer Oftscharka, Hütespitz, Pommerscher Hütehund und Deutscher Schafpudel, der ausschließlich für die Arbeit bei den Schafherden gezüchtet wurde. Das ebenfalls nicht kultische Interesse am rein Kuriosen schließlich sorgte für die der Haustierwerdung der Laborratte und des Goldhamsters zugrundeliegende Selektion, wie sie in Kapitel 3 angesprochen wurde.

Die vielfältigen kultischen Vorstellungen, die beim Haustier, aber auch bei wichtigen Jagdwildtieren mit von der Wildfarbe abweichenden Fellfärbungen — vor allem mit weissen und schwarzen Tönungen — verbunden waren, lassen entsprechende Selektionen schon für die Frühphase der Domestikationen erwarten. Solche Vorstellungen mögen mehr als einmal den grundsätzlichen Anstoß für frühe Primärdomestikationen gegeben haben. Teilkenntnisse über die Verbreitung abweichender Farben in der ersten Phase der Geschichte einzelner Haustierarten sind aus der Auswertung früher Kunstdarstellungen zu gewinnen, wie sie vor allem durch Burchard Brentjes vorgenommen wurden. Auch frühe schriftliche Überlieferungen wie Epen und heilige Schriften geben hier wichtigen Aufschluß. So wird etwa in der Jakob-Erzählung des 1. Buches Mose des Alten Testaments der Bibel, deren historischer Kern im zweiten vorchristlichen Jahrtausend zu suchen ist, von gefleckten, bunten und schwarzen Schafen (Bild 9.20: Farbtafel XXVI) und von bunten und gefleckten Ziegen berichtet. Beim Rind läßt sich die Existenz von Scheckfaktoren seit mindestens dem 6. vorchristlichen Jahrtausend, der weißen Färbung seit mindestens dem 3. Jahrtausend belegen. Beim Hund sind fahle und gefleckte Fellfärbungen seit zumindest dieser letztgenannten Zeit zu finden. Beim Pferd ist das Vorhandensein verschiedener Färbungen ab dem 2. Jahrtausend offenkundig.

Das Abschätzen der Verbreitung und der Bedeutung der vom Wildtyp abweichenden Fellfarben bei Haussäugetieren mag durch eine kurze diesbezügliche Übersicht über die einzelnen Arten erleichtert werden. Beim Hund fehlt das für die graue Wild-, d.h. Wolfsfärbung verantwortliche Allel den auf einem Anfangsniveau der Domestikation wieder verwilderten Dingos, worauf bereits am Ende des 2. Kapitels hingewiesen wurde (Bild 1.4: Farbtafel III; Bild 2.5: Farbtafel V). Offensichtlich war dies auch bei anderen Primitivhunden in Afrika, Südostasien und Polynesien der Fall (Bilder 9.3, 9.4). Wohl erst sekundär wurde jenes Allel stellenweise durch eingeführte europäische Rassen in die Populationen eingebracht. Praktisch betrifft dies alle Primitivhunde aus ursprünglich wolfsfreien Ländern. Dies deutet darauf hin, daß dieser Färbungsallelverlust beim Hund bereits vor seiner Ausbreitung über die betreffenden Landschaften eingetreten sein sollte, also ein Ergebnis der primären Domestikation selbst ist. Das Auftreten der Wolfsfarbe bei Hunden aus Wolfsgebieten, vor allem aus dem Norden (Bild 2.25), wird durch die stellenweise belegte sekundäre Einkreuzung verständlich. Auch bei den europäischen Hochzuchtrassen tritt das Wolfsgrau jedoch den zahlreichen anderen Färbungen gegenüber klar zurück. Gehäuft kommt es vor allem bei verschiedenen Hütehundrassen und bei Nordlandhunden vor. Primitivhunde der tropischen Länder tragen vor allem rötlichbraune und rötlichgelbe Farben in verschiedenen Abstufungen, schwarzes oder weißes Fell und Scheckungen auf

Bild 9.3 und Bild 9.4 Madagassische Hunde als Beispiele für Primitivhunde in wolfsfreien tropischen Ländern. Gelbbraune Farben (Dingofarbe) und mehr oder minder großflächige Weißscheckungen sind die häufigsten Farbtypen; die Wolfsfarbe scheint zu fehlen, wo nicht europäische Rassen eingebracht wurden.

rötlichbrauner oder schwarzer Grundlage (Bilder 9.3, 9.4, Bild 1.4: Farbtafel III; Bild 2.5: Farbtafel V). Die bei Primitivhunden dominierende gelblich-rötliche Färbung läßt sich in manchen Wolfspopulationen in mehr oder minder angedeuteter bis intensiver Ausprägung antreffen, desgleichen das Schwarz und das Weiß, so daß prinzipiell für die Primärdomestikation des Wolfes zum Hund eine hier ansetzende Auslese gut vorstellbar ist, die das für das typische Wolfsgrau bestimmende Allel im vornherein in Wegfall brachte.

Über die Fellfärbungsverteilung in den heutigen Populationen der Katze gibt es zahlreiche Studien, die das Erstellen von Weltkarten der Allelhäufigkeiten aller wichtigen Färbungsgene ermöglichen. Diese lassen Kerngebiete besonders großer Häufung eines jeweiligen Allels und davon ausgehend Zonen zunehmender Verdünnung erkennen. Das für die Entstehung schwarzer Katzen verantwortliche Non-Aguti-Allel tritt beispielsweise mit einem Anteil von über 80% in England und im nordwestlichen afrikanischen Küstengebiet (Marokko, Algerien) auf. Häufigkeiten zwischen 70% und 80% finden sich für dieses Allel in Europa, in Südskandinavien, in den französischen und iberischen Küstenstreifen und entlang des alten Handelsweges vom westlichen Mittelmeer durch die Täler von Rhône und Seine bis zur französischen Kanalküste. Ferner gibt es Häufungen zwischen 60% und 80% in den gesamten Randgebieten auch des mittleren und östlichen Mittelmeers (Bild

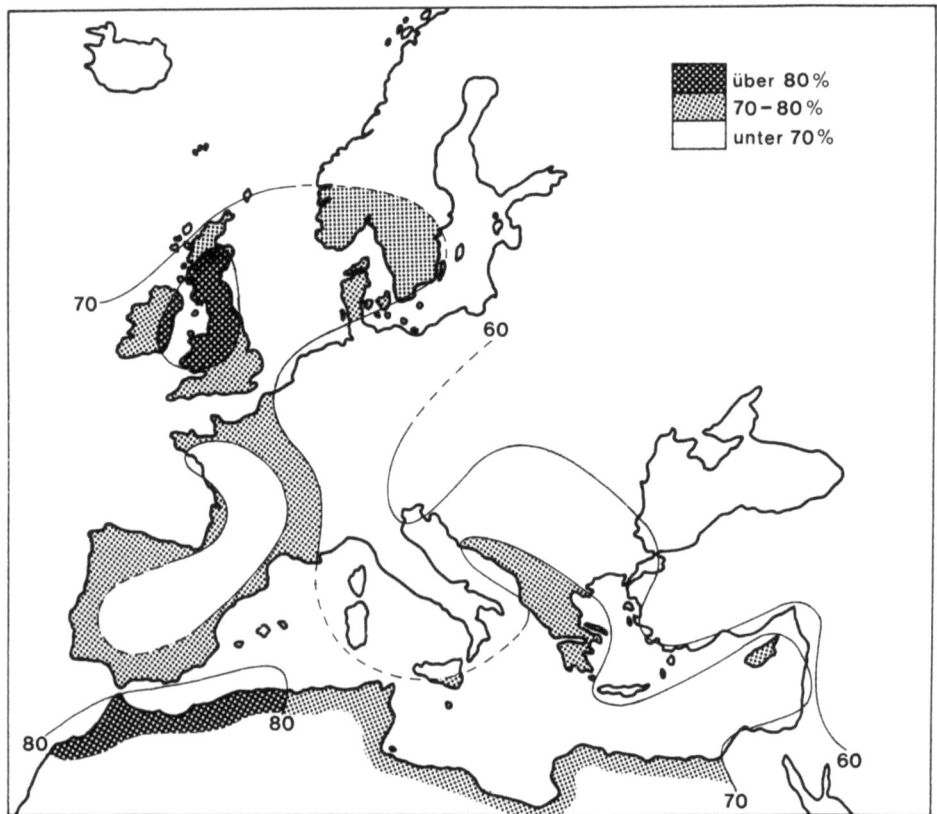

Bild 9.5 Schematische Darstellung der Häufigkeit des Non-Aguti-Allels in europäischen Hauskatzenpopulationen (Umgezeichnet nach N.B. Todd (1977): Cats and commerce. Scientific American 237: 100–107).

9.5). Ein solcher offensichtlich Küstenländer und Seefahrtszentren bevorzugender Verbreitungstyp legt gewisse Vorteile jenes Allels auf dem für die Hauskatze im Laufe ihrer Ausbreitungsgeschichte wichtigen Ausbreitungsweg der Schiffskatzenpopulationen nahe. Es bleibt allerdings offen, ob dies auf eine höhere Toleranz der schwarzen Katzen im speziellen Lebensraum der Seeschiffe vergangener Jahrhunderte oder auf eine unmittelbare Bevorzugung durch Seeleute zurückgeht. Im Gegensatz hierzu zeigt die Kartierung der Häufigkeit des Leiermusters gegenüber dem Wildtyp-Streifenmuster das Bild einer von einem Zentrum ausgehenden Verringerung ohne Küstenbezug. Dieses Zentrum liegt mit einem bis über 80%igen Anteil an den dortigen Katzenpopulationen in England. In Ostirland, in Südschottland und in Nordwestfrankreich sind es stellenweise noch über 70%, in den restlichen Teilen der Britischen Inseln und, von seinen Nordwestlandschaften ausgehend, im größten Teil Frankreichs zwischen 60% und 70%. Weitere Häufigkeitsabnahmen sind vom französischen Raum kommend einerseits auf die iberische Halbinsel, andererseits nach Mitteleuropa und auf die Apenninhalbinsel zu beobachten. In Osteuropa und in den südlichen und östlichen Mittelmeerländern beträgt der Anteil des Leiermusters schließlich nur noch bis zu 40%, in vielen Gegenden sogar unter 20% (Bild 9.6). Eine Analyse von Neil B. Todd läßt die außerordentliche Anreicherung dieses Allels auf den

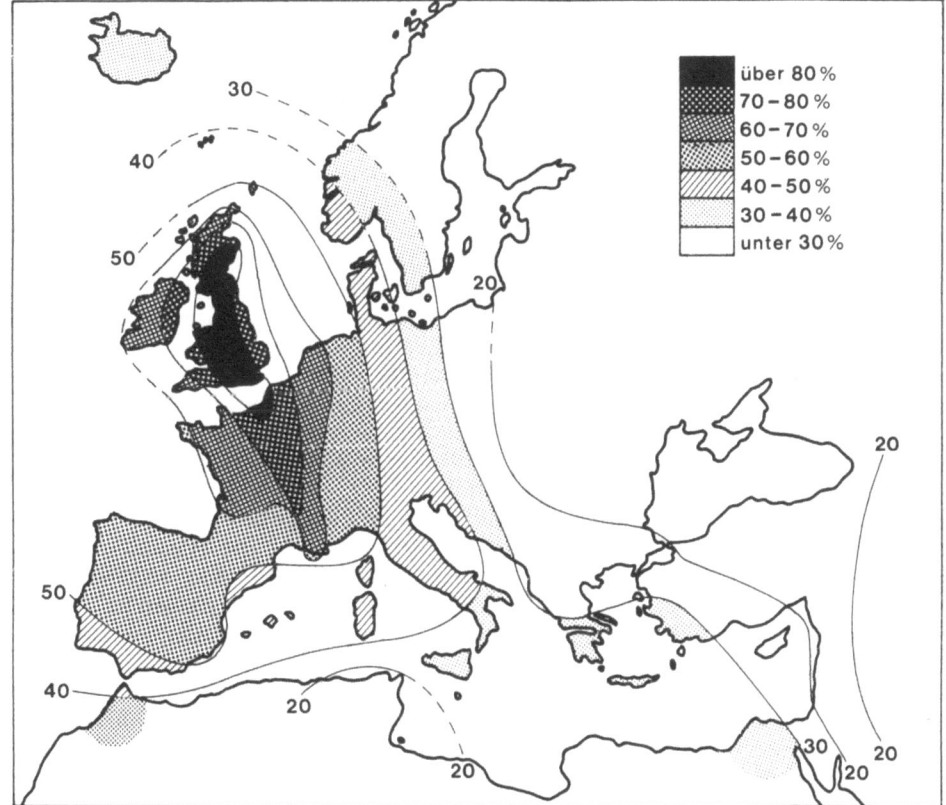

Bild 9.6 Schematische Darstellung der Häufigkeit des Leiermuster-Allels in europäischen Hauskatzenpopulationen (Umgezeichnet nach N. B. Todd (1977): Cats and commerce. Scientific American **237**: 100–107).

britischen Inseln als ein Ereignis der letzten 300 Jahre vermuten. Seit dem 17. Jahrhundert wurden britische Katzen in noch katzenlose Länder exportiert, so zu verschiedenen Zeiten in die Neuenglandstaaten Nordamerikas, nach Kanada, nach Australien und nach Neuseeland. Legt man die Annahme zugrunde, daß jede der so neu entstehenden Populationen in ihren Allelhäufigkeiten heute noch etwa ein Abbild der betreffenden Allelhäufigkeiten bei den Katzen des Ausgangsgebietes, also der britischen Inseln, zur Zeit ihres Exportes darstelle, so wäre aus dem engen Zusammenhang, der zwischen dem Exportzeitpunkt und der Häufigkeit des Leiermusters besteht, die Folgerung zu ziehen, daß das betreffende Allel in England im 17. Jahrhundert zu 40 bis 50%, im 18. Jahrhundert zu 50 bis 60% und im 19. Jahrhundert zu 70 bis 80% vertreten war. Bei anderen Färbungsallelen der Hauskatze gibt es Zentren außerhalb Europas und des Mittelmeerraums. So tritt der Scheckfaktor in einem Typ, der Reste der ursprünglichen Fellfärbung zugunsten der Weißflächen besonders stark zurückdrängt, stark gehäuft in Südostasien auf, von wo aus er über Länder ausstrahlt, die von dorther kolonisiert wurden. Beispielsweise findet sich ein vergleichbar hoher Anteil dieser Scheckung bei den Katzen der bevölkerungsmäßig und kulturell stark aus Südostasien geprägten Großinsel Madagaskar (Bild 9.8: Farbtafel XXII). Die reine Wildfärbung der Hauskatze stellt in den meisten Gegenden nur einen untergeordneten Anteil des Farbenspektrums.

Beim Frettchen sind Albinos häufiger anzutreffen als der Wildfarbtyp. Wegen leichterer Handhabbarkeit werden sie gewöhnlich von den Jägern zur Jagd bevorzugt. Die als Pelztiere neu domestizierten Raubtiere Nerz und Fuchs werden aus modischen Gründen in hohem Maß auf Farbtypen gezüchtet, die von der Wildfärbung abweichen.

Beim Hauspferd gibt es nur selten die beiden bekannten Wildfarbtypen, nämlich das verschieden abgewandelte rötliche Gelbbraun des Przewalskipferdes und das Mausgrau des ausgestorbenen osteuropäischen Wildpferdes (Tarpan). Die Haustierfarben in unterschiedlichen Falb-, Braun- und Schwarztönen, Schimmel und Scheckungen dominieren klar und finden sich bei den Hochzuchtrassen ausschließlich (Bilder 9.9, 9.10). Allein bei einigen sehr ursprünglichen Landrassen vor allem Osteuropas und Skandinaviens ist die mausgraue Tarpanfarbe noch vertreten. So kennzeichnet sie die in Tarpanrichtung vorgenommene Rückzüchtung der polnischen Koniks (Bild 9.13: Farbtafel X). Im Gegensatz zum Pferd ist beim Esel die Wildfärbung sehr häufig und stellt in zahlreichen Populationen die Normalfarbe des Haustieres (Bild 3.21: Farbtafel XI). Bei besonderen Hochzuchtrassen gibt es aber auch hier ein auffälliges Zurückdrängen zugunsten anderer Fellfärbungen, so der Schimmelung beim großen ägyptisch-arabischen Esel und der Dunkelbraun- bis Schwarzfärbung der riesigen Poitou-Esel und der katalanischen Esel Spaniens (Bilder 9.11, 9.12: Farbtafel XXIII).

Den Hochzuchtrassen der Schweine fehlt die Wildfärbung ebenfalls ganz. Im europäischen Raum und den von ihm aus bestückten Zuchtgebieten steht bei Fleischschweinen heute die Weißfärbung im Vordergrund; sie hat ihren Ursprung hauptsächlich in den dänischen und deutschen Landrassen und dem englischen Yorkshire-Schwein (Bilder 1.5, 10.1 bis 10.5). Ebenfalls europäischer Herkunft ist wohl die schwarz-weiße Gürtelscheckung (Bild 9.13). Unter ursprünglichen Landrassen findet sich weltweit vielfach die bunte Scheckung mit schwarzen, grauen, gelben oder roten Flecken. Rein schwarze Schweine gibt es vor allem in ostasiatischen Hochzuchten, in Südeuropa und in Afrika. Die Wildfarbe kennzeichnet die ausgesprochene Primitivrassengruppe der Papuaschweine, wo aber auch zusätzlich schwarze Schweine auftreten. Bei den letzteren handelt es sich offenbar um ein Non-Aguti-Schwarz, da die beim Wildschwein typische Ferkelstreifung dieser Schwarzschweine nur bei bestimmtem Lichteinfall — wie bei anderen entsprechenden Fällen gemusterter Säugetiere — sichtbar ist (Bild 9.14: Farbtafel XXIV).

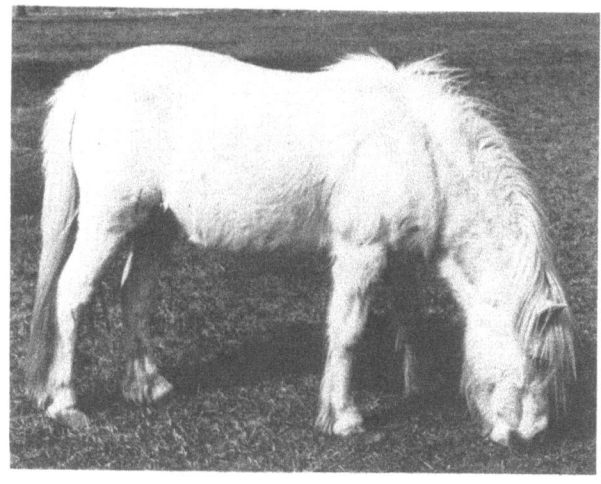

Bild 9.9 Schimmelfarbe des Pferdes

Bild 9.10 Scheckung beim Pferd

Bei den beiden Hauskamelen Trampeltier und Dromedar ist die Wildfarbe die Regel, vor allem beim Dromedar finden sich aber auch abweichende Dunkel- und Hellfärbungen und Scheckung (Bilder 9.15: Farbtafel XXV, 9.18). Beim Lama ist die Guanako-Wildfarbe ausgesprochen selten. Seine vorherrschenden Färbungen sind Scheckung und Fleckung verschiedenen Typs, Weiß, Braun und Schwarz (Bilder 3.27: Farbtafel XII, 9.1: Farbtafel XXI, 9.16: Farbtafel XXV). Dem Alpaka fehlt eine Wildfarbe, sei es die des Guanakos, sei es die des Vikunjas, gänzlich (Bilder 3.29: Farbtafel XIII, 9.17: Farbtafel XXV). Seine Normalfarben sind Weiß, Dunkelbraun, Schwarz und Grau in mehreren Abstufungen. Scheckungen sind bei ihm selten.

Beim Hausrentier gibt es neben der Wildfarbe eine Palette anderer Färbungen wie Schwarz, Weiß, Rötlich, Scheckung und Silberung. In Alaska werden schwarze Tiere zur

Bild 9.13 Gürtelscheckung beim Schwein (deutscher Hybrideber)

Bild 9.18 Helles und dunkelbraunes Dromedar

Zucht bevorzugt, da sie als die besten gelten. Auch stahlgraue sollen als kräftige Tiere geeignet sein, gefleckte weniger, weiße kaum. Beim Hausrind gibt es eine reiche Farbskala. Viele Färbungen sind bei ihm für einzelne Rassen oder Rassengruppen unmittelbar kennzeichnend und haben auch die Rassennamen geprägt, z.B. Fleckvieh, (Bild 9.19: Farbtafel XXVI), Schwarzbunte (Bild 1.7) oder Rotbunte, Rotvieh, Gelbvieh, Blondvieh, Braunvieh und Grauvieh. Daneben gibt es schwarze Rassen und weiße Rinder unterschiedlichen genetischen Typs, von reinweißer bis zu elfenbeinfarbener oder grauweißer Ausprägung (Bild 9.2: Farbtafel XXI). Auch die zahlreichen Scheckungen lassen sich auf unterschiedliche Faktoren zurückführen. Bei den Zebus herrschen braune, graue, schwarze und weiße Tönungen und Scheckung vor (Bilder 2.8: Farbtafel VII; 3.33: Farbtafel XV). Die Wildfarbe, die in Nordeuropa bei Stieren und Kühen des Ures unterschiedlich war — schwärzlich bei den ersteren, bräunlich bei den letzteren (Bild 3.31: Farbtafel XIV), während im Mittelmeerraum offenbar auch die Urstiere braune Farbe trugen — ist nur noch bei wenigen Landrassen im Mittelmeergebiet zu finden. Ähnlich wie beim Hausrind gibt es auch beim Yak eine Vielfalt der Farben. Etwa 60% der Tiere sind gescheckt (Bild 3.34: Farbtafel XV). Das Balirind besitzt überwiegend die Wildfarbe des Banteng, bei dem die Stiere schwarz, die Kühe aber rotbraun sind (Bild 3.32: Farbtafel XIV); daneben existieren aber auch schwarze, weiße, gelbliche, graue und gescheckte Tiere. Ähnlich ist es beim Gayal und beim Hausbüffel.

Ähnlich dem Hausrind, zeigt auch das Hausschaf selten die Wildfarbe. Das Soay-Schaf, das auf früher Domestikationsstufe steht, verkörpert heute noch den Wildtyp (Bild 3.37). Alle weniger ursprünglichen Landrassen und alle Hochzuchtrassen tragen hiervon abweichende Färbungen. Verbreitet sind Weiß, Grau in verschiedenen Abstufungen, Schwarz, Braun in Tönungen von Kupfer bis Schwarzbraun, Scheckungen bis zu den nur die Kopfregion abweichend vom Körper ausfärbenden Typen Schwarzkopf-, Braunkopf- und Weißkopfschaf (Bild 9.20: Farbtafel XXVI). Bei der Hausziege ist der Wildtyp mit schwarzem Aalstrich auf dem Rücken, mit Schulterkreuz, Bauchstreif und Beinzeichnung in verschiedenen Tönungen der bräunlichen Grundfarbe nur bei den sog. ,,bunten" Ziegen anzutreffen (Bild 9.21: Farbtafel XXVII). Besonders häufige Farben sind Schwarz und Weiß, ferner Braun und Scheckungen verschiedenen Typs wie im Extrem die schwarz-weiße Körperhalbscheckung der Walliser Ziege (Bild 9.22: Farbtafel XXVII).

Auch bei den kleinen Hausnagetieren tritt die Wildfarbe weit hinter andere Färbungen zurück. Bei Ratte und Maus ist das Albinoweiß am weitesten verbreitet (Bilder 3.45, 3.46: Farbtafel XVI). Eine riesige Farbpalette machte gerade die Labormaus zum Gegenstand intensiven Studiums der Fellvererbung bei Säugetieren. Beim bereits anfänglich von einer Goldmutante der Wildform ausgehenden Goldhamster gibt es die Wildfarbe überhaupt nicht, dafür aber zahlreiche andere Farbtöne (Bild 3.47), beim Meerschweinchen ist die Wildfarbe kaum anzutreffen; Schwarz, Braun, Weiß und Scheckungen dominieren (Bilder 2.13, 2.14, 3.48).

Das Kaninchen ist vor allem durch die Arbeiten von Hans Nachtsheim ebenfalls zum klassischen Studienobjekt der Vererbung von Fellfarben geworden. Seit etwa dem ausgehenden Mittelalter läßt sich die zunehmende Verdrängung der Wildfarbe durch immer neue Farbabweichungen verfolgen (vgl. Kap. 2). Im 16. Jahrhundert gab es neben wildfarbenen Hauskaninchen das Albinoweiß (Bild 9.23), ferner eine gelbliche, eine braune und eine bläuliche Abweichung von der Wildfarbe, sowie das Schwarz und die Holländerscheckung. Im 17. Jahrhundert trat der Silberfaktor hinzu, im 18. und 19. Jahrhundert die sog. Russenfärbung aus der Albinoserie, die englische Scheckung (eine Punktscheckung), die Schwarzlohfarbe aus der Allelserie des Agutifaktors und zwei Allele des Schwarzfaktors, nämlich die sogenannte Japanerfärbung und das Eisengrau. In unserem

Bild 9.23
Albino-Hauskaninchen. Das Albino-Weiß war einer der ersten von der Wildfärbung abweichenden Farbtypen in der Kaninchenzucht.

Jahrhundert kamen vor allem weitere Allele der Albinoserie, die Chinchilla- und Marderfärbung, sowie ein Weißfaktor hinzu, und es wurden zahlreiche Kombinationstypen der verschiedenen Farbfaktoren erzüchtet, die teilweise das Bild einzelner Rassen prägen.

Diese Übersicht läßt deutlich erkennen, daß bei Haustieren der jeweilige Wildfarbtyp weitgehend auf nicht hochgezüchtete Arten oder auf sehr ursprünglich gebliebene Landrassen beschränkt ist. Nahezu überall, wo aus einer Haustierart spezielle Hochzuchtrassen entstanden, fiel er schließlich ganz weg. So erscheint die Farbselektion als ein wesentlicher Vorgang im Verlauf der Haustierwerdung, der bei manchen Arten die Primärdomestikation selbst in Gang brachte, bei anderen zunehmende Bedeutung für die Hochzucht erlangte. Der Anstoß hierzu ist in vielen Fällen im kultischen Rahmen zu suchen, zunächst weniger in praktischen Erwägungen. Das Interesse am Ungewöhnlichen, am Auffälligen, von der Norm Abweichenden trägt auch heute noch zur Erhaltung einzelner, kaum noch praktischen Nutzen besitzender Landrassen verschiedener Haustierarten bei; dies gilt auch für den direkten Anstoß zur Haustierwerdung von Ratte und Goldhamster. Der im vorhergehenden Kapitel aufgezeigte Zusammenhang von Fellfärbung und Verhalten sowie die gesteigerte Bereitschaft des Menschen, ein abweichend gefärbtes Tier zu halten, schafft eine für das Domestikationsgeschehen geradezu ideale Kombination. Sie mußte letztlich Haustiere entstehen lassen, selbst ohne daß diese zunächst auf eine unmittelbare praktische Nutzung gerichtet waren. Auffällig abweichend gefärbte Tiere, an deren Andersartigkeit die Sonderbehandlung des Menschen ansetzte, besaßen so eine erstrangige Bedeutung im Prozeß der Haustierwerdung.

Übersicht über den Kapitelinhalt

Die Auslese von Fellfärbungsvarianten, die deutlich von der Wildnorm abweichen, erscheint in hohem Maße verknüpft mit dem Interesse des Menschen am Ungewöhnlichen. Dies teilt solchen besonders auffälligen Tieren in vor- und frühgeschichtlichen Kulturen leicht eine große kultische Rolle zu. Dadurch ist vielfach ein Anstoß zur Haustierwerdung einer Wildart im kultischen Interesse zu suchen und im Wunsch, Ungewöhnliches zu erhalten. Es brauchte damit keinesfalls sofort ein rein praktisches Nutzungsziel im Alltag der Menschen dieser Zeiten verbunden zu sein. Die spezielle Domestikationseignung vieler abweichend gefärbter Tiere brachte eine derartige, unabhängig von profanen Gesichtspunkten eingeleitete Haltung gleichzeitig auf den Erfolgsweg. In gleicher Weise mag ein solches Verfahren die Einleitung von Hochzuchten aus der Masse noch wenig veränderter Primitivhaustiere beschleunigt haben. Farbselektion erscheint ganz allgemein als ein zentraler Faktor im Rahmen der Haustierwerdung.

10 Grenzen der Belastbarkeit

Die Verarmung der Merkwelt, die unter gleichen Umweltbedingungen das Haustier auf ein tieferes Streßniveau als das Wildtier setzt, hat gleichzeitig ein Sinken seiner Anpassungsfähigkeit an akute Belastungen zur Folge. Die verringerte Nebennierengröße geht mit einer gesenkten Corticosteroidproduktion einher. Entsprechende Belastungsexperimente an domestizierten Füchsen (Kap. 12) zeigten, daß die Corticosteroidausschüttung vergleichsweise stärker erhöht wird als bei der Vergleichsgruppe, ohne jedoch in der Regel deren absolute Werte zu erreichen. Wie bei anderen Organen der Fall, so beeinträchtigt mangelndes ständiges Training offensichtlich auch die Leistungsmöglichkeit des Streßorgans Nebenniere in entscheidenden Belastungssituationen. Laborratten scheinen beispielsweise unter großer Winterkälte größere physiologische Anpassungsschwierigkeiten zu haben als Wildratten. Während letztere dabei unter anderem ihr Körpergewicht halten können, sinkt es bei ersteren ab. Belastungen solcher Art oder Kämpfe und Erschöpfung haben bei Wildratten keine meßbaren Auswirkungen auf den Ascorbinsäure-(Vitamin C-)Gehalt der Nebennieren, während sie bei Laborratten zu sehr starker Ascorbinsäure-Abnahme führen. Albinomäuse besitzen über ihren Fellfarb-Verhaltens-Zusammenhang offenbar geringere Kältefestigkeit als wildfarbene Labormäuse. Hochzuchtfleischschweine mit besonders geringer Nebennierengröße sind bei physiologischen Belastungen verschiedener Art besonders wenig anpassungsfähig.

Diese ursächliche Beziehung der Merkweltverarmung und der Zunahme der Anfälligkeit unter extremen Umweltbedingungen führt zu einer zunehmenden Beschränkung der Überlebensfähigkeit des Haustieres auf einen letztlich mehr oder minder engen, vom Menschen überwachten und gesteuerten Bereich, je weiter die Einschränkung der Informationsaufnahme- und Informationsverarbeitungsfähigkeit in Richtung auf Hochzuchthaustiere fortgeschritten ist.

Änderungen der Merkwelt und damit letztlich Änderungen der Belastbarkeit eines Tieres lassen sich aber nicht allein durch züchterische Maßnahmen, sondern auch durch die Form der Haltung beim heranwachsenden Individuum erzielen. Versuche von David Krech, Mark R. Rosenzweig und Edward L. Bennett mit Laborratten ergeben hier weitere Einblicke. Ratten, die nach ihrer Entwöhnung im Alter von drei bis vier Wochen einen Monat lang in Einzelkäfigen ohne Sichtkontakt zu anderen Ratten, also in verarmter Umwelt aufgezogen wurden, schnitten in Problemlösetests schlechter ab als Vergleichstiere, die während dieser Zeit in großen Gemeinschaftskäfigen mit Erkundungsverhalten anregender, teilweise wechselnder Einrichtung lebten und täglich noch zusätzliche Erkundungsmöglichkeiten in einer Testapparatur erhielten. Diese Ratten aus angereicherter Umwelt besaßen einen um etwa 3% größeren Cortex des Gehirns (vgl. Kap. 6) und eine um etwa 4% höhere Aktivität des den Neurotransmitter Acetylcholin abbauenden Enzyms Cholinesterase im gleichen Hirnabschnitt (vgl. Kap. 7). Der Entzug sozialer Kontaktmöglichkeiten und die Verarmung erkundbarer unbelebter Umwelt wirken sich also schließlich in einer Minderung der Fähigkeit und Aktivität der Informationsverarbeitung aus und setzen das Tier damit auf ein unter vergleichbaren Außenbedingungen geringeres Streßniveau.

Moderne, rationalisierte Tierzuchtverfahren machen sich dieses Prinzips zunutze, indem sie entsprechende Umwelt-verarmende Aufzuchtbedingungen schaffen. Ferkel und Kälber werden frühzeitig von den Müttern abgesetzt. Ihre weitere Aufzucht erfolgt zwar in enger Gemeinschaftshaltung mit Gleichaltrigen, aber doch mit reduzierter Möglichkeit

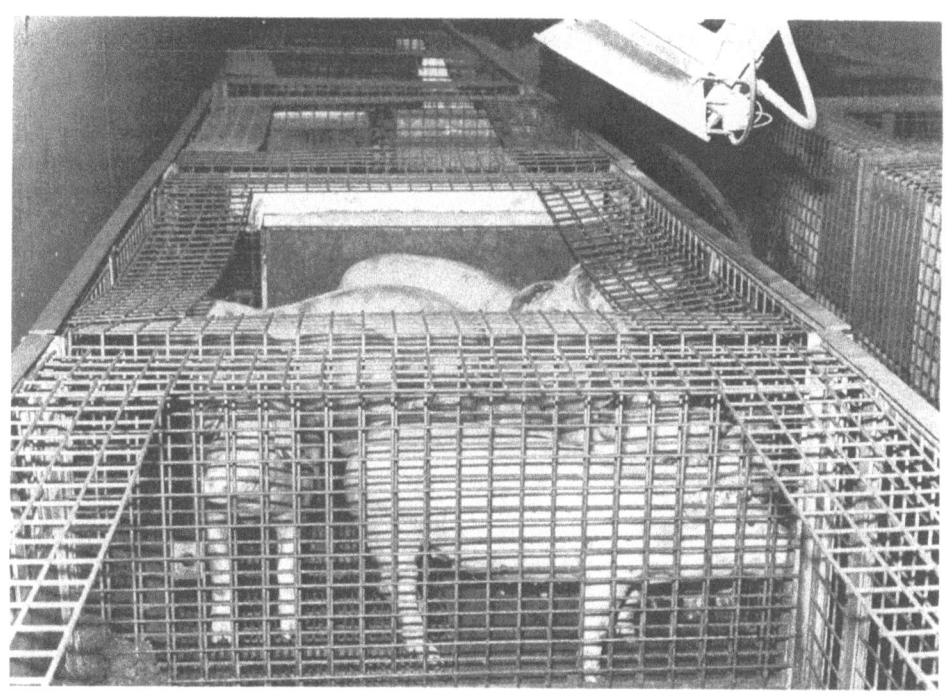

Bild 10.1 und **Bild 10.2** Senkung des individuellen Raumanspruchs zur rationellen Schweineproduktion: Käfighaltung der Ferkel ab dem 22. Lebenstag bis zum Gewicht von etwa 20/25 kg (Alter 2 bis 3 Monate). Heizstrahler sorgen für die Einhaltung der notwendigen Temperatur.

Bild 10.3 Der in der Hochleistungs-Schweineproduktion angesetzte Mindestraumbedarf geht kaum noch über den von der reinen Tiergröße selbst notwendigen Platz hinaus. In Gruppenhaltung sind die Tiere damit eng zusammengepfercht (Maststall mit Teilspaltenboden).

des sozialen Lernens. Dies geschieht durch Einschränkung der räumlichen und bewegungsmäßigen Entfaltung und durch Verhinderung des Zusammentreffens mit unterschiedlichen Altersstufen, wie dies in einer natürlichen Gesellschaftsstruktur gegeben ist. Auch die hochgradige Uniformierung der Stallumwelt erleichtert offensichtlich die fortdauernde Gemeinschaftsenghaltung. Gängige Zahlen aus der heutigen Hochleistungszucht von Schweinen lassen die Enge und soziale Zusammenpferchung beispielhaft erkennen, unter denen noch ein erfolgreiches Aufwachsen und eine spätere erfolgreiche Fortpflanzung bei Hochzuchthaustieren möglich sind. Als Richtmaß für die Gemeinschaftshaltung von 8 bis 10 Ferkeln im Gewicht bis etwa 20/25 kg gilt eine Raumfläche von nur 2,5 m^2, das entspricht einer Fläche von nicht mehr als 1/4 m^2 pro Ferkel. Für 30 kg schwere Tiere wird als Mindestflächenbedarf etwa 1/3 m^2 pro Ferkel angesetzt, für Sauen-Nachzucht etwa 0,8 m^2 pro 100 kg schwerem Tier. Die Gruppenhaltung tragender Sauen sieht immerhin 2 m^2 je Tier vor, für einen Zuchteber sollen etwa 6 m^2 Fläche bei Einzelhaltung verfügbar sein. Als Standardmaße für einen Einzel-Kastenstand für tragende Sauen gelten eine obere maximale Breite von 65 cm und eine Liegeflächenlänge von 190 cm, wobei die gesamte Buchtenlänge mit Freßplatz und einem hinteren Abstand 250 cm nicht überschreitet. Unter solchen Bedingungen lassen sich durchaus landwirtschaftlich vorteilhafte Aufzuchtergebnisse erzielen. Die Zuchtleistungsprüfung 1976 erbrachte in der Bundesrepublik Deutschland für die in der großen Mehrheit gezüchtete Deutsche Landrasse im Mittel 10,5 Ferkel je Wurf und 19,1 aufgezogene Ferkel je Sau und Jahr (Bilder 10.1–10.5).

Mit solchen, rein von der Tiergröße her kaum noch weiter verringerbaren Enghaltungsbedingungen sind allerdings auch die Grenzen der sowohl aus der genetischen Grundlage

Bild 10.4
Einzelbuchtenhaltung tragender Sauen. Die Tiere verbleiben hier bis 3 Tage vor der Geburt der Jungen („Abferkeln").

entsprechender Hochzuchtrassen als auch aus ihrer speziellen Aufzuchthaltung gespeisten Belastbarkeit erreicht. Beobachtungen von Erich Peter in der Arbeitsgruppe des Verfassers zeigten bei Sauen im Wechsel vom 1,5 m² großen Kastenstand zur 4,4 m² großen Einzelbucht, beziehungsweise umgekehrt, unterschiedliche Anteile einzelner Aktivitätsformen und gewisse Unterschiede im weißen Blutbild, die als Anzeichen vermehrten Stresses unter der Enghaltung gedeutet werden können. Die motorische Aktivität geht in der Engbox stark zurück, der mit dem Nebennierenrindensystem in Beziehung stehende relative Anteil der eosinophilen Granulozyten im Blut fällt ab, die Sauen reagieren damit physiologisch als stärker belastet. Daß sie unter solchen Bedingungen dennoch eher bessere Trächtigkeitsergebnisse und gleichmäßigere Würfe mit einer etwas höheren Anzahl lebend geborener Ferkel als bei Gruppenhaltung erbringen, ist wiederum in der Reduktion psychosozialen Stresses bei der Einzelhaltung zu suchen, was offenbar sogar überkompensierende Wirkung in Bezug auf den geringeren Streß aus der Enghaltung hat (Bild 10.6).

Die klimatisch, fütterungsmäßig und hinsichtlich der sonstigen Außenreize weitgehend standardisierten und konstanten Haltungsbedingungen der modernen Hochleistungs-Tierzucht führen dazu, daß zwar die aus der enggepferchten Gruppenhaltung denkbare extrem hohe psychosoziale Belastung tatsächlich keine entscheidend einschneidende Rolle spielt, daß aber spezielle Reizkonstellationen, an die im gesamten Leben des Tieres kaum eine

Bild 10.5 Ferkelbucht, in der die Ferkel bis zum Alter von 22 Tagen bei der Mutter bleiben, ehe sie zur weiteren Aufzucht getrennt werden (Bilder 10.1, 10.2). Die Sauen kommen 3 Tage vor dem berechneten Geburtstermin hierher.

Gewöhnungsmöglichkeit bestanden hatte, durch das völlige Unvorbereitetsein des Organismus, vor allem der Nebennieren, in fatalem Maße akute Streßreaktionen zur Folge haben können. So ging mit der zunehmenden Rationalisierung der Schweinehaltung und der fortschreitenden Hochzucht auf Fleischerzeugung auch die Transportsterblichkeit bei Schweinen stark in die Höhe. In der Bundesrepublik Deutschland entstanden 1976 durch Transportverluste beim Verbringen zu den Schlachthöfen insgesamt 76,6 Millionen DM Schaden. Die an gleichmäßigen Umgang in den Stallungen, gleichmäßige Temperaturen und Beleuchtungswechsel, sowie bestimmte Sozialpartner aus der eigenen Haltungsgruppe gewöhnten Tiere werden vielfach überfordert durch plötzliche hohe Erregung beim Zusammengetriebenwerden auf die Ladefläche unter völlig veränderter Außensituation, durch manchmal nicht rutschfeste Rampen und Böden, durch Zusammenkommen mit nur wenig bekannten oder ganz unbekannten anderen Tieren auf engstem, manchmal auf zu engem Raum, und durch Wärmestau in unzureichend belüfteten und temperierten Transportfahrzeugen. Dies hat Streßreaktionen bis hin zum Streßtod zur Folge. Die speziellen Vorbedingungen schaffen die zunächst paradox erscheinende Situation, daß die auf erhöhte psychische Toleranz gezüchteten Haustiere Streßreaktionen wie stark anfällige Wildtiere zeigen. Das mit der Merkwelt-Verarmung eingehende Sinken der Anpassungsfähigkeit an akute Belastungen hat hier offensichtlich ein Endstadium erreicht.

Die im Verlauf der Hochzucht von Haustieren erreichten Grenzen der Belastbarkeit liegen bei den einzelnen Arten − und dort wiederum bei den einzelnen Rassen − sehr ver-

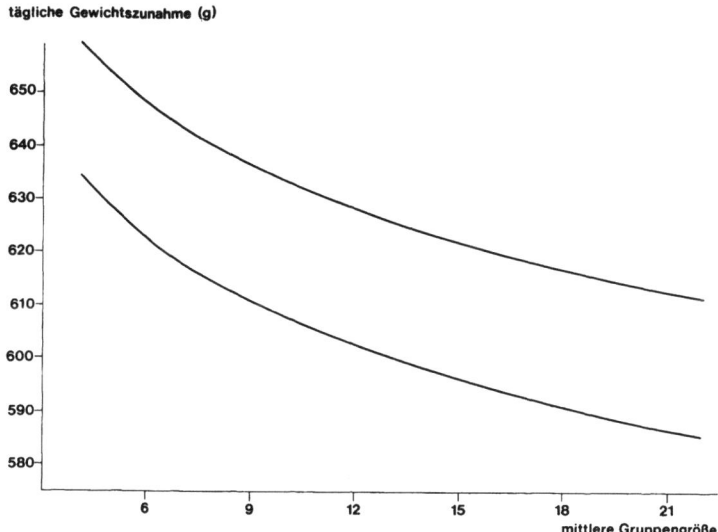

Bild 10.6 Diagrammdarstellung zur Wirkung psychosozialen Stresses in der modernen Mastschweinehaltung: Abhängigkeit der mittleren täglichen Gewichtszunahme von der Zahl gemeinsam aufgestallter Mastschweine (Gruppengröße, siehe Bild 10.3). Obere Kurve: sogenannte dänische Aufstallung, bei der auf festem Boden der Liege- und Freßplatz durch eine Zwischenwand vom Mistplatz teilweise getrennt ist. Untere Kurve: Ganzspaltenbodenaufstellung, bei der parallel angeordnet Bohlen mit schmalen Spalten dazwischen als Boden dienen. Liege- und Mistplatz werden damit zu einer Einheit; das Spaltensystem erlaubt an allen Stellen den Harn- und Kotdurchtritt und somit die Unterflurentmistung. Die unterschiedliche Lage beider Kurven veranschaulicht, daß neben dem psychosozialen Streß auch die Belastung durch unterschiedliche Konstruktion der Stallumwelt eine beachtliche Rolle beim Aufwachsen der Schweine spielt. (Kurven berechnet nach Werten bei H.M. Blendl (1977): Haltungssysteme für Mastschweine. In: Schaumann Handbuch der tierischen Veredlung. Kamlage, Osnabrück).

schieden. Die moderne Standardisierung der Zucht- und Haltungsbedingungen bringt mit ihren Richtwerten vor allem Nutzungsunterschiede der Arten gut zum Ausdruck. Anbindeställe zur Jungbullenmast sehen bis zum Gewicht von 300 kg eine Standlänge von 120 bis 130 cm und eine Standbreite von 70 bis 80 cm vor, bis zum Gewicht von 600 kg eine Länge von 140 bis 160 cm und eine Breite von 90 bis 100 cm, also eine der Enghaltung von Schweinen voll vergleichbare räumliche Situation (Bild 10.8). Ähnlich ist es auch bei der ganzjährigen Stallhaltung von Schafen. Hier geben die Richtwerte für den Flächenbedarf etwa 1 m^2 pro Mutterschaf ohne Lamm und etwa 1,5 m^2 pro Mutterschaf mit Lämmern, zwischen 1/2 und 3/4 m^2 pro Mastlamm und 1,5 bis 2 m^2 pro Bock bei Gemeinschaftshaltung oder 3 bis 4 m^2 pro Bock bei Einzelhaltung. Diesen drei ganz auf die Fleischerzeugung ausgerichteten Formen steht das Pferd gegenüber. Als Mindestfläche der Stallboxe einer Zuchtstute gelten 12 bis 16 m^2, für ein oft bewegtes Reitpferd 10 m^2. Zusätzlich wird ein Auslauf am Stall oder, noch besser, regelmäßiger Weidegang empfohlen. Hier zeigt sich der totale Nutzungsunterschied über einen mehrfachen Flächenanspruch des Pferdes gegenüber den Fleischtieren.

Die Einschränkung der Überlebensfähigkeit von Hochzuchtrassen auf die vom Menschen geschaffene und möglichst konstant gehaltene Umwelt beruht in vielen Fällen neben Merkweltverarmung mit Sinken der Anpassungsfähigkeit an akute Belastungen

Bild 10.7 Kälberaufzucht in der Sammelbucht (Gemeinschaftsstall). Die Tiere kommen im Alter von etwa 12 Tagen hierher.

Bild 10.8 Jungbullenmast im Anbindestall, eine der Enghaltung bei Schweinen vergleichbare räumliche Situation in der modernen Rindfleischproduktion

Bild 10.9 Die Milchviehhaltung gibt den Kühen erweiterte Bewegungsmöglichkeit. Im Liegeboxenstall steht den Tieren zwar individuell ebenfalls nur ein sehr beschränkter Boxenraum zur Verfügung, sie können jedoch im ganzen Stall umhergehen und verlassen ihn im Sommer zum freien Weidegang bei Tage.

auch auf einer Reihe anderer Faktoren. Dort, wo eine Minderung des ursprünglichen Haarkleides bis zur Nacktheit selektiert wurde, erwuchsen neue Anforderungen an die Mindesthöhe und die Gleichmäßigkeit der Außentemperatur. Längere Unterschreitung der unteren Temperaturgrenzwerte überfordern die Regulationsfähigkeit des Organismus, da die Isolationswirkung des ursprünglichen Felles fehlt, und führen schließlich zum Unterkühlungszusammenbruch. Dies ist nicht nur für Nackthunde und Nacktkatzen von Bedeutung, sondern auch eine Ursache für die Notwendigkeit der Einhaltung bestimmter Temperaturzonen in der von Isolationsmaterialien aller Art befreiten modernen Schweinehaltung. Bei der Extremform strohloser Ferkelaufzucht auf Ganzrostboden benötigen 5 kg schwere Ferkel eine Temperatur von etwa 26 °C, die bei jeweils etwa Verdopplung des Tiergewichtes um je 2 °C gesenkt werden kann, bis eine Temperatur von etwa 18° erreicht ist (Bild 10.1). Das arbeitsaufwendige, aber Isolationsmaterial verwendende andere Extrem, nämlich Haltung auf festem Stallboden mit Einstreu, erlaubt um jeweils 4 bis 6° mindere Temperaturen. Eine weitere bedeutsame Einschränkung der vom Menschen unabhängigen Überlebensfähigkeit ist bei Haustierrassen gegeben, bei denen in hohem Maße Störungen des normalen Geburtsablaufes auftreten. So sind beispielsweise Perserkatzen, als eine der extremen Hochzuchtrassen der Hauskatze, zu einem besonders hohen Prozentsatz auf die unmittelbare Hilfe des Menschen beim Geburtsablauf angewiesen, wenn die Jungen überleben sollen. Dies beginnt mit Störungen im Wehenablauf, beinhaltet dann das häufig mangelhafte oder ganz unterbleibende Entfernen der Fruchthüllen von den erstickungsgefährdeten Neugeborenen, das häufige Unterbleiben des Abnabelns, das mangelhafte Trockenlecken der Jungen und schließlich das häufig unterbleibende Fressen der Nachgeburt. Dieses äußerst passive Verhalten der Katzenmütter bei der Geburt stellt schon in nahezu jedem einzelnen Punkt ein Überleben der Neugeborenen ohne helfendes Eingreifen des Züchters total in Frage.

Übersicht über den Kapitelinhalt

Die Verarmung der Merkwelt des Haustieres geht über die Nebennierenfunktion mit einem Sinken seiner Anpassungsfähigkeit an akute Belastungen einher. Diese angeborene und rassenspezifische Situation läßt sich durch spezielle Aufzuchtverfahren in reizverarmter Umwelt weiter steigern. Damit ist in der Zucht von Fleisch-Hochleistungsrassen zwar eine Senkung des individuellen Raumanspruchs zur rationellen Tierproduktion bis in den Bereich des von der reinen Körpergröße her vorgegebenen Mindestraumbedarfs erzielbar, gleichzeitig wird aber auch die Grenze der Anfälligkeit, des Nicht-Überlebens bei ungewohnten Belastungen erreicht. Spezielle Selektionsrichtungen zu unterschiedlichen Nutzungszwecken ließen Hochzuchthaustiere entstehen, deren eigenständige Überlebensfähigkeit außerhalb der ihnen vom Menschen gebotenen, weitgehend standardisierten Umweltbedingungen in vielen Fällen stark eingeschränkt ist.

11 Zähmung und Verwilderung

Zähmung ist grundsätzlich nicht gleich Domestikation. Sie ist auch keine unbedingte Voraussetzung für die Domestikation, wenn auch Domestikationsprozesse meist mit mehr oder minder gezähmten Tieren abgelaufen sein mögen. Genausowenig ist Zähmung ein erster Schritt auf dem Wege zur Domestikation. Die beiden polaren Zustandsformen eines Tieres in Bezug auf den Menschen, nämlich gezähmt oder ungezähmt, sind sowohl bei Haustieren als auch bei Wildtieren möglich. Unterschiedlich ist nur die für beide normale Situation: für das Haustier ist dies der Zustand des Gezähmtseins, für das Wildtier der Zustand des ungezähmten Wildlebens. Wie es aber auf der einen Seite gefangen gehaltene und voll gezähmte Wildtiere gibt, so gibt es auf der anderen verwilderte und damit ungezähmt-wildlebende Haustiere. Der Unterschied liegt allein auf quantitativer Ebene: infolge minderer Bedeutsamkeit von Umweltreizen, infolge einer verarmten Merkwelt, erscheint das Haustier dem Wildtier gegenüber insofern grundsätzlich zahmer, als es mindere Fluchtdistanzen einhält. Aus diesem Gesichtspunkt heraus sind die Bestimmungen des bürgerlichen Rechts der Bundesrepublik Deutschland zu verstehen, die zwischen wilden, freilebenden Tieren, wilden, gefangenen oder gezähmten Tieren und zahmen Tieren unterscheiden. Letztere meinen die Haustiere.

Die Zähmung ist eine Bedingung für den vertrauten, unproblematischen Umgang des Menschen mit seinen Haustieren. Der Zähmungsvorgang beinhaltet einen Lernprozeß auf der Seite des Tieres, bei dem der Fluchtabstand und eventuelle Aggressivität dem Menschen gegenüber mehr und mehr reduziert werden. Vom voll gezähmten Tier wird der Mensch schließlich nicht mehr mit Gefahr assoziiert. Da bei Haustieren in Menschenobhut dieses Lernen vor allem in Form eines Lernens durch Gewöhnung schon in frühester Jugend abläuft, bevor ein sichtbares Meideverhalten überhaupt ausgebildet wird, verläuft es in der Regel für den Betreuer ganz unauffällig. So kommt es dazu, daß das Haustier als von Geburt an zahm erscheint, wiewohl dies tatsächlich nicht in einem Maße der Fall ist, das über die Grundverhaltenscharakteristik des Haustieres hinausgeht.

Mit dem Erreichen der Geschlechtsreife wird bei zahlreichen männlichen Haustieren der Umgang mit dem Menschen trotz oder sogar gerade wegen ihrer Zahmheit wieder problematisch. Der Mensch wird zunehmend zur Zielscheibe von Aggressionen, nachdem die Zähmung dem Tier die hemmende Angst vor ihm genommen oder sich gar nicht erst hat voll entwickeln lassen. Zur Überwindung dieses Problems findet das Mittel der Kastration Anwendung, das in diesem Zusammenhang eine Form „physiologischer Zähmung" darstellt. Anstelle aggressiv-widerspenstiger, schwer zu handhabender Individuen schafft es solche mit umgänglichem Verhalten und leichterer Handhabbarkeit, also wieder insgesamt zahme Tiere.

Die Kastration unterbindet die Keimdrüsenaktivität und sorgt bei den Männchen für den Wegfall des für das typisch „männliche" Verhalten verantwortlichen männlichen Sexualhormons Testosteron. Gerade für Haustier-Männchen, die im Gegensatz zu ihren Wildahnen mehr oder minder ganzjährig brunftig sind (vgl. Kap. 4), bringt dies einen wesentlichen physiologischen Zähmungseffekt. Die allgemeine „Haustierhaftigkeit" wird auf diese Weise gefördert.

Im Streß-System der Säugetiere gibt es Unterschiede zwischen Männchen und Weibchen. Allein Corticosteroide im Blut, die nicht an Globuline gebunden sind, sind biologisch aktiv und spielen damit im Streßgeschehen eine Rolle. Die betreffende Bindekapazität ist bei Männchen geringer als bei Weibchen. Gleichzeitig erscheint die Domestikationswirkung bei den Männchen geringer. So war der Unterschied im Corticosteroidspiegel zwischen unselektierten und von D.K. Belyaev und L.N. Trut einer Domestikations-Selektion unterworfenen Silberfüchsen bei den Weibchen größer als bei den Männchen. Männliche Tiere scheinen auf einem geringeren Niveau psychischer Belastbarkeit zu stehen als weibliche. Hier greift die Kastration ein.

Infolge von Wechselbeziehungen der Sexualhormone mit den Wachstumshormonen kommt es bei frühzeitiger Kastration in der jugendlichen Wachstumsphase zu Wachstumsänderungen. Bei Katzen führt eine Frühkastration zwar zu Wachstumssteigerungen des Körpers, aber offenbar zu einer Verringerung der Hirngröße. Entsprechende Hinweise liegen auch für Kastration bei Menschen vor. In welcher Weise das Informationsverarbeitungssystem hiervon betroffen wird, ist allerdings noch unbekannt. Möglicherweise übt die Kastration einen vielschichtigen Einfluß auf das Streßgeschehen aus. Sie verhilft noch dort zur Umgänglichkeit des Tieres, wo weder die im Domestikationsprozeß ablaufende Selektion, noch der zusätzliche Lernprozeß bei der Zähmung allein ausreichend sind.

In der Praxis wird hiervon bereits auf früher Stufe der Domestikation vielfacher Gebrauch gemacht. So lassen die Rentierhalter des Nordens meist nur Junghirsche zur Fortpflanzung kommen und kastrieren ältere, um das Heranwachsen alter, aggressiver Hirsche zu vermeiden. Die Erzeugung von Ochsen als zur Arbeitsleistung problemlos einsetzbaren Tieren ist in der Rinderhaltung uralter Brauch, soweit das Rind als Arbeitstier heute in den hoch-industrialisierten Ländern nicht überflüssig geworden ist. Beim Pferd erhöht die Kastration zum Wallach die Handhabbarkeit des Reittiers. Bei der Katze verhindert der Eingriff die starke Geruchsbelästigung durch das Markierungsharnen des erwachsenen Katers. Solche Beispiele positiver Auswirkung für den täglichen Umgang mit Haustieren ließen sich von anderen Arten weiter vermehren.

Im Gegensatz zur Zähmung steht die Verwilderung des Haustieres, wobei infolge der für sie geltenden Einschränkungen allerdings kaum Hochzuchtrassen in Frage kommen (s. vorhergehendes Kap.). Populationen verwilderter Haustiere erlauben es, Haustierverhalten und Dynamik von Haustierpopulationen ohne menschlichen Einfluß und damit ohne Zähmung zu studieren und den unmittelbaren Vergleich zur Situation freilebender Wildtiere zu ziehen. Lange Zeit zurückliegende Verwilderung gibt ferner Gelegenheit, die Wirkung natürlicher Selektion auf Haustierpopulationen zu beobachten. Für diese Studien sind allerdings nur solche Populationen nutzbar, die in Regionen verwilderten, in denen die jeweilige Stammart fehlt, wo keine auf die Verwilderung folgende Einkreuzung des Wildtieres das Bild verwischen kann.

Die genannten Bedingungen sind vor allem auf manchen Inseln anzutreffen, wo der Ausgangsbestand der jeweiligen Haustiere von Seeleuten als Frischfleischbasis für späteres Anlaufen ausgesetzt worden war. Allerdings fehlen gerade an solchen Plätzen in der Regel Nahrungskonkurrenten oder Raubfeinde und deshalb auch der Selektionsdruck, der für eine Rückevolution von Haustiereigenheiten in Richtung auf die Wildtiersituation verantwortlich sein könnte.

Bislang vorgenommene Vergleichsstudien am informationsverarbeitenden System, Erfassungen der Farbvariabilität, die hier im Hinblick auf die Farb-Verhaltens-Beziehungen von besonderem Interesse ist, und Verhaltensbeobachtungen an verwilderten Haustieren beziehen sich vor allem auf solche Inselpopulationen. Verhaltensstudien an verwilderten Rinder- und Pferdeherden unterschiedlicher kontinentaler Herkunft sind hier insofern nicht auswertbar, als die Bezugsbeobachtungen an den zugehörigen Wildformen unter entsprechenden Freilandbedingungn fehlen bzw. infolge Aussterbens des Wildahns nicht mehr nachholbar sind. Verwilderte Hunde, Katzen, Schweine, Rinder und Ziegen der Galapagos-Inseln besitzen die volle Haustier-Farbskala und lassen keine Hirngrößenveränderungen erkennen. Das sehr ursprünglich gebliebene, früh verwilderte Soay-Schaf der

St. Kilda-Inseln hat die gleiche geringe Hirngröße wie andere Hausschafe. Katzen, die etwa 1950 auf den Kerguelen im südlichen Indischen Ozean ausgesetzt wurden, erfuhren — verglichen mit anderen Hauskatzen — in den wenigen Generationen der folgenden 20 Jahre keine Hirngrößenänderung. Bereits 1874 dort zurückgelassene Hauskaninchen, die sich so gut vermehrten, daß sie schließlich starke Schäden am Pflanzenwuchs anrichteten, scheinen andererseits schon bis 1900 etwas größere Hirne entwickelt zu haben, ohne aber das Niveau des Wildkaninchens zu erreichen. Zur sicheren Beurteilung dieses Falles wäre es notwendig, die Hirngröße der Ausgangsrasse zu kennen. Typische Haustier-Färbungen finden sich bei verwilderten Ziegen, Schafen und Schweinen der Hawaii-Inseln.

Die verarmte Merkwelt, die höhere psychische Toleranz des Haustieres besteht nach der Verwilderung fort. Verwilderte Katzen, Hunde und Ziegen lassen sich sehr schnell zähmen, ihre Verteidigungsbereitschaft bei der Anwesenheit von Jungtieren erscheint geringer, als es bei Wildtieren der Fall ist. Entsprechend bestehen die Haustier—Wildtier-Unterschiede im sozialen Verhalten fort. Verwilderte Schafe und Ziegen bilden größere Gesellschaften als ihre Wildarten. Die Aktivitätsrhythmik des Soay-Schafs ist im wesentlichen diejenige anderer Hausschafe.

Eine geradezu gegensätzliche Ausnahme von diesem Fortbestand des typischen Haustierwesens auch nach vielen Generationen der Verwilderung stellt das Porto-Santo-Kaninchen dar (Bild 11.1). Diese Form der Insel Porto Santo bei Madeira ist das kleinste frei lebende Kaninchen, kaum größer als ein Meerschweinchen, und läßt sich zugleich als das wildeste aller wildlebenden Kaninchen kennzeichnen. Sein besonders ungebärdiges Verhalten erschwert die Reinzucht in Gefangenschaft in starkem Maße. Um überhaupt eine Aufzucht zu gewährleisten, ist der Einsatz von Hauskaninchen-Ammen notwendig. Hier haben wir es offensichtlich mit einer gegensätzlich zum Haustier sogar geringeren psychischen Toleranz als beim zugehörigen Wildtier zu tun. Während des halben Jahrtausends ihres Verwildertseins unterlag die Kaninchen-Population von Porto Santo einer Evolution, die sozusagen zu einem Super-Wildtier führte. Allerdings ist der Domestikationsgrad der 1418 ausgesetzten, aus Portugal kommenden Häsin mit Jungen, auf die diese

Bild 11.1 Porto-Santo-Kaninchen, die kleinste frei lebende Kaninchenform, die auf Tiere unbekannten Domestikationsgrades in der Frühzeit der Kaninchenzucht zurückgeht

Population zurückgeht, unbekannt. Es mag sich durchaus um Gehegekaninchen auf der Frühstufe des Übergangsbereiches vom Wildtier zum Haustier gehandelt haben, bei denen der Wildkaninchentyp noch kaum oder nur wenig abgewandelt war. So ist die Frage offen, ob man in diesem Fall tatsächlich von einer Verwilderung eines fertigen Haustieres sprechen kann.

Gerade beim Kaninchen läßt sich die Abhängigkeit des Verwilderungsergebnisses von der jeweils erreichten Domestikationsstufe recht gut verfolgen. Gehegehaltung von Wildkaninchen war seit der Römerzeit üblich und wurde für Jagdzwecke im Mittelalter fortgeführt. Gleichzeitig dürfte parallel dazu seit Beginn des Mittelalters mit der Kaninchenhaltung in Klöstern die Domestikation vorangeschritten sein, die bis Ende des Mittelalters prinzipiell wohl mit der Erreichung echter Hauskaninchen einen ersten Abschluß gefunden hatte. Aus der Gefangenschaftshaltung kam es bereits in vorchristlicher Zeit im römischen Kulturbereich zu Kaninchenaussetzungen auf den Balearen und auf Korsika. Im Verlauf des Mittelalters wurden Gehegekaninchen in Frankreich, England und Deutschland ausgesetzt, beispielsweise um 1230 auf der Nordseeinsel Amrum. Aus allen diesen Kaninchen gingen heutige Wildkaninchenpopulationen hervor. Die Ausgangstiere waren also gefangen gehaltene Wildtiere, die noch nicht den Weg der Haustierwerdung beschritten hatten. So mag es auch bei den Vorfahren der Porto-Santo-Kaninchen vom Beginn des 15. Jahrhunderts der Fall gewesen sein. Kaninchenaussetzungen in der Neuzeit gehen dann im Gegensatz zur vom Menschen gesteuerten Kaninchenausbreitung während des Mittelalters auf fertige Hauskaninchen zurück. 1859 wurden einige Kaninchen aus England, die, allerdings nicht unwidersprochenen Angaben zufolge, Hauskaninchen gewesen sein sollen, im Staat Victoria in Australien freigelassen; bis 1890 war Australien bereits von schätzungsweise 20 Millionen Kaninchen bewohnt. Um 1930 konnten Australien und Neuseeland zusammen jährlich etwa 100 Millionen Kaninchenfelle ausführen. Das zur Landplage gewordene australische Kaninchen blieb währenddessen aber offenbar in seinen Verhaltensgrundzügen ein Hauskaninchen. Es wird als weniger grabefreudig als echte Wildkaninchen beschrieben, sogar als mehr kletternd, und die Jungen sollen sich oft in Lagern auf, nicht unter dem Boden finden. Dies stünde mit den Ergebnissen vergleichender Verhaltensbeobachtungen an Wild- und Hauskaninchen als hauskaninchenhaft in Einklang. Auch das erst 1930 auf der kleinen Nordseeinsel Memmert bei Juist ausgesetzte Hauskaninchen blieb verhaltensmäßig ein Haustier (Bild 4.3: Farbtafel XVIII).

Das Beispiel des Kaninchens unterstreicht die an sich zwangsläufige Schlußfolgerung, daß Populationen, die aus Verwilderungen resultieren, um so wildtierähnlicher sind, je früher es im Verlauf des Domestikationsgeschehens zu solchen Verwilderungen kommt. Im ersten Anfangsstadium einer sich aus Gehegehaltung von Wildtieren entwickelnden Haustierwerdung dürfte es im allgemeinen sehr schwer fallen, eine klare Diagnose zu stellen, ob es sich noch um echte Wildtiere handelt, oder ob bereits von Tieren aus dem Beginn des Wildtier-Haustier-Übergangsfeldes zu sprechen ist.

Am lebenden Tier können quantitative Verhaltensstudien weiterhelfen, am Schädel sind, auch aus archäozoologischem Fundgut, Hirngröße und eventuelle Veränderungen an den Räumen der Sinnesorgane zu überprüfen — bezogen jeweils nur auf die tatsächliche geographische Ausgangspopulation. Auch dann ist eine Zuordnung immer nur unter der Voraussetzung zu erbringen, daß zwischenzeitlich keine Selektion an den betreffenden Faktoren ansetzte, und auch nur in Regionen, in denen die Wildart selbst ursprünglich nicht vorhanden war, da sonst das Problem noch komplizierter wird. Einkreuzungen sind in solchen Fällen nur dann klar erkennbar, wenn ein erst während der Haustierwerdung aufgetretenes Markierungsmerkmal existiert. Bei der Hausziege wird häufig das Vorliegen einer Hornverdrehung anstelle der Säbelhörnigkeit als ein solches angesehen, aber gerade hier ist die Frage noch nicht eindeutig geklärt, ob dieses Merkmal nicht doch schon in der Ausgangs-Wildpopulation auftrat.

Ein Beispiel für ein solches Diagnoseproblem mögen die Mufflon-Populationen Sardiniens und Korsikas sein, von denen wiederum über verschiedene Aussetzungen die heute in Mitteleuropa lebenden Mufflons abstammen. Das Fehlen von Funden dieser Art aus der Zeit vor der menschlichen Besiedlung dieser Inseln deutet an, daß es sich nicht um einheimische, ursprünglich über eine eiszeitliche Landverbindung zur Appeninhalbinsel dorthin gelangte Wildschafe handelt. Wenn sie aber der Mensch im Laufe vorchristlicher Jahrtausende dorthin verfrachtete, kann es sich sowohl um die Aussetzung unbeeinflußter Wildtiere als auch um verwilderte Tiere aus der Frühzeit des Wildschaf-Hausschaf-Übergangsbereichs handeln. Vergleicht man die Hirngröße dieser Mufflons mit den geringfügig höheren Werten klein- und vorderasiatischer Mufflons, so scheint die letztere Deutung durchaus möglich.

Übersicht über den Kapitelinhalt

Zähmung ist nicht gleich Domestikation und ist auch nicht unbedingt Voraussetzung für sie. Den polaren Zustandsformen freilebendes oder gezähmtes, gefangen gehaltenes Wildtier stehen verwildertes oder zahmes Haustier gegenüber. Zähmung ist jedoch eine Bedingung für einen unproblematischen, vertrauten Umgang des Menschen mit seinen Haustieren. Wo bei männlichen Haustieren diese Umgänglichkeit durch die während des Domestikationsgeschehens ablaufende Selektion auf zahmeres Verhalten und durch den zusätzlichen Lernprozeß zur Gewöhnung an den Menschen — wie er die Zähmung kennzeichnet — immer noch nicht ausreichend erreicht ist, kann schließlich die Kastration sozusagen als weitere „physiologische Zähmung" den erwünschten Erfolg bringen. Im Gegensatz zur Zähmung steht die Verwilderung von Haustieren. Aus ihr hervorgehende wildlebende Populationen zeichnen sich in der Regel in unveränderter Weise durch verarmte Merkwelt, höhere psychische Toleranz, und die Verhaltensorganisation des Haustieres aus. Sie verhalten sich aber um so wildtierähnlicher, je früher es im Anfangsstadium des Wildtier-Haustier-Übergangsfeldes zur Verwilderung kam.

12 Neudomestikationen

In vorausgehenden Kapiteln wurden drei allgemeine Prinzipien der Haustierwerdung herausgearbeitet. So erscheinen zunächst Wildtiere um so besser zur Domestikation geeignet, je leichter ihre erfolgreiche Zucht bei Gemeinschaftshaltung unter eingeengten Gefangenschaftsbedingungen ist (Kap. 5). Weiterhin erscheinen Individuen einer zu domestizierenden Art um so besser zur Haustierwerdung geeignet, je geringer ihre relative Hirngröße im Rahmen der dazu vorgesehenen Art ist (Kap. 6).

Schließlich kann die Auslese und Kombination bestimmter Fellfarbtypen unmittelbare Domestikationseffekte zustandebringen (Kap. 8). Mit der Kenntnis dieser Grundprinzipien muß es nunmehr möglich sein, im Gegensatz zu den mit zahlreichen Zufälligkeiten langsam über Jahrhunderte hinweg ablaufenden Nutztierdomestikationen vergangener Jahrtausende, gezielte Selektion und Kombinationszucht zu Neudomestikationen anzusetzen, die es erlauben, das Wildtier-Haustier-Übergangsfeld innerhalb weniger Tiergenerationen zu durchschreiten. Eine weitere zusätzliche Ansatzmöglichkeit ist mit der scharfen Selektion in Richtung auf das typische Haustierverhaltenssyndrom, auf angeborene Verarmung der Merkwelt (vgl. Kap. 4 u. 5), dort möglich, wo zwar die Grundeignung zur Haustierwerdung nach dem erstgenannten Prinzip gegeben scheint, aber keine Populations- oder individuellen Unterschiede nach den beiden folgenden Prinzipien greifbar sind.

Ein ausgezeichnetes Beispiel für die letztere Möglichkeit ist mit einer Studie von D.K. Belyaev und L.N. Trut zur Züchtung eines verhaltensmäßig dem Hund vergleichbaren Fuchses gegeben. Dieser in einer Pelztierfarm der sowjetischen Akademie der Wissenschaften bei Novosibirsk angesetzte Versuch mit Silberfüchsen selektierte jeweils Jungfüchse im Alter zwischen 1 1/2 und 2 Monaten nach den Kriterien ihres Futterannehmens aus der Hand des Menschen und ihrer Reaktion auf die Behandlung durch den Menschen und auf Rufen. Auf diese Weise wurden nach 15 Jahren ständiger Selektion schließlich Füchse erzielt, die im Extrem auf Zurufe hörten und sie durch Herankommen befolgten, die ein Streicheln und Hochnehmen durch den Menschen tolerierten, die bei der Begrüßung mit dem Schwanz wedelten und beim Erblicken von Menschen Bellaute abgaben, kurz, die sich praktisch wie Hunde verhielten. Der Corticosteroidspiegel im Blut dieser Füchse lag niedriger als derjenige unselektierter Tiere der Ausgangsgruppe. Experimentelle Streßerzeugung bei den solchermaßen voll domestizierten Füchsen wurde durch Injektion von adrenocorticotropem Hormon (ACTH, vgl. Kap. 5) und durch räumliche Einengung im Engkäfig oder durch Verhindern der Bewegungsmöglichkeit vorgenommen. Sie führte im Vergleich zu entsprechend behandelten, aber nicht selektierten Füchsen, bei jahreszeitlich — im Zusammenhang mit der wechselnden sexuellen Aktivität — unterschiedlicher Reaktion, zu einem höheren prozentualen Anstieg der Corticosteroide im Blut. Der absolute Corticosteroidspiegel lag bei den Vergleichstieren dann meist noch über demjenigen der „Hausfüchse". Im funktionellen Zustand der Nebennieren war also im Verlauf der domestizierenden Selektion der klare Unterschied eingetreten, wie er in diesem Zusammenhang zu erwarten ist (vgl. Kap. 5). Neben ihrem hundehaften Verhalten dem Menschen gegenüber war bei den „Hausfüchsen" eine Destabilisierung der Jahresperiodik der Fortpflanzung zu beobachten. Die Brunft fiel früher, es gab eine Tendenz zu zwei Brunftphasen im Jahr, wie beim Hund. Der Zeitgebereinfluß auf das sexuelle Geschehen wurde also gedämpft, wie es für das Haustier gegenüber dem Wildtier charakteristisch ist. Wohl durch mangelnde sexuelle Koordination infolge der zeitlichen Entstabilisierung gab es allerdings bei der Selektionsgruppe auch weniger erfolgreiche Paarungen, so daß der Fortpflanzungserfolg gesenkt wurde. Hinzu kamen teilweise Störungen in der Milchproduktion der Mütter und in ihrem Verhalten ihren Jungen gegenüber, die zu kannibalischen Reaktionen führten.

Ein ähnlicher Fall einer ins Gewicht fallenden Minderung des Fortpflanzungserfolges durch Auseinanderziehen der Brunftphase wurde von Jiri Velek an weißen Rothirschen in einem böhmischen Wildreservat beobachtet. Ihr Brunftbeginn liegt später im Jahr als bei normalfarbenen Hirschen, und die noch hinzukommende Verlängerung der Brunft führt zu einem teilweise jahreszeitlich sehr späten Setzen der Kälber, deren Überlebensaussichten für den kommenden Winter damit sinken. Mit der farbselektionierenden Hege dieser weißen Hirsche, die ursprünglich auf die Einkreuzung jener Farbmutante aus einer südwestasiatischen Population um 1780 in böhmische Hirsche zurückgehen, wurde hier ganz unbeabsichtigt eine erste Stufe zur möglichen Domestikation dieser Art betreten.

Aus diesen Beobachtungen sinkenden Fortpflanzungserfolges durch Entstabilisierung der Brunftzeit läßt sich für die Primärphase einer Domestikation eine grundsätzliche Folgerung anstellen: Solange durch eine Dämpfung des jahreszeitlichen Zeitgebereinflusses die Brunftphasen der einzelnen Individuen einer kleinen Zuchtgruppe zeitlich schlechter miteinander gekoppelt sind, als es beim Wildtier normalerweise der Fall ist, solange wird der Bestand dieser primären Zuchtgruppe nur recht langsam ansteigen. Eine Überwindung dieser Anfangsproblematik erscheint auf zwei verschiedenen Wegen möglich. Bei der allmählichen Bildung eines doch immer größeren Bestandes wird schließlich rein zufällig ein Teil der Männchen und Weibchen immer phasengleich und damit ohne Einschränkung fortpflanzungsfähig sein. Ferner kann eine noch weitergehende Auflösung des Jahres-Zeitgebereinflusses bei den männlichen Tieren eine mehr und mehr stete Paarungsbereitschaft mit sich bringen, wie es bei vielen Haustieren der Fall ist, so daß es ebenfalls keine Koordinationsschwierigkeiten mit der Brunft der Weibchen mehr gibt. Infolge der höheren psychischen Toleranz des so entstehenden Haustieres und der daran hängenden grösseren Nachkommenzahl durch Steigerung der Wurfgröße und/oder der Geburtenfolge sollte dies zu einer insgesamt rascheren Vermehrung in der betreffenden Zucht führen.

Eine bereits prinzipiell als gelungen zu betrachtende, aber ebenfalls wohl unbeabsichtigte Neudomestikation wurde in der Landwirtschaftlichen Hochschule in Brno mit der Feldwühlmaus *(Microtus arvalis)* durchgeführt. Hier wurde eine Albinomutante in Zucht genommen. Nach 30 bis 40 Generationen sind diese albinotischen Tiere mit einem Gewicht von 50 bis 60 g weit schwerer und größer als normalerweise ihre wilden Verwandten (Bild 12.1). Sie lassen sich wie Labormäuse mit ungeschützer Hand anfassen und im Käfig umsetzen. Wie das in Kapitel 5 gegebene Schema der Körpergrößenentwicklung im Zuge der Haustierwerdung beschreibt, waren diese Mäuse anfangs in der Zucht besonders klein und nahmen dann von Generation zu Generation an mittlerer Größe zu. Gleiches geschah auch mit normalen Feldmäusen in einer entsprechenden Gefangenschaftszucht, nur daß jene nicht die Größen der Albinos erreichten. Die Farb-Primärselektion führte hier also zu einer in günstiger Richtung verschobenen Toleranzentwicklung im Zuchtgeschehen.

In den vergangenen Jahrzehnten wurden mit einigen Großsäugerarten Domestikationsversuche unternommen, mit dem Ziel, aus ihnen Nutztiere zu verschiedenen Verwendungszwecken zu erhalten. Allen diesen Versuchen, die ohne Kenntnis der vom Verfasser erarbeiteten Grundprinzipien der Haustierwerdung gestartet wurden, ist gemeinsam, daß sie entweder gar nicht das Wildtier-Haustier-Übergangsfeld betraten, sondern auf dem Stand gefangener und gezähmter Wildtiere verharrten, oder daß sie höchstens sehr langsam die erste Stufe einer Domestikation erklommen.

Zu Beginn unseres Jahrhunderts wurde in afrikanischen Kolonien der Versuch unternommen, das Steppenzebra *(Equus (Hippotigris) quagga)* als Arbeitsleistungs-Nutztier zu

Bild 12.1
Nagetier-Neudomestikation: Feldwühlmaus (*Microtus arvalis*) aus einem Albino-Zuchtstamm

domestizieren. Außer einigen Zähmungserfolgen, die nichts mit Domestikation zu tun haben, blieb dies erfolglos. Nachdem dieser Nutzzweck heute dort nicht mehr von Interesse sein kann, erscheint eine Zebradomestikation zur Fleischproduktion im Raum der Sudan- und Sahelzone erwägenswert. Das Grundzuchtmaterial stünde hierfür zur Verfügung, nachdem durch die Arbeitsgruppe des Verfassers die Erreichung einer ersten Stufe der Verhaltensänderung in Richtung Haustier mit der Selektion „weißer" Tiere aufgezeigt und die Zusammenstellung einer solchen Zuchtgruppe im Georg-von-Opel-Freigehege für Tierforschung in Kronberg gefördert wurde. Der Eintritt in das Wildtier-Haustier-Übergangsfeld wurde damit für das Steppenzebra in die Wege geleitet (Bild 12.2).

Bild 12.2 „Weißes" Zebrafohlen mit normalfarbenen Tieren; Mitglied einer Zuchtgruppe am Beginn des Wildtier-Haustier-Übergangsfeldes des Steppenzebras

In Askania Nova in der südukrainischen Steppe werden seit 1892 Elenantilopen (*Taurotragus oryx*) gehalten (Bild 12.3). Die gesamte Zucht, die nur auf der Basis von zwischen 1892 und 1964 eingeführten 5 männlichen und 5 weiblichen Tieren steht, erbrachte bis 1967 461 Kälber, wobei allerdings etwa ab 1930 auch deutliche Inzuchtschäden auftraten. Diese Großantilopen werden wie Rinder gehalten, im Winterhalbjahr in Einzelboxen in Stallungen, im Sommer in großen Gehegen oder auf offener Steppenweide, von berittenen Hirten überwacht. Die Kälber werden seit Ende des zweiten Weltkriegs handaufgezogen, um zahme und auch zum Melken handhabbare Tiere zu erhalten. Hauptzuchtziel ist nämlich zunächst, den Milchertrag zu steigern. Verglichen mit Rindermilch besitzt Elenmilch einen etwa dreifach höheren Fettgehalt und doppelten Eiweißgehalt. Der Milchertrag der Elen-Kühe war unterschiedlich in drei Stammlinien der Herde und ist damit also einer Selektion zugänglich. Eine solche Auslese wurde hinsichtlich der Reaktion der Kühe auf das Gemolkenwerden durchgeführt. Da nicht alle Tiere das Melken zulassen, ist dies für die Milchproduktion ein entscheidender Faktor. Bis 1971 lag der Spitzenertrag für eine Milchperiode einer Elen-Kuh bei 637,9 kg, entsprechend einem mittleren Wert von 2,5 kg täglich, was etwa einem Viertel bis einem Fünftel des Ertrages eines Hochzucht-Milchrindes entspricht. Mit diesem Domestikationsversuch der Elenantilope wurden bisher also hüt- und melkbare Tiere erzielt, die zukünftig weiterer Selektion unterworfen werden können. Der Faktor Intensivzähmung der Kälber durch Handaufzucht spielt hierbei eine entscheidende Rolle, nicht das Erreichen zahmerer Tiere durch erbliche Verarmung der Merkwelt. Damit ist aber höchstens eine Eingangsstufe der Haustierwerdung betreten. Diese Grundphase aus Gefangenschaftshaltung und Jungtierzähmung dürfte prinzipiell derjenigen entsprechen, die im alten Ägypten mit der Haltung anderer großer Antilopen, nämlich des Spießbockes und der Mendesantilope, ebenfalls gegeben war, ohne daß jene Haltungen später zu echten Domestikationen geführt hätten. Auf der anderen

Bild 12.3 Elenantilope (*Taurotragus oryx*). Um ihre Domestikation fanden jahrzehntelange intensive Bemühungen, vor allem in Askania Nova in der Ukraine, statt. Offensichtlich wurde aber nicht mehr als höchstens eine Eingangsstufe der Haustierwerdung betreten.

Seite mag hier aber auch an einen Vergleich mit dem Rentier zu denken sein, das als Haustier mancherorts wohl nicht weit über diese Stufe hinausgekommen ist.

Ein weiterer, ebenfalls in der Sowjetunion ablaufender Domestikationsversuch betrifft den Elch *(Alces alces)* aus der Familie der Hirsche, aus der bisher allein das Rentier zum Haustier wurde (Bild 12.4: Farbtafel XXVIII). Während aber für die Elenantilope die Grundlage der Domestikationsfähigkeit mit einer guten Züchtbarkeit in Gefangenschafts-Gruppenhaltung gegeben ist, erscheint gerade dies für den Elch äußerst problematisch. Im Freileben ist er nicht sehr gesellig, die Stärke seiner Trupps überschreitet in der Regel vier Individuen nicht. Die Elchhaltung in Gefangenschaft ist schwer. Vor allem die Eingewöhnung ist sehr schwierig, bei erwachsenen Wildfängen ist Streßtod eine häufige Erscheinung. Bei zu hoher Elchdichte im Freiland kommt es zu auffälligen Streßfolgen. Im Oka-Terrassen-Reservat im Süden des Bezirks Moskau stieg die Population zwischen 1949 und 1959 von im Mittel 5 Elchen pro 1000 Hektar auf 68/1000 ha an. Damit ging – neben enormen Forstschäden – ein Absinken der Nachwuchsrate einher. Junge Elchhirsche trugen häufiger schwache, unregelmäßige Geweihe, der Befall mit Endoparasiten erhöhte sich. In anderen Regionen mit überhohem Bestand zeigten sich weitere Anzeichen psychosozialen Stresses. Die Lebenserwartung sinkt, die Tiere werden verspätet geschlechtsreif, nichtträchtige Kühe sind häufiger anzutreffen. Dies führt wiederum zum Bestandsrückgang, wie es experimentell in Nagetierpopulationen studiert wurde (vgl. Kap. 5). Die so dokumentierte sehr geringe psychische Toleranz des Elches macht ihn von vornherein zu einem recht ungeeigneten Kandidaten für echte Domestikationsvorhaben. Diesbezügliche Experimente laufen seit 1946 im Petschora-Ilytsch-Naturschutzgebiet. Als Ausgangstiermaterial erwiesen sich neugeborene Kälber mit höchstens drei Tagen Alter als am besten geeignet. Über Handaufzucht dieser Tiere konnte eine intensive Zähmung und gleichzeitig eine prägungsähnliche Bezugsbildung zur betreuenden Person erreicht werden. Damit war auch bei späterem freien Weidegang eine Folgereaktion gegenüber dem Betreuer vorbereitet. Frühzeitige Gewöhnung an Massage im Hinterlauf- und Bauchbereich ermöglichte ferner leicht ein späteres Melken. Die im Verlauf einer Milchperiode normalerweise bei 150 bis 200 l liegende Milchmenge einer Elchkuh ließ sich durch das Melken auf maximal 429 l steigern. Die so gewinnbare Elchmilch zeichnet sich durch einen höheren Fett-, Eiweiß- und Mineralsalzgehalt, aber weniger Milchzucker – verglichen mit Rindermilch – aus. Eine Arbeitsnutzung des Elches zur Lastbeförderung, in sumpfigen Waldlandschaften Sibiriens ein Hauptziel des Domestikationsprojektes, ist ebenfalls über ein aufbauendes Training der Jungtiere von ihren ersten Lebensmonaten an zu erreichen. Auf solche Weise lassen sich Elche daran gewöhnen, Traglasten zu schleppen und Schlitten zu ziehen. Hierbei beträgt die Last, die einem erwachsenen Elch aufzubürden ist, maximal ein Viertel seines Körpergewichts. Dies bedeutet normalerweise etwa 80 bis 100 kg, maximal 130 kg. Unter einer derartigen Last geht der Elch mit einer Durchschnittsgeschwindigkeit um 4 km/h. Voll erwachsene Elche, ab ihrem vierten Lebensjahr, können ferner Schlitten mit Nutzlasten von 300 bis 400 kg auf Tagesstrecken zwischen 30 und 40 km ziehen. Die Rentabilität steht natürlich sehr in Frage. Bei diesem Domestikationsversuch handelt es sich weitestgehend nur um eine intensive Jungtierzähmung, die mit Haustierwerdung als solcher zunächst nichts zu tun hat, wie im vorhergehenden Kapitel dargelegt wurde. Eine erste Einstiegsphase in ein Domestikationsgeschehen könnte nur dann erreicht sein, wenn auf der Haltungs- und Aufzuchtstation jeweils nur die psychisch toleranten Tiere länger überleben und dabei auch zur erfolgreichen Zucht kommen. Dies könnte zu einer sehr langsamen angeborenen Verarmung der Merkwelt führen, mit der aber zuerst einmal der Grundzustand für eine Haustierwerdung, die gute Züchtbarkeit in Gefangenschafts-Gemeinschaftshaltung, hergestellt werden müßte, wie er bei anderen Arten schon primär gegeben ist.

Von tatsächlichen Erfolgen hinsichtlich einer echten Domestikation kann in den beiden Fällen der Elenantilope und des Elches bisher kaum die Rede sein. Durch intensive, früh einsetzende Zähmungsmaßnahmen wird zwar eine Haltung im Nutztiersinne möglich, eine Haustierwerdung schließt dies jedoch nicht unmittelbar ein. Die Merkwelt dieser Tiere mag individuell durch die Gefangenschaftshaltung modifikativ verarmen, angeborenermaßen verarmt ist sie nicht, wie es für das Haustier kennzeichnend ist. Auch eine Intensivzähmung der Jungen während vieler Generationen birgt als solche noch keine Selektion auf Haustierhaftigkeit in sich, sie kann höchstens eine Ausgangsbasis für die Auslese bieten.

Weitere Ansätze zur nutztierhaften Haltung von Wildtieren, die teilweise mit Domestikationsvorstellungen gekoppelt sind, gibt es in jüngster Zeit für mehrere Großsäugerarten. Zur Fleischproduktion in tropischen Sumpf- und Gewässerlandschaften Südamerikas wurde an eine Nutzung des dort einheimischen Riesennagetieres, des Wasserschweins (*Hydrochoerus hydrochaeris*) gedacht (Bild 12.5: Farbtafel XXVIII). In den Trockenlandschaften am nördlichen und südlichen Sahararand wurde der Mähnenspringer (*Ammotragus lervia*) zum gleichen Zweck in Erwägung gezogen (Bild 12.5: Farbtafel XXVIII). Eine Überprüfung dieser Art auf ihre Eignung zur Wildfarmhaltung und schließlich zur Domestikation, die Claudia Visosky in der Arbeitsgruppe des Verfassers vornahm, läßt den Mähnenspringer in der Tat für einen solchen Nutzzweck sehr interessant erscheinen. In jüngster Zeit spielen Arten aus der Hirschfamilie eine große Rolle: zur Produktion von Wildfleisch, aber auch — vor allem in der Sowjetunion, in China und neuerdings auch in Neuseeland und Kanada — zur Gewinnung von Panten, Bastgeweih zu medizinischen Zwecken. In Mitteleuropa betrifft die Wildfarmhaltung in erster Linie das Damwild (*Dama dama*), besonders in Nordeuropa daneben das Rotwild (*Cervus elaphus*) (Bild 12.8), in Neuseeland ebenfalls diese beiden Arten, auf der Insel Mauritius den Mähnenhirsch (*Cervus timorensis*), in der Sowjetunion neben dem Rotwild das Sikawild (*Cervus nippon*), und in China den Weißlippenhirsch (*Cervus albifrons*).

In Mitteleuropa hat die Damwildhaltung einen fast explosionshaften Aufschwung genommen. Mit ihr ist es möglich, auf andere, herkömmliche Weise nicht mehr landwirtschaftlich genutzte Grün- und Brachlandflächen mit vergleichsweise geringem Arbeitsaufwand zur Erzielung von Nebeneinkommen neuerlich nutzbar zu machen. Die Brachflächen entstanden vor allem durch die Verfügbarkeit außerlandwirtschaftlicher Beschäftigungsmöglichkeiten mit hohem Einkommen für die Landbevölkerung und durch sinkende Rentabilität ungünstig gelegener oder ungünstig strukturierter Flächen (Grenzertragsflächen). Bei der vor allem durch Günter Reinken betriebenen Suche nach einer Alternative zu den klassischen Haustierarten Rind und Schaf, die für eine Ödlandbeweidung grundsätzlich in Frage kommen, erwies sich das Damwild als besonders günstig. Die Auswahlkriterien Langlebigkeit, Widerstandsfähigkeit gegen Krankheit, Winterfestigkeit, hohe Fruchtbarkeit, Leichtkalbigkeit, Gutartigkeit, geringer Futterbedarf, gute Futterverwertung, Frühreife, gute Fleischbildung, hohe Ausschlachtungsergebnisse und hervorragende Fleischqualität wurden dabei zugrunde gelegt. Die Nachfrage nach Wildfleisch ist groß. 1975/76 wurden etwa 26 000 Tonnen Wildfleisch im Werte von knapp 139 Millionen DM in die Bundesrepublik Deutschland importiert, dazu knapp 11 700 Tonnen im Lande selbst erlegt.

Die Schlachtausbeute des Damwildes ist sehr gut; sie ist bestimmt als der verbleibende Teil des Tierkörpers nach Abzug des Schlachtverlustes, wie Kopf, Füße, Fell, Eingeweide und Blut, in Prozent des Lebendgewichtes, und beträgt bei einjährigen männlichen Tieren im Mittel 57%. Dies entspricht dem Wert von Mastrindern und Kälbern, während Mastlämmer nur um 50% Schlachtausbeute erbringen. Nur Schweine liegen mit 70 bis 75%

Bild 12.8 Rotwild *(Cervus elaphus)* wird in zahlreichen Ländern als Gatterwild zur Hirschfleischproduktion und Bastgeweihgewinnung zu medizinischen Zwecken gehalten, Domestikationsversuche fanden jedoch noch nicht statt, wenn man das unbeabsichtigte und unbewußte Betreten des Wildtier-Haustier-Übergangsfeldes mit farbselektionierender Hege außer acht läßt. Die haustierhafte Haltung gezähmter Tiere mit Halfterung, wie im hier dargestellten Fall, hat, genauso wie beim Elch, mit Haustierwerdung nichts zu tun.

höher. Der Gewichtsanteil der Schlachtausbeute an fleischreichen und wertvollen Teilstücken, wie Filet, Kamm, Rücken und Keule, beläuft sich bei Damtieren auf durchschnittlich 57%, erreicht diesen Wert mit 55 bis 60% auch bei Mastkälbern und bleibt mit 45 bis 50% bei Mastlämmern und bei Schweinen weit darunter. Der Keulenanteil hieran ist bei Damtieren mit ca. 38% ebenfalls um fast 10% höher als bei Lämmern und Schweinen und liegt wiederum im Größenbereich von Kälbern. Die Jahresproduktion Fleisch pro Hektar genutzter Weidefläche kann beim Damwild höher als bei Schafen und Rindern liegen. Die höheren Preise für Hirschfleisch lassen damit den Bruttoerlös pro Hektar über den von Rindern und Schafen hinausgehen. Die Weidehaltung von Damwild ist recht einfach. Ein Wildzaun von 1,50 bis 1,80 m Höhe reicht zur Eingatterung aus. Bei der Beweidung hinterläßt Damwild im Gegensatz zu manchen anderen Arten wenig Geilstellen, da es nahezu den gesamten Aufwuchs mehr oder minder gleichmäßig abäst. Damwild kann auch sehr zahm werden, so daß es mit Futter leicht von einem Teilgehege in ein anderes zu locken ist. Dennoch behält es gewöhnlich seine hohe Schreckhaftigkeit bei, die es leicht in Panik verfallen läßt, die wiederum bei Flucht in den Zaun zu Verlusten führen kann. Eine Dämpfung dieses Verhaltens, das für die Gatterhaltung und für das Einfangen der Tiere zur Schlachtung sehr negativ ist und das durch akuten Streß die Fleischqualität sinken läßt, scheint allein durch die Domestikation erreichbar. Die damit einhergehende Verarmung der Merkwelt mit Reduktion des Stresses würde im Vergleich von Damwild mit einem Hausdamtier nicht nur eine Verringerung der Schreckhaftigkeit erbringen, sondern ließe vor allem Verbesserungen erwarten in Futterverwertung und Gewichtsentwicklung, im sicheren Eintritt der Geschlechtsreife im 2. Lebensjahr, im hohen Fortpflanzungserfolg und in gesenkter Infektionsanfälligkeit. Auch die soziale Gleichgültigkeit und folglich die Anzahl der pro Hektar haltbaren Tiere ließe sich erhöhen. Die angestrebte Reaktionsdämpfung durch Merkweltverarmung sollte sich in einer Senkung der Investitionskosten durch vereinfachte Weideeinfriedung und in erhöhter Produktion durch gehobene Tiergewichte und erhöhte Fortpflanzungsleistung niederschlagen. Ferner kann die Domestikation die mit einer Gatterhaltung von Wildtieren bestehenden rechtlichen Probleme ausräumen. Die Haftung bei Schäden durch Damwild regelt sich nach dem Jagdrecht oder dem Bürgerlichen Gesetzbuch, nicht nach den für landwirtschaftliche Haustiere gültigen Bestimmungen. Die Tötung durch jagdlichen Schuß ist nur in Jagdgehegen von mehr als 10 ha erlaubt, in kleineren Gehegen, die im Sinne des Jagdgesetzes zu den Tiergärten zählen, aber untersagt. Der nichtjagdliche Schuß in solchen Gattern setzt die entsprechende waffenrechtliche Erlaubnis voraus. Schlachtung nach Betäubung mit dem Bolzenschußgerät ist nur dort tierschutzgerecht möglich, wo sehr vertraute Tiere ohne Panikerzeugung in Fangeinrichtungen gelockt werden können. Die Domestikation des Damwildes zum Hausdamtier ist allerdings nur so weit zu betreiben, daß das Wildtier-Haustier-Übergangsfeld gerade durchschritten ist, damit also ein Primitivhaustier zustande kommt, das noch ausreichende physiologische Belastbarkeit (vgl. Kap. 10) besitzt, wie sie eine Voraussetzung für die mit geringem Aufwand durchzuführende Damtierhaltung zur Brachlandnutzung darstellt. Die Entwicklung von Hochzuchtrassen würde diesem Bedürfnis wieder entgegenstehen und damit die gute Konkurrenzfähigkeit des Damtieres neuerlich senken, wobei auch eine deutliche Beeinträchtigung des Fleischgeschmackes zu erwarten wäre.

Im Hinblick auf das Grundkriterium für eine Eignung zur Haustierwerdung, die Halt- und Züchtbarkeit in Gefangenschaft, erweist sich das Damwild als sicherlich gut brauchbar. Die Gehegezucht gelingt in aller Regel problemlos. Damwild lebt sehr gesellig und erscheint sozial ziemlich verträglich. Diese Voraussetzung zur Domestikation wird durchaus nicht von allen Arten der Hirschfamilie erfüllt. Wie diesbezüglich ein Domestikationsversuch mit dem Elch äußerst problematisch erscheint (s. oben), so scheidet damit auch das wenig gesellige Reh *(Capreolus capreolus)* aus der Reihe zunächst in Frage kommender Kandidaten aus. Ungünstig erscheinen ferner beispielsweise der nordamerikanische Weißwedelhirsch *(Odocoileus virginianus)* und der Sambar *(Cervus unicolor)*. Nicht jede Art, die irgendwo zur Fleischproduktion in Gatterhaltung zu nutzen versucht wird, bringt auch die Grundeignung hierzu mit. Die Wahl des Damwildes zeigt sich hier als besonders günstig.

Das an der relativen Hirngröße ansetzende Prinzip der Selektion zur Haustiermachung einer Art erscheint beim Damwild kaum nutzbar. Das allerdings bei weitem noch zu spärliche Material, das zur Hirngrößenabschätzung des mesopotamischen Damwildes, der einzigen geographischen Population dieser Art neben dem europäisch-kleinasiatischen Damwild, verfügbar ist, deutet noch keine auffälligen Unterschiede zwischen beiden Populationen auf dieser Ebene an. Das gesamte heutige europäische Damwild geht auf die kleinasiatische Population zurück, nachdem in Europa die Art die letzte Eiszeit nicht überlebte. Im Mittelmeerraum wurde Damwild als Jagdwild schon in vorchristlicher Zeit weit verbreitet und findet sich beispielsweise im archäozoologischen Fundgut einer römerzeitlichen Ausgrabungsstätte auf Mallorca. Die Römer führten Damwild auch nach Mitteleuropa ein. Hier wurde es im Laufe der Jahrhunderte zu einem beliebten Park- und Gatterwild. Die seit Jahrhunderten andauernde Wildparkhaltung sorgte bereits dafür, den Übergang vom Wildtier in das Wildtier-Haustier-Übergangsfeld weit zu öffnen. Wo hier die Auslese nicht auf natürliche Art, beispielsweise durch Wolf und Luchs, sondern durch herrschaftliche Jagdbeauftragte durchgeführt wurde, kam es zur Erhaltung und, durch positive Selektion, auch zur zunehmenden Anreicherung von der Wildfärbung abweichender Farbtypen. Unter unbewußtem Betreten einer ersten Stufe des Wildtier-Haustier-Übergangsfeldes wurden sogar in einzelnen Parks reine Herden mit auffälligen Färbungen ausgelesen, so eine schwarze Herde im Favoritepark bei Ludwigsburg.

Der Vererbungsmodus ist derzeit noch nicht für alle Färbungen des Damwildes geklärt, liegt für zwei der häufigsten Typen, nämlich das schwarze und das weiße Damwild, jedoch auf der Hand. In normaler Wildfärbung ist die Oberseite eines Damtieres im Sommerhaar rostbraun mit helleren, cremefarbenen Tupfen und einem ebensolchen Flankenstreif. In der Rückenmitte findet sich ein dunkler, nach hinten schwärzlicher Aalstrich. Die Bauchseite ist cremefarben-weißlich, die Hinterseite der Oberschenkel, der sogenannte Spiegel um den Schwanz, ist weiß mit beidseits halbmondhaft schwarzer Umrandung vor dem Rostbraun der Keule. Der kurze Schwanz, der sogenannte Wedel, ist unterseits weiß, oberseits als Verlängerung des Rückenaalstriches schwarz und kontrastiert auffällig mit dem hellen Spiegel (Bild 12.9: Farbtafel XXX). Im Winterhaar wird die Oberseite dunkler graubraun, die Tupfen gehen nahezu verloren, die hellen Partien werden hell graubraun, der Spiegel-Wedel-Kontrast bleibt als solcher erhalten (Bild 12.12: Farbtafel XXXI).

Das schwarze Damwild hat im Sommerhaar eine schwärzliche Oberseite, auf der die Tupfen stellenweise noch graubraun sichtbar werden. Die Unterseite ist mausgrau bis dunkel graubraun gefärbt, der Spiegel-Wedel-Kontrast fehlt infolge graubrauner Färbung aller sonst hellen Partien nahezu ganz (Bild 12.10: Farbtafel XXX). Im Winterhaar sind solche Tiere insgesamt dunkler als die normalfarbenen und von diesen vor allem leicht am weitgehenden Fehlen des Spiegel-Wedel-Kontrastes zu unterscheiden (Bild 12.12: Farbtafel XXXI). Der hierfür verantwortliche Pigmentverteilungsfaktor sorgt also mit seinem Vergleichsmäßigungs-Allel für eine allgemeine Verdunklung und gleichzeitige Verwischung aller Färbungskontraste. Wie die Untersuchung der Pigmentverteilung in den einzelnen Haaren und die photometrische Messung der Gesamtpigmentmenge zeigen, ist dieser Färbungsfaktor dem Aguti-Faktor anderer Säugetiere mit dessen Non-Auguti-Allel vergleichbar (s. Kap. 2). Wie das letztere, so stellt sich auch das Farbvergleichmäßigungs-Allel des Damwildes als rezessiv vererbt dar, kommt also nur bei doppeltem Vorliegen im Erbgut zur Wirkung im Erscheinungsbild. Verpaarung schwarzer Tiere untereinander kann demnach keine wildfarbenen Kälber erbringen, Verpaarung wildfarbener Tiere aber sehr wohl schwarze Kälber.

Das weiße Damwild ist nicht ganz pigmentlos, es handelt sich bei ihm nicht um Albinismus. Die Kälber werden beige mit schwacher Tupfenzeichnung geboren. Während des ersten Lebensjahres hellt sich diese Farbe auf, im Winter erscheint sie isabell-graulich, im Alter von zwei Jahren ist die cremeweiße Färbung der Alttiere erreicht. Die Tupfen sind dann höchstens noch bei schrägem Lichteinfall schwach zu erahnen, die Stirn ist etwas stärker pigmentiert und damit dunkler (Bild 12.10: Farbtafel XXX). Das Winterhaar der Alttiere kann am Hals in unterschiedlichem Maße leicht bräunlich verdunkelt sein. Auch das Weißaufhellungs-Allel des Pigmentmengenfaktors, der dieser Farbe zugrundeliegt, verhält sich rezessiv; weiße Tiere tragen es doppelt. Sich später zur weißen Farbe aufhellende Kälber können also sowohl von beiderseits weißen als auch von beiderseits wildfarbenen Eltern geboren werden, Verpaarung weißer Tiere untereinander erbringt aber keine wildfarbenen Nachkommen.

Ein weiterer häufiger Farbtyp des Damwildes ist die gewöhnlich mit der etwas unglücklichen, weil bei verschiedenen Tierarten sehr unterschiedlich benutzten Bezeichnung porzellanfarben belegte Hellfärbung. Die Oberseite solcher Tiere ist im Sommerhaar hell, leuchtend rostfarben. Auch die Rückenmitte, der Aalstrich, ist in der Grundfarbe ausgefärbt. Die Tupfen leuchten rein weiß, desgleichen die Unterseite bis hoch gegen den Flankenstreifen. Die Wedeloberseite und die Spiegelumrandung sind rostbraun (Bild 12.11: Farbtafel XXXI). Im Winterhaar wird der Oberseiten-Unterseiten-Kontrast beibehalten, desgleichen die Tüpfelung, wodurch ein Eindruck ähnlicher dem normalfarbener Tiere im Sommerhaar entsteht (Bild 12.12: Farbtafel XXXI). Zwischen diesem und dem Wildfarbtyp gibt es Übergänge, die den Erbmodus vorläufig noch problematisch sein lassen. Die zugrundeliegenden Erbfaktoren beeinflussen die Ausbildung der schwarzbraunen Pigmente, der Eumelanine. Die Übergänge zur Wildfarbe auf der einen Seite und das sehr seltene, offenbar im genetischen Zusammenhang mit der normalen Porzellanfärbung stehende Auftreten einer noch weit helleren Ausfärbung (Bild 12.11: Farbtafel XXXI) lassen die Beteiligung zumindest zweier Faktoren vermuten. Davon entspricht der eine dem Schwarzpigmentfaktor anderer Säugetiere, der durch Verringerung der Eumelanine Schwarz zu Braun verändert, der andere mag eventuell ein Schwarzausdehnungsfaktor sein, der die gelbroten Pigmente allein hervortreten läßt (s. Kap. 2).

Nur selten tritt ein Färbungstyp auf, der mit einer gleichmäßigen Pigmentverteilung wie bei den schwarzen Tieren eine graubraune Oberseite und hell mausgraue Unterseite oder eine braune Oberseite und hellbräunliche Unterseite verbindet. Seine Grundlage ist eine Kombination des Vergleichsmäßigungs-Allels des Pigmentverteilungsfaktors mit dem Eumelanin-Reduktionsallel des Schwarzpigmentfaktors aus dem Porzellankomplex.

Anhand dieser Vorgabe unterschiedlicher Fellfärbungen erscheint das dritte Prinzip der Haustierwerdung zur Domestikation des Damwildes anwendbar. Beobachtungen des Verhaltens schwarzer und weißer Stücke im Vergleich zu wildfarbenen wurden in der Arbeitsgruppe des Verfassers vor allem durch Rainer Schaad vorgenommen. Schwarze Individuen erweisen sich, wenn sie in Farb-gemischter Gruppe unmittelbar mit wildfarbenen zu vergleichen sind, als dem Menschen gegenüber etwas weniger scheu, sie erscheinen also zahmer. Nach Gelegenheitsbeobachtungen in großen Jagdgehegen scheinen schwarze Hirsche eine größere Annäherung als wildfarbene vergleichbaren Alters zu tolerieren. Im Schaugehege, in dem sich Besucher unter den Tieren frei bewegen und sie füttern können, wagen sie sich im zeitigen Frühjahr vor Beginn des Besucherzustroms rascher wieder an den Menschen heran, nehmen mit geringerer, am Schwanzaufstellen erkennbaren Erregung Futter aus der Hand und verhalten sich zunächst insgesamt vertrauter als die wildfarbenen. Beim Fressen in einer mit normalfarbenen Tieren gemischten Gruppe sichern sie, statistisch nachweisbar, weniger häufig als die wildfarbenen Stücke. Am Zaun kleinerer Tierparkgehege benehmen sich schwarze Hirsche dem Publikum gegenüber weniger schreckhaft als wildfarbene, Menschen im Gehege gegenüber halten sie geringere Fluchtdistanz ein. Insgesamt erscheint also schwarzes Damwild hinsichtlich Fluchtbereitschaft und Schreckreaktionen als verhaltensgedämpft. Für weiße Tiere gilt ähnliches. Dazu geben sich vor allem dort, wo weiße Einzelstücke in wildfarbenen oder wildfarben-schwarz-gemischten Gruppen leben, ihre sozialen Bindungen als gelockert zu erkennen, ohne daß Gruppen-Ausschließungsreaktionen hierbei eine Rolle zu spielen scheinen. In rein weißen Gruppen stellt sich die Bindung der einzelnen Damtiere untereinander jahreszeitlich und in Abhängigkeit zum Futterangebot sehr unterschiedlich dar, im Winter enger, im Sommer stärker aufgelockert. Die Verhaltenssynchronisation ist bei normalem Damwild innerhalb kleiner Gruppen sehr eng. Erhebt sich ein Tier nach einer Liegephase, so stehen die anderen im Laufe weniger Minuten ebenfalls auf, und umgekehrt. In Gruppen aus nur weißen

Exemplaren können einzelne Stücke längere Zeit ruhen, während andere daneben grasen. Der soziale, ansteckende Effekt des Aufstehens und des Niederlegens erscheint hier deutlich geringer. Dies bestätigt die Interpretation einer Lockerung sozialer Bindungen beim weißen Damwild. Für helle, porzellanfarbene Tiere fehlen noch ausführlichere Beobachtungen im Vergleich zu wildfarbenen. Sie scheinen sich Gelegenheitsbeobachtungen zufolge verhaltensmäßig nahe den schwarzen, weniger scheu als die wildfarbenen einzuordnen.

Mit der Selektion bestimmter Fellfärbungen ist der Eintritt in das Domestikationsgeschehen offen. Wie schon lange zuvor mit der Zusammenstellung schwarzer oder weißer Herden in verschiedenen Gehegen aus rein ästhetischen Gründen, aus Interesse am Ungewöhnlichen, Auffallenden, wurde dieser Weg in der von Günther Reinken geleiteten Versuchsstation mit der Auswahl heller, porzellanfarbener Tiere zunächst ganz unbewußt beschritten. Hier war allein die Überlegung ausschlaggebend, daß sich hell gefärbte Felle leichter vermarkten lassen als normalfarbene, und daß damit gleichzeitig eine natürliche Kennzeichnung von Damtieren aus Gehegen zur Fleischproduktion gegenüber wildlebendem Damwild oder solchem aus Jagdgehegen zustande kommt.

Wegen der deutlichen Kennzeichnung wurde von einigen Damtierhaltern schon die Auswahl schwarzer oder weißer Tiere angesprochen. Rein praktische Gründe dieser Art mögen natürlich eine ebenso bedeutsame Rolle bei der Farbselektion im Zuge jungsteinzeitlicher und späterer Domestikationen gespielt haben, d.h., bei der Entstehung unserer klassischen Haustiere, wie die in Kapitel 9 dargelegte Selektion des Außergewöhnlichen. Soweit neben dieser im Blick auf das eigentliche Ziel mehr zufälligen Farbauswahl bisher in der Damwildzucht Selektionsmaßnahmen eingeleitet wurden, betreffen sie die Auswahl von Größe, Futterverwertung, Ausschlachtungsergebnis, Zwillingsgebürtigkeit und Asaisonalität der Brunft. Alles dies sind Merkmale, die sich züchterisch nur in langwierigem Prozeß fassen lassen, die aber im Rahmen voller Domestikations-Selektion auf verarmte Merkwelt, auf das Haustier-Verhaltenssyndrom über die gesenkte Streßlage sowieso weitgehend erreichbar sein sollten.

Kapitel 8 erbrachte das Ergebnis, daß Kombinationen vom jeweiligen Wildtyp abweichender Allele einzelner Fellfarbfaktoren die mit ihnen verbundene Verhaltenswirkung verstärken, zumindest verändern können. Damit ist auch zur Domestikation des Damwildes aus der Vornahme von Farbkombinationskreuzungen ein beschleunigender Effekt zu erwarten, wenn sie auf solchen Färbungsallelen aufbauen, die jeweils für sich allein schon Verhaltensdämpfungen mit sich bringen. Darüber hinaus gehende, direkte Verhaltensselektion hat eine weitere Verfahrensbeschleunigung zu bringen. So läßt sich der derzeitige Kenntnisstand zur Haustierwerdung unmittelbar in eine Strategie der Neudomestikation umsetzen. Auf ihrer Basis ist ein Zuchtprogramm im Gange, das die oben genannten Probleme mit der Damwildhaltung zur Fleischproduktion auf Brachlandflächen weitgehend ausräumen soll; es wird seit 1979 unter der wissenschaftlichen Leitung des Verfassers und in enger Zusammenarbeit mit Ernst-Adolf Gaede in der rheinland-pfälzischen Lehr- und Versuchsanstalt für Viehhaltung Neumühle durchgeführt und zeitigte bereits in der Anfangsphase sehr ermutigende Ergebnisse. Sein Erfolg wird den Weg öffnen für weitere gezielte Neudomestikationen auf der Basis des hier vorgestellten Gesamtkonzeptes. Solche Projekte mögen Bedeutung erlangen von der Hilfe zur Selbstversorgung bei elementaren Ernährungsproblemen in Ländern der sogenannten Dritten Welt, bis hin zur Auswirkung im Artenschutz und allgemeinen Tierschutz über den Ersatz in der medizinischen Forschung benötigter Wildarten durch neue Haustierformen.

Übersicht über den Kapitelinhalt

Versuche zu Neudomestikationen von Großsäugetieren verliefen in den letzten Jahrzehnten noch ohne Kenntnis und damit ohne Möglichkeit einer praktischen Anwendung der hier dargelegten Grundprinzipien der Haustierwerdung. In einem Modellexperiment mit Silberfüchsen wurde über scharfe Verhaltensauslese während eines Zeitraums von 15 Jahren die grundsätzliche Erreichbarkeit des Zieles eines neuen Haustieres, hier eines im Verhalten dem Hund vergleichbaren Hausfuchses, nachgewiesen. Jahrzehntelange Versuche mit der Elenantilope und dem Elch mit intensiver Jungtierzähmung, aber ohne klare Selektion, ließen aber den Weg zum Haustier höchstens im allerersten Abschnitt betreten. Beim Rotwild und beim Damwild wurde andererseits die Grenze des Wildtier−Haustier-Übergangsfeldes mehrfach unabhängig, aber in dieser Richtung vollkommen unbeabsichtigt überschritten. Zahlreiche Ansätze zur Haltung mehrerer Großsäugerarten als Nutztiere, vor allem aus der Familie der Hirsche, schufen die Grundlagen für neuerliche Domestikationsversuche. In diesem Rahmen wurde ein Programm gestartet, nun die Grundprinzipien der Haustierwerdung als Domestikationsstrategie zu nutzen und damit aus Damwild ein Hausdamtier zu erzielen.

13 Domestikation und Evolution

Die Evolution der Organismen beinhaltet nicht nur über lange Zeiträume hinweg selektionsneutral ablaufende, zufällige Änderungen in den biochemischen Bausteinen und ebenso zufällige Verschiebungen von Allelhäufigkeiten in der dynamischen Entwicklung von Populationen, sondern vor allem ständige, selektive Anpassung zur jeweiligen Konkurrenz- oder allgemein Überlebensfähigkeit unter sich wandelnden Umweltbedingungen. In dieses natürliche Geschehen greift der Mensch bei der Domestikation entscheidend ein. Hierbei ist ein selektionsneutraler Wandel in den biochemischen Systemen in Anbetracht der in Frage kommenden Zeiträume vernachlässigbar, während zufällige Verschiebungen von Allelhäufigkeiten zunächst bei Übernahme nur kleinster Populationskerne in die Gefangenschaftszucht eine um so größere Rolle spielen. Da hierbei nur ein sehr beschränkter Anteil des gesamten Genpools, der Gesamtheit der Gene aller zur Population gehörigen Individuen, herausgeholt wird, der dann zur erneuten starken Vermehrung kommt, ist dem Zufall die Tür geöffnet, wie sich das Bild der neuen Population im Hausstand gegenüber der alten Wildpopulation verändert. Der entscheidende Faktor bei der Domestikation ist jedoch das Beenden der natürlichen Zuchtwahl für die in Frage kommenden Tiere und die Einschränkung der Wirkung natürlicher Selektionsmechanismen (s. Kap. 2). Hingegen setzt hier die Auslese durch den Menschen, die Zuchtbestimmung durch seine Vorstellungen und Bedürfnisse ein. Letztlich ist dies aber nicht mehr als eine Spezialform der natürlichen Evolution, wenn der Mensch selbst als ein Glied der Natur angesehen wird. Die sich wandelnde Umweltbedingung, die im Evolutionsgeschehen die selektive Anpassung nach sich zieht, ist hier beim Betreten des Wildtier-Haustier-Übergangsfeldes der Wechsel aus der natürlichen, nicht weitgehend vom Menschen geschaffenen in die menschliche Umwelt. Diese Umwelt in Menschennähe erlaubt Lebewesen das Besetzen neuer, spezieller ökologischer Nischen, was für das Überleben und die Ausbreitung von Populationen ein wichtiger Schritt sein kann. Bei solchen Spezialanpassungen an den Menschen sind — außer dem hier nicht interessanten Parasitismus — zwei unterschiedliche Typen zu unterscheiden: der Kommensalismus auf der einen und die Domestikation auf der anderen Seite.

Der entscheidende Unterschied zwischen diesen beiden Typen ist der, daß bei der Domestikation der Mensch der aktive Partner ist, der das Tier seiner Zuchtwahl unterwirft, während beim Kommensalismus das Tier aktiv, häufig sogar gegen die Vorstellungen und Wünsche des Menschen, in die menschliche Umwelt eindringt und sie als neuen Lebensraum erobert. Kommensalismus bedeutet Mitessertum, wobei sich ein Lebewesen vom gespeicherten Nahrungsmittelüberschuß oder von den Abfällen eines anderen, hier des Menschen, ernährt, ohne daß der Wirt direkt wesentlich geschädigt würde. Unter den Säugetieren sind die Hausmaus, die Wanderratte und die Hausratte solche Kommensalen. Die Anpassung einer Wildart an die enge Nachbarschaft, an das Miteinander mit dem Menschen, setzt in der Regel zunächst Verschiebungen in den Komplexen der Scheuheit und der Neugier voraus, die auch bei der Domestikation betroffen werden. Um Populationen erfolgreich aufbauen und ständig erhalten zu können — und das bei gehäuftem Auftreten des Menschen in ihrem Wohngebiet und der damit verbundenen Steigerung der belastenden Reize — ist es gewöhnlich erforderlich, die psychische Toleranz zu steigern, prinzipiell ähnlich der Situation beim Haustier. Hier ist jedoch nicht Toleranz um jeden Preis gefragt. Die Merkwelt des Kommensalen muß anpassend verändert werden, sie darf aber keine größere, generelle Verarmung erfahren, um Nachstellungen durch den Menschen, wie sie gerade Ratten und Mäuse betreffen, nicht leichter ausgeliefert zu sein. Letzteres geschieht bei der Verwilderung von Haustieren. Die Leistungsfähigkeit des informationsaufnehmenden und des informationsverarbeitenden Systems, der Sinnesorgane und des Gehirns, muß weitgehend erhalten bleiben, da eine ständige Verfolgung durch den Menschen gerade die bestmögliche Wahrnehmung und möglichst hohe Plastizität des Verhaltens verlangt. Die Änderungen der Merkwelt vom Nicht-Kommensalen zum Kommensalen dürften also hauptsächlich Änderungen im Neurotransmittersystem sein. Eine Verbindung mit Fellfarbänderungen, die gegenüber ihrer Umwelt auffällig wären, ist hier kaum möglich, da ja die natürlichen Selektionsmechanismen nicht ausgeschaltet oder entscheidend gemindert sind. Dennoch scheint auch hier eine primäre Färbungsverschiebung mit im Spiel zu sein. Sowohl bei Hausmäusen als auch bei Hausratten fällt auf, daß die Bauchfärbung der jeweils kommensalen oder der als stärker kommensal mit dem Menschen ausbreitungsfähigen Form in beiden Fällen — vielleicht durch Veränderungen von Allelen der Agutiserie — düsterer, mehr der Oberseitenfärbung angenähert ist als bei den mehr oder minder weiß- oder hellbäuchigen, nicht kommensal oder nur eingeschränkt kommensal lebenden Formen dieser Arten. Bei der Hausratte tritt in den als Kommensalen weltweit ausgebreiteten Populationen schließlich auch eine schwarze Farbvariante regelmäßig auf.

Im Gegensatz zum Kommensalismus ist bei der Domestikation die Verarmung der Merkwelt, die Steigerung der psychischen Toleranz auf allen Wegen möglich, da der Mensch den Schutz und die Verteidigung übernimmt und eine Einschränkung der Überlebensfähigkeit in der Naturumwelt daher nicht von Belang ist. Hier ist der Mensch der entscheidende Selektionsfaktor. Durch seine züchterische Tätigkeit wird das Tier an die ökologische Nische menschliche Umwelt angepaßt. Dies erlaubt einer Population, die das Wildtier-Haustier-Übergangsfeld durchschritten hat, eine mehr oder minder explosiv erscheinende Vermehrung, die natürlich wiederum vom Menschen getragen und gesteuert wird. Damit ist eine Ausbreitung in zuvor von den Wildahnen nicht besiedelte Räume verbunden. Der Domestikationskontakt mit dem Menschen erhebt die Überlebensfähigkeit einer Art auf ein gänzlich neues Niveau, er läßt ökologische Barrieren der Ausbreitung spielend überwinden. Sterben die Wildvorfahren, wiederum durch die Tätigkeit des Menschen bedingt, durch ungünstigen Wandel ihrer natürlichen Umwelt schließlich sogar aus, wie es beim Ur oder beim europäisch-mittelasiatischen Wildpferd der Fall war, so retten ihre Nachfahren in Haustierform die betreffenden evolutiven Linien in riesiger Individuenzahl durch die Zeit. So kann für eine Art der Durchgang durch die Stufen der Haustierwerdung, durch das Wildtier-Haustier-Übergangsfeld, zu einem Faktor wesentlicher, ja entscheidender evolutiver Bedeutung werden. Dies gilt sogar bereits für eine Vorstufe der Domestikation, auf der Wildtiere lediglich gefangen, gehalten und verfrachtet werden. Ein solcher Transport durch den Menschen hilft dem Tier, aus eigener Kraft zuvor unüberschreitbare Grenzen zu überwinden, wenn es am Ziel der Verfrachtung ausgesetzt wird oder von sich aus freikommt. Auf diese Weise gelangten beispielsweise Damwild, Sikawild, Mufflon, Waschbär, Marderhund, Bisamratte und Wildkaninchen zu verschiedenen Zeiten in die mitteleuropäische Fauna. Auf dieser Ebene des menschlichen Eingreifens in das evolutive Geschehen und die Verbreitung von Tierarten liegen auch Maßnahmen der Wildbewirtschaftung, des sogenannten Wildlife Management, wie sie in Mitteleuropa am besten am Beispiel des Rotwildes verdeutlicht werden. Zum Zwecke sogenannter Blutauffrischung und der für die Gewinnung starker Jagdtrophäen interessanten Vergrößerung der Geweihe wurden mehrfach asiatische Rothirsche in europäische Reviere gebracht und dort zur Einkreuzung ausgesetzt. Hierbei handelte es sich vor allem um Kaukasus-Marale und Altai-Marale. So wurde der Genpool der betreffenden Populationen auf eine Weise mit Fremdgenen angereichert, wie es unter natürlichen Bedingungen nie zustande gekommen wäre. Diese vom Menschen vorgenommene Zuchtbeeinflussung hat jedoch nichts mit Zuchtwahl bei der Domestikation zu tun, da keine Änderung der Merkwelt und damit des Verhaltens veranlaßt wurde. Einen weiteren Eingriff in die natürliche Selektion stellt die winterliche Zusatzfütterung des Rotwildes dar. In kalten, schneereichen Wintern den Bestand reduzierende und damit als Selektionsfaktor hoch wirksame Klimabedingungen werden dadurch in ihrer Bedeutung stark gemildert. Verstärktes Überleben sonst natürlich ausgelesener Tiere erhöht die Vielfalt in den Populationen; schlechter angepaßte Individuen können zur weiteren Fortpflanzung kommen. Hier treibt der Mensch als Jäger wieder eine Gegenselektion, indem er klar erkennbare Kümmerformen erlegt. Durch den Trophäen-Abschuß besonders starker Hirsche selektiert er aber auf der anderen Seite auch gegen hoch lebenstüchtiges Wild. Der natürliche Auslesedruck durch tierische Jäger, nämlich durch Luchs und Wolf, wurde durch die Ausrottung beider aufgehoben. Dies trägt wiederum zur verstärkten Vermehrung schwächerer Tiere bei. So hat der Mensch die Evolution in diesen Populationen auf verschiedene Weise so nachhaltig beeinflußt, daß sie kaum noch als eine natürliche bezeichnet werden kann, wenn man den Menschen nicht wiederum selbst als Glied der Natur betrachtet. Irgendwelche Beziehungen zur Domestikation bestehen bei dieser Form der Einflußnahme primär nicht. Wildlife Management ist neben der Domestikation eine zweite Möglichkeit, das Evolutionsgeschehen einer Tierart tiefgreifend zu verändern.

Verwildert eine Art nach Durchschreiten des Wildtier-Haustier-Übergangsfeldes, aber vor dem Erreichen des Stadiums einer Hochzuchtrasse, so mag dies zur Entstehung eines Kommensalen vom Primitivhaustier her führen. Das weniger scheue Verhalten eines solchen Tieres dem Menschen gegenüber und seine verarmte Merkwelt erlauben ihm, sich im unmittelbaren Bereich menschlicher Siedlungen aufzuhalten und dort in hoher Populationsdichte zu leben. Ein Beispiel dafür sind die verwilderten Primitivhunde vor allem in Ländern des Vorderen Orients und der Tropen, die besonders die Randzonen der Ortschaften und ihre Müllplätze auf der Suche nach freßbaren Abfällen durchstreifen. Solche Hunde können nicht nur bei massiertem Auftreten unmittelbar gefährlich werden, sondern vor allem auch als Übertrager der Tollwut eine beachtliche Rolle spielen. Verwilderte Haustiere können ferner selbst zu einem Motor der Evolution für andere Lebewesen werden, indem sie durch höhere psychosoziale Toleranz in größeren Herden auftreten und damit durch lokales Überweiden und anhaltenden Huftritt landschaftszerstörerisch, also umweltverändernd, auftreten. Dies gilt vor allem für Kaninchen, Schafe und Ziegen, aber auch für Schweine. So mußten in hawaiianischen Nationalparks stellenweise Gatter errichtet werden, um verwilderte Schweine, Ziegen und Schafe zum Schutz der Vegetation fernzuhalten.

Normalerweise verläuft die Evolution bei Säugetieren progressiv. Dies ist vor allem auf die Komplexität des Gehirns und der Sinnesleistungen zu beziehen. Die parallele, voneinander unabhängige Höherentwicklung des Gehirns ist eine in allen Säugetierverwandtschaftsgruppen zu beobachtende Erscheinung. Regressive Evolution, mit einer Reduktion der einmal erreichten Sinnesbefähigung, ohne Kompensation der abnehmenden Leistung des einen durch zunehmende Leistung eines anderen Organs und mit einer Reduktion des Zentralnervensystems ist hingegen vor allem bei der Entwicklung festsitzender und parasitärer Formen in verschiedenen Stämmen wirbelloser Tiere bekannt. Da aber die Verarmung der Merkwelt im Zuge der Domestikation gerade mit solchen Reduktionen einhergeht, mag die Haustierwerdung durchaus als eine spezielle Form regressiver Evolution angesehen werden. Wenigstens für das Gehirn ist hierbei der Umstand zu berücksichtigen, daß die Domestikation, wo sie an Arten mit weiter geographischer Verbreitung und dabei unterschiedlichem Progressionszustand ansetzte, jeweils von den am geringsten progressiven Populationen ausging (s. Kap. 3 und 6). Der Südwolf als primärer Vorfahr des Hundes entspricht bezüglich seiner Evolutionshöhe heute noch der Evolutionsstufe des Wolfes, wie sie in Europa vor etwa einer halben Million Jahren existierte. In der relativen Isolation der südlichen Populationen wurden spätere progressive Umwandlungen bei den nördlichen Wölfen nicht mitvollzogen. Die eigenspezialisierende Entwicklung der einzelnen geographischen und ökologischen Populationen der Wildkatze setzte ebenfalls schon vor mehr als einer halben Million Jahren ein. In der Ausgangspopulation der Hauskatze, also bei den nordostafrikanisch-arabischen Falbkatzen sowie bei den südasiatischen Steppenkatzen, kam es im Gegensatz zu allen anderen Populationen dieses Verwandtschaftskreises nicht zu einer Höherentwicklung des Hirns. Die Pustelschweine, die zusammen mit den ebenfalls sehr ursprünglichen Bindenschweinen aus der eurasiatischen Wildschweingruppe an der Basis des Hausschweins stehen, stellen ein heute auf die indonesische Inselwelt beschränktes Restvorkommen einer im Endtertiär und zu Beginn des Pleistozäns in Eurasien weit verbreiteten Schweine-Altschicht, die in Europa erst später als vor etwa einer Million Jahre durch echte Wildschweine abgelöst wurde. Die mangelnde Progressivität der jeweiligen Altschicht-Populationen, die sich seit über einer halben bis zu einer Million Jahren in Reliktvorkommen bezüglich einer Höherentwicklung kaum veränderten, erscheint in diesen Fällen jeweils als eine Präadaptation zur Haustierwerdung. So wird es unmittelbar verständlich, wieso Rückzugsgebiete jungtertiärer oder altpleistozäner Faunenelemente letztlich zu Domestikationszentren erster Ordnung werden konnten.

Ein solches Gebiet ist der vorderasiatische Raum. Während im Norden Europas und Asiens die wechselvolle Klimageschichte des Eiszeitalters dafür sorgte, daß nicht ausgesprochen an Kälte angepaßte Tierarten in weiten Landschaften periodisch ausstarben, diese dann aus Restvorkommen vor allem in den wärmer bleibenden nördlichen Randländern des Mittelmeeres und in Zentralasien neuerlich besiedelten, wieder zurückgedrängt wurden und wieder vorstießen und dabei erheblichen, ihre Evolution beschleunigten Selektionsdrucken ausgesetzt waren, blieb der Wechsel der Umweltsituation in Vorder- und Südasien über diese gesamte Zeitspanne sehr viel gemäßigter. Für die dort lebenden Populationen ergaben sich damit weit geringere Notwendigkeiten zu ständiger Neuanpassung an geänderte Bedingungen als für jene weiter nördlich, wobei die ökologische Barriere des Schwarzen Meeres, der Kaukasuskette, des Kaspisees, der mittelasiatischen Wüsten und der innerasiatischen Hochgebirgen noch für eine relative Isolation gegenüber den jeweils nördlicher lebenden Verwandten sorgte. So konnten vorderasiatische Formen entwicklungsgeschichtlich konservativ bleiben, während sich im Norden ständiger evolutiver Wandel vollzog. Nacheiszeitlich war damit gerade im weiteren vorderasiatischen Raum ein Reservoir vergleichsweise wenig progressiver Großsäuger entstanden, aus dem wichtige Domestikationen erfolgen konnten. Das Primitivbleiben vieler Tierarten legte die Grundlage für die Möglichkeit erster mittel- und jungsteinzeitlicher kultureller Blüte des Menschen in diesem Raum und damit einen Grundstein für die sich anschließend hier entwickelnden Hochkulturen.

Haustierwerdung als Spezialform regressiver Evolution birgt gleichzeitig den Beginn einer Speziation, das heißt, einer neuen Artwerdung, in sich. Die Bildung zweier oder mehrerer neuer Tierarten aus einer gemeinsamen Ausgangsart setzt grundsätzlich die Entstehung von Isolationsmechanismen voraus, die für eine zunehmend wirksame Unterbindung gemeinsamer Fortpflanzung sorgen. Tierarten verstehen sich ja als Fortpflanzungsgemeinschaften, deren Mitglieder sich unter natürlichen Bedingungen, d.h. nicht in Gefangenschaft, uneingeschränkt miteinander paaren können und uneingeschränkt fruchtbare Nachkommen hervorbringen. Störungen, Mechanismen der gegenseitigen Isolation, können sowohl das freie Verpaaren als auch die ungestörte Entwicklung der Nachkommen und deren Fruchtbarkeit einschränken. Man spricht infolgedessen von Vorpaarungs- und

Nachpaarungs-Isolationsmechanismen. Bei gut voneinander abgesetzten Säugetierarten spielen entweder Trennfaktoren aus diesen beiden Gruppen gemeinsam oder Vorpaarungsmechanismen mehr oder minder allein eine Rolle. Dies ist beispielsweise bei den Arten der Gattung *Canis* der Fall, den Wölfen und Schakalen und dem Coyoten, die zumindest über den Wolfsnachkommen Hund fruchtbar miteinander verkreuzbar sind, solche Verpaarungen aber unter natürlichen Bedingungen total oder — im Falle Coyote und Hund — zumindest weitestgehend unterlassen. Auch der nordamerikanische Bison und der europäische Wisent sind ein Artenpaar, das in Gefangenschaft uneingeschränkt vermischt werden kann.

Typen der Vorpaarungs-Isolation sind die zeitliche Isolation, die sowohl jahreszeitlich-saisonale, als auch tageszeitliche Verschiebungen beinhalten kann, die ökologische Isolation in Form unterschiedlicher Ansprüche an die Umweltqualität, die Vergesellschaftungs-Isolation, die auf Unterschieden im Verhalten beruht, und schließlich die strukturelle Isolation, die Verpaarungen erschwerende unterschiedliche Körperbaueigenheiten umfaßt. Für Haustiere und ihre Wildvorfahren ist zunächst grundsätzlich eine gewisse Wirksamkeit zeitlicher Isolation zu erwarten. Wie in Kapitel 4 dargelegt wurde, zeichnen sich Haustiere durch eine Vergleichmäßigung ihrer zeitlichen Aktivitätsorganisation aus. Sie besitzen gleichmäßigere Aktivitätsverteilung über den Tagesverlauf und gleichmäßigere Aktivitätsverteilung, was die Fortpflanzung anbetrifft, über das Jahr. Die jahreszeitliche Verlängerung der Fortpflanzungsbereitschaft, die Abschwächung oder Auflösung ihrer straffen saisonalen Bindung gibt einer zwar prinzipiell zur ungehinderten Durchmischung mit ihrer Wildart fähigen, also in deren Verbreitungsgebiet verwilderten Haustierpopulation tatsächlich nur zeitweise die Chance zu einer solchen Verpaarung, nämlich allein zur eingeengten Fortpflanzungszeit des Wildtieres. Gleiches gilt für die Abschwächung tageszeitlich unterschiedlicher Aktivität beim Haustier. Hat die zugehörige Wildart strenge Aktivitätsgipfel, so können sich paarungsbereite Haustiere während der übrigen Tageszeiten zumindest mit erhöhter Wahrscheinlichkeit nur miteinander paaren, nicht aber mit dem dann nicht oder minder aktiven Wildtier. Der Nachweis der isolierenden Wirksamkeit solcher zeitlicher Mechanismen wurde an einer experimentell geschaffenen Mischpopulation aus Wildmäusen und weißen Labormäusen geführt. Den Hauptfangzeiten nach zu urteilen, hatten die Wildmäuse in dieser Population einen Aktivitätsgipfel am Abend, die Labormäuse in den Morgenstunden.

Kaum Anhaltspunkte ergeben sich beim derzeitigen Wissensstand zu eventuellen ökologischen Teilisolationen zwischen Haustieren und ihren Wildvorfahren, wenn nicht das Leben in der unmittelbaren menschlichen Umwelt beim zahmen Haustier oder das kommensale Leben bei verwilderten Hunden und Katzen (siehe oben) als sogar totale oder wenigstens partielle Mechanismen dieser Art gewertet werden dürfen. Frei streunende Pariahunde im Vorderen Orient haben dadurch wohl nur teilweise überlappende Lebensräume mit dem Wolf, in den Randbezirken europäischer Siedlungen streifende Hauskatzen kommen dort höchstens selten mit Wildkatzen in Kontakt.

Grundsätzliche Bedeutung ist der Vergesellschaftungs-Isolation von Haustier und Wildtier beizumessen. Die in Kapitel 4 beschriebenen Unterschiede des sozialen Verhaltens, nämlich Lockerung sozialer Bindungen und Abbau sozialer Differenzierungen beim Haustier, teilweise zusammen mit Steigerung sozialer Verträglichkeit, lassen unmittelbar hemmende Auswirkungen auf die Bildung gemeinsamer, gemischter Gruppen aus Haustieren und Wildtieren erwarten. In ein Wolfsrudel, wo komplexe und fein differenzierte soziale Strukturen den Zusammenhalt gewährleisten, werden sich Hunde schwerlich problemlos einfügen können. Auf Hawaii ausgesetzte Mufflonböcke schlossen sich nur dann Gruppen verwilderter Hausschafe an, wenn sie einzeln freigelassen wurden. Waren aber bereits mehrere Mufflons in der Gegend, so führte dies zur Entstehung eigener kleiner Mufflon-Banden und damit zur getrennten Vergesellschaftung. Mufflon-Hausschaf-Kreuzungstiere vereinigten sich mit den Hausschafen. Eine klare Vergesellschaftungs-Isolation selbst in Gefangenschaft besteht zwischen dem früh in der Kaninchendomestikation verwilderten Porto-Santo-Kaninchen und heutigen Hauskaninchen. In einer kleinen, von E. Stodart und K. Myers künstlich geschaffenen Wildkaninchen-Hauskaninchen-Mischpopulation trennten sich Haus- und Wildtier, mit Ausnahme eines einzigen Wildmännchens, das sich der Hauskaninchengruppe anschloß, in Reinverbände. Einzeln freigesetzte Hauskaninchenweibchen wurden hingegen in eine Wildpopulation aufgenommen, einzelne Männchen nicht.

Strukturelle Isolation ist im Wildtier-Haustier-Vergleich höchstens dort zu erwarten, wo in der Domestikation ein so starker Größenwandel eintrat, daß eine Verpaarung mit der Wildart allein schon aus diesem Grund erschwert ist. Dies gilt am ehesten dort, wo einzelne Rassen des Haustieres dem wilden Vorfahr gegenüber besonders klein wurden, wie es etwa bei Hunden zu finden ist, oder auch besonders groß, wie bei manchen Pferderassen. Schwierigkeiten kann es ferner dort geben, wo zwischen den geographischen Populationen der Wildtierart bedeutende Größenunterschiede bestehen, wie beispielsweise beim Wildschaf. Auch sie würden von manchen Rassen des Haustieres zu manchen Populationen des Wildtieres Größenschwierigkeiten zur Verpaarung mit sich bringen. Hierfür gibt wieder das Porto-Santo-Kaninchen ein Beispiel, das für eine Verpaarung mit mitteleuropäischen Wildkaninchen zu klein ist.

Falls bei gemeinsamem Vorkommen verwilderter Haustiere und ihrer Wildart nicht eine der beiden Formen nur in einzelnen Exemplaren existiert, denen zur Verpaarung ausschließlich Partner der anderen Form zur Verfügung stehen, wie in dem genannten Mufflon-Hausschaf-Experiment auf Hawaii, so läßt die gemeinsame Wirkung aller dieser Isolationsmechanismen eine deutliche Einschränkung der rein zufälligen Verpaarungswahrscheinlichkeit von Wildtier und Haustier erwarten, wenn sie auch keine totale Schranke setzt. Einen experimentellen Beleg bietet die von Rasbergen Reimov, Krystyna Adamczyk und Roman Andrzejkwski zusammengestellte und studierte Mischpopulation von Wildmäusen und weißen Labormäusen. Unter insgesamt 18 aus dieser Population trächtig gefangenen Albinomausweibchen waren, wie sich aus der Färbung ihrer Jungen leicht ablesen ließ, 16 allein von Albinomausmännchen gedeckt. Zwei Tiere brachten sowohl weiße als auch wildfarbene Junge, so daß hier offenbar Doppelbefruchtung durch Albinomäuse und Wildmäuse vorlag. Schätzt man einen Isolationsindex als das Verhältnis der tatsächlich gefundenen zu der bei rein zufälliger Verpaarung zu erwartenden Zahl von Bastarden ab, so ergibt sich ein Wert in der Größenordnung 0,1. Ein solcher Wert liegt noch um mindestens das Doppelte höher, als es bei gut getrennten Wirbeltierarten zu erwarten ist. Er weist andererseits gleichzeitig aber die Existenz durchaus wirksamer Isolationsmechanismen nach. Dem entspricht prinzipiell das Bastardierungsergebnis in der kleinen, oben angeführten Wildkaninchen-Hauskaninchen-Mischpopulation, wo bei 67 Jungen der Wildkaninchenweibchen überhaupt keine Bastarde vorkamen, bei 78 Hauskaninchenjungen nur 15 Bastarde gefunden wurden. Der Wert des Isolationsindex liegt hier bei 0,2. Auf ähnlich eingeschränkte Durchmischung weisen Befunde an der hawaiianischen Mufflon- und verwilderten Hausschaf-Population, sowie an Wildziegen- und verwilderten Hausziegen-Populationen auf ägäischen Inseln hin. Entsprechend sollten europäische Waldwildkatzen nach vielen Jahrhunderten andauernder Möglichkeit der Verpaarung mit streunenden Hauskatzen viel stärkere Bastardierungsfolgen aufweisen, als es tatsächlich der Fall ist, sollten im Vorderen Orient die Wölfe längst eine mehr oder minder einheitliche Mischpopulation mit den Pariahunden gebildet haben, falls nicht in allen diesen Fällen ziemlich wirksame Isolationsmechanismen existierten. Haustiere sind ihren Wildarten gegenüber also auf den Weg eigener Artbildung gekommen, wenn dieser Weg auch nicht zu abgeschlossenen Trennungen geführt hat. Wir haben offensichtlich eine Zwischenstufe vor uns, wie sie auch im Zuge natürlicher Artbildung, natürlicher Evolution stets durchlaufen werden muß. Zwischenformen dieses Typs bereiten immer Schwierigkeiten, wenn es um die Definition geht, ob sie noch zu der Ausgangsart zu zählen oder schon als neue, eigene Art zu bewerten und entsprechend im Rahmen der internationalen zoologischen Nomenklatur zu benennen sind. Die Einführung des etwa konfliktentschärfenden Begriffes der Semispezies, der „Halbart", für derartige Zwischenformen hilft zwar, zu differenzieren, macht aber zur Benennung immer noch die entweder-oder-Entscheidung notwendig. Dabei werden als Semispezies bewertete Formen gewöhnlich mit Artnamen belegt. Verfährt man bei Haustieren von ihrer evolutiven Stellung, von der durch die Domestikation eingeleiteten Speziation her berechtigterweise ebenso, so löst sich mit der Möglichkeit, auf diese Weise eigene Artnamen für sie zu begründen, beiläufig ein viel diskutiertes Nomenklaturproblem auf zumindest praktikable Weise. Es wurden nämlich vielfach Bedenken geäußert, Haustiere mit dem gleichen Namen wie ihre wilde Stammart zu belegen und sie in der Namengebung so zu behandeln, als seien sie mit einer natürlichen Unterart, einer geographischen Population der Wildart gleichzustellen, zumal noch bei der Entstehung einzelner Haustierformen mehr als eine Wildart beteiligt war. Auf diese Weise kann das früher übliche Verfahren beibehalten werden, Haustiere nomenklatorisch so zu behandeln, als ob sie eigene Arten darstellten, die Hauskatze also im Gegensatz zur wilden Stammart *Felis silvestris* als *Felis catus* zu führen, den Hund im Gegensatz zum Wolf, *Canis lupus*, als *Canis familiaris* zu benennen, das Hauspferd anstelle von *Equus ferus*, dem Wildpferd, als *Equus caballus* zu bezeichnen, das Hausrind als *Bos taurus* vom Ur, *Bos primigenius*, zu trennen. Für andere klassische Haustiere gelten unter dieser Voraussetzung die Namen (Wildtiernamen jeweils in Kapitel 3) *Mustela furo* für das Frettchen, *Equus asinus* für den Esel, *Sus domesticus* für das Schwein, *Camelus bactrianus* für das Hauskamel, *Camelus dromedarius* für das Dromedar, *Lama glama* für das Lama, *Lama pacos* für das Alpaka, *Bos grunniens* für den Hausyak, *Bubalus bubalis* für den Hausbüffel, *Ovis aries* für das Hausschaf, *Capra hircus* für die Hausziege, *Cavia porcellus* für das Hausmeerschweinchen.

Übersicht über den Kapitelinhalt

Die Evolution beinhaltet vor allem ständige selektive Anpassung der jeweiligen Überlebensfähigkeit unter sich wandelnden Umweltbedingungen. In der Domestikation stellt der Mensch die entscheidende selektive Kraft, so daß die Haustierwerdung je nach Standpunkt als außerhalb der natürlichen Evolution stehend oder als ein Spezialfall dieser Evolution betrachtet werden kann. Der evolutive Wechsel einer Art aus der natürlichen in die rein menschliche Umwelt führt zum Kommensalismus, wenn die aktive Rolle von der betreffenden Art selbst ausgeht und dabei ihre Merkwelt anpassend verändert, aber nicht in stärkerem Ausmaß verarmt wird. Er führt zur Domestikation mit Verarmung der Merkwelt um jeden Preis, wenn der Mensch der selektionsaktive Teil ist. Die Haustierwerdung hebt die Überlebensfähigkeit einer Art auf ein neues Niveau und läßt sie mit Hilfe des Menschen vorherige ökologische Ausbreitungsbarrieren spielend überwinden. In dem dabei ablaufenden evolutiven Geschehen mag ein Spezialfall regressiver Evolution gesehen werden, der schon an Populationen jeweils relativ geringer Progressivität ansetzt. Mit der Domestikation geht der Beginn eigener, neuer Artbildung einher, der durch die Entstehung von Vorpaarungs-Isolationsmechanismen gekennzeichnet ist. Als zeitliche und ökologische Isolation, als Vergesellschaftungs-Isolation und als strukturelle Isolation schränken diese vor allem vom speziellen Haustier-Verhaltenssyndrom bedingten Mechanismen die freie Durchmischung mit der wilden Stammart auch dort ein, wo das Haustier verwildert neben ihr vorkommt.

14 Zusammenfassende Gesamtübersicht

Haustiere sind Tiere, die der Mensch im Umfeld seiner Behausung zu ständiger Nutzung hält und züchtet. Sie erfüllen menschliche Grundbedürfnisse nach Nahrung, Kleidung und Wärme, liefern Rohstoffe für andere Produkte vielfältiger Art, helfen durch mannigfaltige Arbeitsleistungen, sind in der Forschung zu medizinischem Fortschritt beteiligt und nehmen einen wichtigen Platz im gesellschaftlichen Leben des Menschen ein. Mit dem Besitz von Haustieren ist seit der Jungsteinzeit der Ablauf der Geschichte untrennbar verknüpft.

Haustiere besitzen im Gegensatz zu Wildtieren eine bunte Vielfalt ihres Erscheinungsbildes, vor allem hinsichtlich der Färbung und Beschaffenheit des Felles, der Körpergröße und der Proportionen. Diese Vielfalt beruht einerseits auf einer Minderung natürlicher Selektion, andererseits auf züchterischer Auslese durch den Menschen. Sie stellt die Grundlage für die Entstehung zahlreicher Rassen. Primitivrassen bildeten sich über Einkreuzungen aus unterschiedlichen Populationen der wilden Ausgangsform, über zufällige Verschiebungen von Genhäufigkeiten und über selektive Einflüsse. Definitorisch leichter umschreibbare Hochzuchtrassen entspringen strengen züchterischen, normierenden Maßnahmen des Menschen.

Haustierwerdung setzt auf der Seite des Wildtieres eine Eignung hierzu vor allem im Verhaltensbereich voraus, auf der Seite des Menschen ein woher auch immer gespeistes Interesse an seiner Haltung. Ein Bestreben zur Gefangenschaftshaltung zahlreicher Tierarten, wie es spätestens ab dem 3. vorchristlichen Jahrtausend nachweisbar ist, reicht allein nicht zur Vermehrung des Bestandes an Haustierarten aus, solange die erste Voraussetzung nicht gleichzeitig gegeben ist. Die Verteilung der Entstehungszeiten der Haussäugetiere seit dem Ende der Altsteinzeit läßt keine eindeutige Häufung in bestimmten Zeitabschnitten erkennen, sondern streut weit über die Jahrtausende. Allerdings sind diese Zeiten in den meisten Fällen nur mit großen Unsicherheitsspannen zu erkennen, da es in den noch nicht bei allen Arten geklärten primären Domestikationsgebieten Schwierigkeiten der sicheren Unterscheidung von Wildtieren und primitiven Haustieren im archäozoologischen Fundgut gibt. Bei einigen Arten sind die Domestikationszeiten noch gänzlich ungewiß.

Das Haustierverhalten erscheint dem Wildtierverhalten gegenüber gedämpft und durch eine mindere Bedeutsamkeit von Umweltfaktoren bestimmt. Die Merkwelt des Haustieres ist im Vergleich zu der des Wildtieres angeborenermaßen verarmt. Dies drückt sich in einer Verringerung der Intensität bis hin zum Wegfall einzelner Verhaltensweisen, in einer gesenkten Fortbewegungsaktivität und einer Vergleichmäßigung der zeitlichen Aktivitätsorganisation, in einer Lockerung der sozialen Bindungen und in einem Abbau der sozialen Differenzierung aus. Im Gegensatz zur allgemeinen Verhaltensdämpfung steht eine einseitige Intensivierung der sexuellen Aktivität.

Unter gleichen Außenbedingungen führt die das Verhalten der Haustiere bestimmende angeborene Verarmung der Merkwelt zu erhöhter psychischer Toleranz des Haustieres im Vergleich zum Wildtier, das heißt, zu geringerem Streß. Streß ist der Zustand allgemeiner Aktivierung eines Organismus, wie er durch die Einwirkung von Reizen zustandegekommen ist, eine Funktion der auf ein Individuum eindringenden Reize und der aus ihnen gewonnenen — beim Haustier geringeren — Information. Der scheinbare Widerspruch zwischen einer allgemeinen Verhaltensdämpfung beim Haustier und der einseitigen Intensivierung sexueller Aktivität wird mit dem Streßkonzept gelöst. Da psychosozialer Streß durch Gruppenleben eine zentrale Rolle im Streßgeschehen spielt, erscheinen

Wildtiere um so besser zur Domestikation geeignet, je leichter ihre erfolgreiche Zucht bei Gemeinschaftshaltung unter eingeengten Gefangenschaftsbedingungen ist. Verschieden gerichtete Auswirkungen auf das Größenwachstum und dem Fortpflanzungserfolg durch unterschiedliche Haltungsbedingungen und unterschiedliche Selektionsmaßnahmen durch den Halter führen im Verlauf zahlreicher Generationen zu unterschiedlichen Bestandsentwicklungen, wie sie einerseits die Zoohaltung von Wildtieren, andererseits die Domestikation kennzeichnen.

Die für den psychischen Streß über die Reichhaltigkeit der Merkwelt verantwortliche Qualität der Informationsaufnahme- und Informationsverarbeitungssysteme ändert sich während der Domestikation in der für die Verarmung der Merkwelt beim Haustier zu erwartenden Richtung. Reduktionen im Bereich der Sinnesorgane, dem informationsaufnehmenden System, betreffen in unterschiedlicher Quantität und Qualität das Auge, das Gehör und das Geruchsorgan. Im informationsverarbeitenden System, dem Zentralnervensystem, ist der Neocortex des Großhirns der für die Speicherkapazität und Schaltkomplexität entscheidende Bereich. Da dessen Entwicklung mit der Gesamthirnentwicklung im Zusammenhang steht, erlauben neben Spezialstudien seines Aufbaus bereits Gesamthirnmessungen einen Einblick in die relative Leistungsfähigkeit dieses Systems. Beim Haustier zeigen sich im Wildtiervergleich in der Regel Hirngrößenabnahmen während der Domestikation, die beträchtliche Ausmaße annehmen können. Wo deutliche geographische Hirnunterschiede in der Wildart bestehen, setzte die Haustierwerdung von vornherein an den Populationen mit der geringsten Hirngröße an. Individuen einer zu domestizierenden Art erscheinen also um so besser hierzu geeignet, desto geringere Hirngröße sie besitzen.

Das dynamische Gleichgewicht der Erregungs-Überträgerstoffe im Nervensystem, der Neurotransmitter, ist für das Informationsverarbeitungsgeschehen und damit für die Merkwelt von ausschlaggebender Bedeutung. Durch psychoaktive Drogen, die den Wirkungsmechanismus der Neurotransmitter an den Synapsen, den Schaltstellen des Nervensystems, beeinflussen, läßt sich dieses Gleichgewicht in unterschiedlicher Richtung verändern. Damit besteht die Möglichkeit zur experimentellen psychopharmakologischen Simulation der für den Wildtier-Haustier-Übergang postulierten Dämpfung der Informationsverarbeitung als Ursache der beobachteten Verhaltens- und Toleranzänderung. Ein solches mit Baumrollratten als Wildtiermodell durchgeführtes Experiment bestätigt das Konzept der Änderung eines Komplexes aus Informationsverarbeitung, Streß und Verhalten.

Die Fellfärbung eines Säugetieres steht mit dem Grundniveau seiner Aktivität, seiner Reaktionsintensität und seiner Merkwelt in Zusammenhang, wobei die wesentliche Ursache hierfür in einem Stück gemeinsamen biochemischen Syntheseweges der farbbestimmenden Pigmente, der Melanine, und der das Informationsverarbeitungssystem in hohem Maße tragenden Catecholamin-Gruppe der Neurotransmitter zu suchen sein dürfte. Durch die Selektion bestimmter Fellfärbungen ist ein Verhaltenswandel mit entsprechendem Wandel im Streßsystem sowohl zur Verhaltensdämpfung und Toleranzerhöhung als auch in gegensätzlicher Richtung zu verwirklichen. Kombinationen der vom jeweiligen Wildtyp abweichenden Allele einzelner Farbfaktoren verstärken oder verändern deren Verhaltenswirkung. Als Strategie zur Haustiermachung folgt hieraus, daß die Auslese und Kombination bestimmter Fellfarbtypen unmittelbare Domestikationseffekte zustandebringen kann.

Die Auslese von Fellfärbungsvarianten, die deutlich von der Wildnorm abweichen, erscheint in hohem Maße verknüpft mit dem Interesse des Menschen am Ungewöhnlichen. Dies teilt solchen besonders auffälligen Tieren in vor- und frühgeschichtlichen Kulturen leicht eine große kultische Rolle zu. Dadurch ist vielfach ein Anstoß zur Haustierwerdung einer Wildart im kultischen Interesse zu suchen und im Wunsch, Ungewöhnliches zu erhalten. Es brauchte damit keinesfalls sofort ein rein praktisches Nutzungsziel im Alltag der Menschen dieser Zeiten verbunden zu sein. Die spezielle Domestikationseignung vieler abweichend gefärbter Tiere brachte eine derartige, unabhängig von profanen Gesichtspunkten eingeleitete Haltung gleichzeitig auf den Erfolgsweg. In gleicher Weise mag ein solches Verfahren die Einleitung von Hochzuchten aus der Masse noch wenig veränderter Primitivhaustiere beschleunigt haben. Farbselektion erscheint ganz allgemein als ein zentraler Faktor im Rahmen der Haustierwerdung.

Die Verarmung der Merkwelt des Haustieres geht über die Nebennierenfunktion mit einem Sinken seiner Anpassungsfähigkeit an akute Belastungen einher. Diese angeborene und rassenspezifische Situation läßt sich durch spezielle Aufzuchtverfahren in reizverarmter Umwelt weiter steigern. Damit ist in der Zucht von Fleisch-Hochleistungsrassen zwar eine Senkung des individuellen Raumanspruchs zur rationellen Tierproduktion bis in den Bereich des von der reinen Körpergröße her vorgegebenen Mindestraumbedarfs erzielbar, gleichzeitig wird aber auch die Grenze der Anfälligkeit, des Nicht-Überlebens bei ungewohnten Belastungen erreicht. Spezielle Selektionsrichtungen zu unterschiedlichen Nutzungszwecken ließen Hochzuchthaustiere entstehen, deren eigenständige Überlebensfähigkeit außerhalb der ihnen vom Menschen gebotenen, weitgehend standardisierten Umweltbedingungen in vielen Fällen stark eingeschränkt ist.

Zähmung ist nicht gleich Domestikation, und ist auch nicht unbedingt Voraussetzung für sie. Den polaren Zustandsformen freilebendes oder gezähmtes, gefangen gehaltenes Wildtier stehen verwildertes oder zahmes Haustier gegenüber. Zähmung ist jedoch eine Bedingung für einen unproblematischen, vertrauten Umgang des Menschen mit seinen Haustieren. Wo bei männlichen Haustieren diese Umgänglichkeit durch die während des Domestikationsgeschehens ablaufende Selektion auf zahmeres Verhalten und durch den zusätzlichen Lernprozeß zur Gewöhnung an den Menschen — wie er die Zähmung kennzeichnet — immer noch nicht ausreichend erreicht ist, kann schließlich die Kastration sozusagen als weitere „physiologische Zähmung" den erwünschten Erfolg bringen. Im Gegensatz zur Zähmung steht die Verwilderung von Haustieren. Aus ihr hervorgehende wildlebende Populationen zeichnen sich in der Regel in unveränderter Weise durch verarmte Merkwelt, höhere psychische Toleranz, und die Verhaltensorganisation des Haustieres aus. Sie verhalten sich aber um so wildtierähnlicher, je früher es im Anfangsstadium des Wildtier-Haustier-Übergangsfeldes der Haustierwerdung zur Verwilderung kam.

Versuche zu Neudomestikationen von Großsäugetieren verliefen in den letzten Jahrzehnten noch ohne Kenntnis und damit ohne Möglichkeit einer praktischen Anwendung der hier dargelegten Grundprinzipien der Haustierwerdung. In einem Modellexperiment mit Silberfüchsen wurde über scharfe Verhaltensauslese während eines Zeitraums von 15 Jahren die grundsätzliche Erreichbarkeit des Zieles eines neuen Haustiers, hier eines verhaltensmäßig dem Hund vergleichbaren Hausfuchses, nachgewiesen. Jahrzehntelange Versuche mit der Elenantilope und dem Elch mit intensiver Jungtierzähmung, aber ohne klare Selektion, ließen den Weg zum Haustier dagegen höchstens im allererster Abschnitt betreten. Beim Rotwild und beim Damwild wurde andererseits die Grenze des Wildtier-Haustier-Übergangsfeldes mehrfach unabhängig, aber in dieser Richtung vollkommen unbeabsichtigt überschritten. Zahlreiche Ansätze zur Haltung mehrerer Großsäugerarten als Nutztiere, vor allem aus der Familie der Hirsche, schufen die Grundlagen für neuerliche Domestikationsversuche. In diesem Rahmen wurde ein Programm gestartet, nun die Grundprinzipien der Haustierwerdung als Domestikationsstrategie zu nutzen und damit aus Damwild ein Hausdamtier zu erzielen.

Die Evolution beinhaltet vor allem ständige selektive Anpassung der jeweiligen Überlebensfähigkeit unter sich wandelnden Umweltbedingungen. In der Domestikation stellt der Mensch die entscheidende selektive Kraft, so daß die Haustierwerdung je nach Standpunkt als außerhalb der natürlichen Evolution stehend oder als ein Spezialfall dieser Evolution betrachtet werden kann. Der evolutive Wechsel einer Art aus der natürlichen in die rein menschliche Umwelt führt zum Kommensalismus, wenn die aktive Rolle von der betreffenden Art selbst ausgeht und dabei ihre Merkwelt anpassend verändert, aber nicht in stärkerem Ausmaß verarmt wird. Er führt zur Domestikation mit Verarmung der Merkwelt um jeden Preis, wenn der Mensch der selektionsaktive Teil ist. Die Haustierwerdung hebt die Überlebensfähigkeit einer Art auf ein neues Niveau und läßt sie mit Hilfe des Menschen vorherige ökologische Ausbreitungsbarrieren spielend überwinden. In dem dabei ablaufenden evolutiven Geschehen mag ein Spezialfall regressiver Evolution gesehen werden, der schon an Populationen relativ geringer Progressivität ansetzt. Mit der Domestikation geht der Beginn eigener, neuer Artbildung einher, der durch die Entstehung von Vorpaarungs-Isolationsmechanismen gekennzeichnet ist. Als zeitliche und ökologische Isolation, als Vergesellschaftungsisolation und als strukturelle Isolation schränken diese vor allem vom speziellen Haustier-Verhaltenssyndrom bedingten Mechanismen die freie Durchmischung mit der wilden Stammart auch dort ein, wo das Haustier verwildert neben ihr vorkommt.

Ausgewählte Literatur

Allgemeine Werke und Werke zu den Kapiteln 1—3

Alderson, L. (1978): The chance to survive — rare breeds in a changing world. Cameron & Tayleur, London.
Antonius, O. (1922): Grundzüge einer Stammesgeschichte der Haustiere. Fischer, Jena.
Bökönyi, S. (1974): History of domestic mammals in central and eastern Europe. Akad. Kiado, Budapest.
Brentjes, B. (1975): Die Erfindung des Haustieres. Urania, Leipzig — Jena — Berlin.
Brune, H. (1968): Rohstoffe der Haussäugetiere. In: Handbuch der Zoologie, VIII, 12. (4): 1—47. De Gruyter, Berlin.
Epstein, H. (1971): Domestic animals of China. Afric. Publ. Corp., New York.
Epstein, H. (1971): The origin of the domestic animals of Africa. Afric. Publ. Corp. New York — London — Munich.
Hagedoorn, A.L. (1954): Animal breeding. Crosby Lockwood & Son, London.
Hammond, J., Johansson, I., Haring, F. (Hrsg., 1958—1961): Handbuch der Tierzüchtung. Parey, Hamburg — Berlin.
Herre, W. (1955): Das Ren als Haustier. Geest & Portig, Leipzig.
Herre, W., Röhrs, M. (1973): Haustiere — zoologisch gesehen. Fischer, Stuttgart.
Leeds, A., Vayda, A.P. (Eds., 1965): Man, culture, and animals. American Ass. Advanc. Sci. Washington.
Matolcsi, J. (Hrsg., 1973): Domestikationsforschung und Geschichte der Haustiere. Budapest.
Nachtsheim, H., Stengel, H. (1977): Vom Wildtier zum Haustier. Parey, Berlin — Hamburg 1977.
Zeuner, F.E. (1967): Geschichte der Haustiere. BLV, München.

Zusätzlich zu Kapitel 3

Groves, C. P. (1981): Systematic relationships in the Bovini (Artiodactyla, Bovidae). Z. zool. Syst. Evolut.-Forsch. **19**: 264—278.
Groves, C. (1981): Ancestors for the pigs: Taxonomy and phylogeny of the genus *Sus*. Techn. Bull. **3**: 1—96, Dept. Prehistory, Res. School Pacific Studies, Australian Nat. Univ., Canberra.
Groves, C.P., Ziccardi, F., Toschi, A. (1966): Sull'asino selvatico africano. Ric. Zool. Appl. alla Caccia, Suppl. **5**: 1—30.
Hemmer, H. (1975): Zur Abstammung des Haushundes und zur Veränderung der relativen Hirngröße bei der Domestikation. Zool. Beitr. NF **21**: 97—104.
Hemmer, H. (1975): Zur Herkunft des Alpakas. Z. Kölner Zoo **18**: 59—66.
Hemmer, H. (1976): Zur Abstammung der Hauskatze (*Felis silvestris* f. catus): Sind Siamkatzen und Perserkatzen polyphyletischen Ursprungs? Säugetierkundl. Mitt. **24**: 184—192.
Hemmer, H. (1976): Zum Problem der Herkunft des Alpakas (*Lama* sp. f. pacos). Säugetierkundl. Mitt. **24**: 193—200.
Meijer, W.C.P. (1962); Das Balirind. Ziemsen, Wittenberg.
Nadler, C., Korobitsina, K., Hoffmann, R., Vorontsov, N. (1973): Cytogenetic differentiation, geographic distribution, and domestication in palearctic sheep (*Ovis*). Z. Säugetierkunde. **38**: 109—125.
Nobis, G. (1971): Vom Wildpferd zum Hauspferd. Fundamenta, B, 6. Böhlau, Köln — Wien.
Olsen, S.J., Olsen, J.W. (1977): The Chinese wolf, ancestor of new world dogs. Science **197**: 533—535.
Rempe, U. (1970): Morphometrische Untersuchungen an Iltisschädeln zur Klärung der Verwandtschaft von Steppeniltis, Waldiltis und Frettchen. Z. wiss. Zool. **180**: 185—366.
Richter, C.P. (1954): The effects of domestication and selection on the behavior of the Norway rat. J. Nat. Cancer Inst. **15**: 727—738.
Röhrs, M., Ebinger, P. (1980): Wolfsunterarten mit verschiedenen Cephalisationsstufen? Z. Zool. Syst. Evolut.-Forsch. **18**: 152—156.
Scheifler, H. (1974): Durch Kreuzung entstehen neue Rinderrassen. Säugetierkundl. Mitt. **22**: 104—108

Zu Kapitel 4

Herre, W. (1979): Bemerkungen zur Evolution von „Sprachen" bei Säugetieren. Zur Variabilität innerartlicher Kommunikation bei Caniden. Z. zool. Syste. Evolut.-Forsch. **17**: 151–173.
Kraft, R. (1976): Vergleichende Verhaltensstudien an Wild- und Hauskaninchen. Dissertation Erlangen – Nürnberg.
Leyhausen, P. (1962): Domestikationsbedingte Verhaltenseigentümlichkeiten der Hauskatze. Z. Tierzüchtg. Züchtgsbiol. **77**: 191–197.
Lorenz, K. (1959): Psychologie und Stammesgeschichte. In: Die Evolution der Organismen, 2. Aufl., Bd. 1, Heberer, G. (Hrsg.). Fischer, Stuttgart.
Pees, W., Hemmer, H. (1980): Hirngröße und Aktivität bei Wildschafen und Hausschafen (Gattung *Ovis*). Säugetierkundl. Mitt. **28**: 39–45.
Pilters, H. (1954): Untersuchungen über angeborene Verhaltensweisen bei Tylopoden, unter besonderer Berücksichtigung der neuweltlichen Formen. Z. Tierpsychol. **11**: 213–303.
Röhrs, M., Kruska, D. (1969): Der Einfluß der Domestikation auf das Zentralnervensystem und Verhalten von Schweinen. Dtsch. tierärztl. Wsch. **76**: 514–518.
Scott, J.P. (1954): The effects of selection and domestication upon the behavior of the dog. J. Nat. Cancer Inst. **15**: 739–758.
Stolte, H.-A. (1950): Über Entwicklung und Vererbung des Temperamentes wilder und domestizierter Kaninchen. In: Neue Ergebnisse und Probleme der Zoologie, Herre, W. (Hrsg.). Zool. Anz., Erg. bd. zu **145**: 980–999, Geest & Portig, Leipzig.
Zimen, E. (1970): Vergleichende Verhaltensbeobachtungen an Wölfen und Königspudeln. Dissertation Kiel.
Zimmermann, E. (1976): Beobachtungen zur Geburt. Brutpflege und Verhaltensontogenese von Wild- und Hauskatzen. Dissertation Erlangen – Nürnberg.

Zu Kapitel 5

Crandall, L.S. (1964): Management of wild mammals in captivity. Univ. Chicago Press, Chicago – London.
Christian, J.J., Davis, D.E. (1964): Endocrines, behavior, and population. Science **146**: 1550–1560.
Ebinger, P. (1972): Vergleichend-quantitative Untersuchungen an Wild- und Laborratten. Z. Tierzüchtg. Züchtgsbiol. **89**: 34–57.
Gorgas, K. (1967): Vergleichende Studien zur Morphologie, mikroskopischen Anatomie und Histochemie der Nebennieren von Chinchilloidea and Cavioidea (Caviomorpha Wood 1955). Z. wiss. Zool. **175**: 54–236.
Holst, D. v. (1969): Sozialer Streß bei Tupajas *(Tupaia belangeri)*. Z. vergl. Physiol. **63**: 1–58.
Jeche, M. (1980): Zur Bedeutung soziologischer Faktoren in der Tierhaltung und der Rolle der Nebennierenrindenfunktion. Zool. Garten NF **50**: 337–344.
Lee, A.K., Bradley, A.J., Braithwaite, R.W. (1977): Corticosteroid levels and male mortality in *Antechinus stuartii*. In: The biology of marsupials, Stonehouse, B., Gilmore, D. (Ed.). Macmillan Press.
Sassenrath, E.N. (1970): Increased adrenal responsiveness related to social stress in rhesus monkeys. Hormones Behav. **1**: 283–298.

Zu Kapitel 6

Ebinger, P. (1974): A cytoachitectonic volumetric comparison of brains in wild and domestic sheep. Z. Anat. Entwickl. Gesch. **144**: 267–302.
Elias, H., Schwartz, D. (1971): Cerebro-cortical surface areas, volumes, lengths of gyri and their interdependence in mammals, including man. Z. Säugetierkde. **36**: 147–163.
Frank, H. (1980): Evolution of canine information processing under conditions of natural and artificial selection. Z. Tierpsychol. **53**: 389–399.
Frick, H., Nord, H.J. (1963): Domestikation und Hirngewicht. Anat. Anz. **113**: 307–316.
Gorgas, M. (1966): Betrachtung zur Hirnschädelkapazität zentralasiatischer Wildsäugetiere und ihrer Hausformen. Zool. Anz. **176**: 227–235.
Hemmer, H. (1972): Hirngrößenvariation im *Felis silvestris*-Kreis. Experientia **28**: 271–272.

Hemmer, H. (1978): Geographische Variation der Hirngröße im *Sus scrofa-* und *Sus verrucosus*-Kreis (Beitrag zum Problem der Schweinedomestikation). Spixiana 1: 309–320.
Hemmer, H. (1978): Innerartliche Unterschiede der relativen Hirngröße und ihr Wandel vom Wildtier zum Haustier. Ein Diskussionsbeitrag. Säugetierkundl. Mitt. 26: 312–317.
Herre, W., Thiede, U. (1965): Studien an Gehirnen südamerikanischer Tylopoden. Zool. Jb. Anat. 81: 155–176.
Holloway, R.L. (1968): The evolution of the primate brain: some aspects of quantitative relations. Brain Res. 7: 121–172.
Kruska, D. (1970): Vergleichend cytoachitektonische Untersuchungen an Gehirnen von Wild- und Hausschweinen. Z. Anat. Entwickl.-Gesch. 131: 291–324.
Kruska, D. (1973): Cerebralisation, Hirnevolution und domestikationsbedingte Hirngrößenänderungen innerhalb der Ordnung Perissodactyla Owen, 1848 und ein Vergleich mit der Ordnung Artiodactyla Owen, 1848. Z. zool. Syst. Evolut.-Forsch. 11: 81–103.
Kruska, D. (1980): Domestikationsbedingte Hirngrößenänderungen bei Säugetieren. Z. zool. Syst. Evolut.-Forsch. 18: 161–195.
Kruska, D., Stephan, H. (1973): Volumenvergleich allokortikaler Hirnzentren bei Wild- und Hausschweinen. Acta anat. 84: 387–415.
Klatt, B. (1912): Über die Veränderung der Schädelkapazität in der Domestikation. Sitz. ber. Ges. nat. forsch. Freunde Berlin 3: 153–179.
Lüps, P. (1974): Biometrische Untersuchungen an der Schädelbasis des Haushundes. Zool. Anz. 192: 383–413.
Lüps, P., Huber, W. (1971): Haushunde mit geringer Hirnschädelkapazität. Mitt. Nat. forsch. Ges. Bern NF 28: 16–22.
Moeller, H. (1975): Zur Kenntnis der Größenabhängigkeit von Hirnmerkmalen bei Hauskaninchen (*Oryctolagus cuniculus* forma domestica). Zool. Jb. Anat. 94: 161–199.
Pirlot, P. (1974): Size and activity of brain-structures. Z. zool. Syst. Evolut. forsch. 12: 152–155.
Weidemann, W. (1970): Die Beziehung von Hirngewicht und Körpergewicht bei Wölfen und Pudeln sowie deren Kreuzungsgenerationen N_1 und N_2. Z. Säugetierkde. 35: 238–247.

Zu Kapitel 7

Essman, W.B., Valzelli, L. (Ed., 1975): Current developments in psychopharmacology, Vol. 2. Spectrum, New York – Toronto – London – Sydney.
Hemmer, H. (1970): Das Verhalten zu Artgenossen im Verlauf der Individualentwicklung der Baumwollratte (*Sigmodon hispidus* Say u. Ord, 1825). Zool. Anz., Suppl. Bd. 33, Verh. Zool. Ges. 1969: 306–311.
Hemmer, H. (1976): Man's strategy in domestication – a synthesis of new research trends. Experientia 32: 663–666.
Kreiskott, H. (1979): Erregungszustände von Tier und Mensch. Fischer, Stuttgart – New York.
Martin, W.H. (Ed., 1977): Drug addiction II (Handbook of experimental pharmacology Vol. 45/II). Springer, Berlin – Heidelberg – New York.
Ng, L.K.Y., Marsden, H.M., Colburn, R.W., Thoa, W.B. (1973): Population density and social pathology in mice. Differences in catecholamine metabolism associated with differences in behavior. Brain Res. 59: 323–330.
Raab, A., Storz, H. (1976): A long term study on the impact of sociopsychic stress in tree-shrews (*Tupaia belangeri*) on central and peripheral tyrosine hydroxylase activity. J. comp. Physiol. 108: 115–131.
Schade, J.P. (1969): Die Funktion des Nervensystems. Fischer, Stuttgart.
Stevens, J., Livermore, A., Cronan, J. (1977): Effects of deafening and blindfolding on amphetamine induces stereotypy in the cat. Physiol. Behavior 18: 809–812.

Zu Kapitel 8

Bernhard, W. (1965): Psychische Korrelate der Augen- und Haarfarbe und ihre Bedeutung für die Sozialanthropologie. Homo 16: 1–31.
Eibl-Eibesfeldt, I. (1950): Beiträge zur Biologie der Haus- und Ährenmaus nebst einigen Beobachtungen an anderen Nagern. Z. Tierpsychol. 7: 558–587.
Fuller, J.L. (1967): Effects of the albino gene upon behaviour of mice. Anim. Behav. 15: 467–470.

Hemmer, H. (1978): Zusammenhänge zwischen Fellfarbe und Ausprägung des Aktivitätsrhythmus bei Labormäusen und wilden Hausmäusen. Säugetierkundl. Mitt. **26**: 256–259.
Keeler, C.E. (1942): The association of the black (non-agouti) gene with behavior. J. Hered. **33**: 371–384.
Keeler, C.E. (1947): Coat color, physique, and temperament. J. Hered. **38**: 271–277.
Keeler, C. (1961): The detection and interaction of body size factors among ranch-bred mink. Bull. Georgia Acad. Sci. **19**: 22–60.
Keeler, C. (1975): Genetics of behavior variations in color phases of the red fox. In: The wild canids. Fox, M.W. (Ed.). Van Nostrand Reinhold, New York – Cincinnati – Toronto – London – Melbourne.
Keeler, C., Asteinza, J., Fromm, E. (1964): Psychosomatics of fear in foxes. Bull. Georgia Acad. Sci. **22**: 64–71.
Keeler, C., Moore, L. (1960): Correlations between coat color, body size and behavior in ranch bred mink. Bull. Georgia Acad. Sci. **18**: 30–35.
Keeler, C., Moore, L. (1960): Pigment gene effects on bodily proportions in mink. Bull. Georgia Acad. Sci. **18**: 69–84.
Keeler, C., Moore, L. (1961): Psychosomatic synthesis of behavior trends in the taming of mink. Bull. Georgia Acad. Sci. **19**: 66–74.
Keeler, C.E., King, H.D. (1942): Multiple effects of coat color genes in the norway rat, with special references to temperament and domestication. J. comp. Psychol. **34**: 241–250.
Schwabe, H.W. (1979): Öko-ethologische Studien zur Ausbreitungspotenz der Hausratte (*Rattus rattus* L.) Zool. Jb. Syst. **106**: 124–168.
Schwabe, H.W. (1979): Pigmentationskorrelierte Verhaltensunterschiede bei Hausratten (*Rattus rattus* L.). Zool. Jb. Syst. **106**: 406–426.
Silver, W.K. (1979): The coat colors in mice. Springer, New York – Heidelberg – Berlin.
Youdim, M.B.H., Lovenberg, W., Sharman, D.F., Lagnado, J.R. (Ed., 1978): Essays in Neurochemistry and Neuropharmacology, Vol. 3. J. Wiley & Sons, Chichester – New York – Brisbane – Toronto.

Zu Kapitel 9

Apfelbach, R., Ebel, K. (1975): Vom Suchbildverhalten des Frettchens (*Putorius furo*) beim Beutefang. Z. Säugetierkde. **40**: 378–379.
Curio, E. (1976): The ethology of predation. Springer, Berlin – Heidelberg – New York.
Gilmore, R.M. (1963): Fauna and ethnozoology of South America. In: Handbook of South American Indians, Vol. 6: 345–464. Steward, J.H. (Ed.). New York.
Todd, N.B. (1977): Cats and commerce. Scientific American **237**: 100–107.

Zu Kapitel 10

AID – Informationsschriften. Land- und Hauswirtschaftlicher Auswertungs- und Informationsdienst, Bonn: 32: Transportverluste verhüten! (1978). 318: Fiedler, E. (1978): Ferkelerzeugung als Betreibszweig. 372: Daenicke, R., Rohr, K. (1977): Rindermast. 400: Burgkart, M. (1978): Lammfleisch erzeugen. 430: Haring, H., Drepper, K. (1978): Pferde – Haltung + Fütterung.
Butterworth, M.H., Steinhauf, D., Weniger, J.H. (1965): Streßresistenz als Leistungsmerkmal beim Schwein. 2. Mitteilung: Methoden zur Bestimmung der Streßanfälligkeit und erste Ergebnisse über Beziehungen zwischen Streßanfälligkeit und Leistungsmerkmalen beim Schwein. Züchtgskde. **39**: 283–294.
Hoppenbrock, K.-H. (1968): Untersuchungen zur Frage der Streßanfälligkeit des Schweines. Dissertation Göttingen.
Klatt, G., Schlisske, W. (1974): Einflüsse der bewegungsarmen Haltung gravider Sauen bei extrem verkürzter Säugezeit auf die Leistung. Arch. Tierzucht **17**: 287–298.
Krech, D., Rosenzweig, M., Bennett, E.L. (1962): Relations between brain chemistry and problem-solving among rats raised in enriched and impoverished environments. J. comp. physiol. Psychol. **55**: 801–807.
Schaumann-Handbuch der tierischen Veredlung (1977). Kamlage, Osnabrück.

Zu Kapitel 11

Bree, P.J.H. van, Soest, R.W.M. van, Vetter, J.C.M. (1970): Biometric analysis of the effect of castration on the skull of the male domestic cat *(Felis catus* L., 1758). Publ. Nat. hist. Genootsch. Limburg, R **20**, 3/4: 11–14.

Derenne, P. (1972): Donnés craniometriques sur le chat haret *(Felis catus)* de l'archipel de Kerguelen. Mammalia **36**: 459–481.

Hückinghaus, F. (1965): Craniometrische Untersuchung an verwilderten Hauskaninchen von den Kerguelen. Z. wiss. Zool. **171**: 183–196.

Kruska, D., Röhrs, M. (1974): Comparative-quantitative investigations on brains of feral pigs from the Galapagos Islands and of European domestic pigs. Z. Anat. Entwickl.-Gesch. **144**: 61–73.

Menzel, R. & R. (1960): Pariahunde. Ziemsen, Wittenberg.

Zu Kapitel 12

Belyaev, D.K., Trut, L.N. (1975): Some genetic and endocrine effects of selection for domestication in silver foxes. In: The wild canids. Fox, M.W. (Ed.). Van Nostrand Reinhold, New York – Cincinnati – Toronto – Melbourne.

Eich, E., Hemmer, H., Reichert, E. (1979): Studien zur Ansatzmöglichkeit einer Domestikation des Steppenzebras, Equus (Hippotigris) quagga Gmelin, 1788. Säugetierkundl. Mittl. **27**: 147–156.

Heptner, W.G., Nasimowitsch, A.A. (1967): Der Elch. Ziemsen, Wittenberg.

Reinken, G. (1980): Damtierhaltung auf Grün- und Brachland. Ulmer, Stuttgart.

Treus, V.D., Lobanov, N.V. (1971): Acclimatisation and domestication of the eland *Taurotragus oryx* at Askanya-Nova Zoo. Internat. Zoo Yearbook **11**: 147–156.

Zu Kapitel 13

Bohlken, H. (1961): Haustiere und Zoologische Systematik. Z. Tierzüchtg. Züchtgsbiol. **76**: 107–113.

Dennler de la Tour, G. (1968): Zur Frage der Haustier-Nomenklatur. Säugetierkundl. Mitt. **16**: 1–20.

Groves, C.P. (1971): Request for a declaration modifying article 1 so as to exclude names proposed for domestic animals from Zoological Nomenclature. Bull. zool. Nomencl. **27**: 269–272.

Reimov, R., Adamczyk, C., Andrzejewski, R. (1968): Some indices of the behaviour of wild and laboratory house mice in a mixed population. Acta Theriol. **13**: 129–150.

Stodart, E., Myers, K. (1964): A comparison of behaviour, reproduction, and mortality of wild and domestic rabbits in confined populations. CSIRO Wildl. Res. **9**: 144–159.

Tomich, P.Q. (1969): Mammals in Hawaii. Bishop Museum, Honolulu.

Verzeichnis der in öffentlichen Zoos und Tiergärten aufgenommenen Photos

1. Zoos und Tierparke

Ort	Bild-Nr.
Berlin	3.14.
Dortmund	3.16., 3.30., 9.15., 9.16., 12.3., 12.4., 12.5., 12.6.
Duisburg	2.11., 12.7.
Frankfurt/M.	3.15., 3.28.
Hannover	3.2.
Honolulu	3.43.
Köln	2.24., 3.1.
Kronberg	9.12., 12.2.
München	2.12., 2.23., 3.18., 3.20., 3.21., 3.26., 3.29., 3.31., 3.38., 3.39., 3.40., 9.17., 9.19., 12.11.
Münster	2.21
Rabat-Témara	2.20., 9.18.
Rotterdam	3.32
San Francisco	3.27
Wien	9.11.

2. Wildparke, kleine Tiergärten

Ort	Bild-Nr.
Birkenfeld	3.37.
Darmstadt	9.1.
Hilo, Hawaii	9.14.
Kaiserslautern-Siegelbach	3.34.
Mainz-Gonsenheim	3.36., 3.42., 4.1., 9.22.
Rheinböllen	12.12.
Wiesbaden	2.4., 12.9.

Farbige Bildtafeln

Bild 1.1 Haustiere, in der Nähe von Behausungen gehaltene und gezüchtete Tiere, charakterisieren die Bauernhöfe in aller Welt. Neben Rind und Schwein gehörten früher auch in Mitteleuropa die Ziege als „Kuh des kleinen Mannes" und der Esel als vielseitig verwendbares Lastentier zum dörflichen Bild (Bauernhof im Tessin).

Bild 1.2 Als Zug- und Reittier hat das Pferd zu gewaltigen Anstößen der Geschichte beigetragen. In den Steppenländern von Osteuropa bis Mittelasien, wo die Wurzeln seiner Haustierwerdung zu suchen sind, erfüllt es noch heute entscheidende Funktionen im Alltagsleben berittener Hirten (Landpferde bei einer Jurte in Kirgisien).

Bild 1.3 Das allein für die menschliche Ernährung gezüchtete Schwein ist zwischen den Hütten tropischer Dörfer genauso zu Hause, wie in den Ländern der gemäßigten Zone. In der Welt-Fleischproduktion steht es an erster Stelle (Dorf im Südwesten Madagaskars).

Bild 1.4 Der Hund ist das älteste und das ursprünglich am weitesten verbreitete Haustier. Selbst in Kulturen, die keine anderen Haustiere kennen, gibt es Hunde (junger Dingo, verwilderter australischer Primitivhund).

Bild 2.2 Der graugelbe bis bräunliche Gesamteindruck des Felles eines Tieres mit dem Agutifaktor kommt durch das enge Zusammenliegen kleinster gelblicher und schwärzlicher Farbpunkte oder -striche zustande, wie es aus dem jeweils nur teilweisen Überdecken hintereinander stehender, gebänderter Haare resultiert (Hauskaninchen).

Bild 2.3 Das Fell eines Tieres mit dem Non-Aguti-Allel wirkt schwarz oder schwarzbraun (Hauskaninchen).

Bild 2.4 (oben) und **Bild 2.5** (unten) Die normale, gelblichgraue Färbung des Wolfes (oben) ist bei Primitivhunden (hier australische Dingos, unten) zugunsten eines rötlich- bis gelbbraunen, phäomelaninbestimmten Tones, aber auch von schwarzen, weißen und Scheckfärbungen, verschwunden. Der weiße Dingo auf dem unteren Bild ist ein Albino, dem jegliches Pigment im Fell fehlt. Da dies auch in der Regenbogenhaut des Auges der Fall ist, erhält das Tier bei starker Helligkeit zuviel Lichteinfall ins Auge und ist zum Zusammenkneifen gezwungen.

Bild 2.6 (oben) und **Bild 2.7** (unten) Scheckungen besitzen einen unterschiedlich großen Anteil weißer Fellflächen, die den normal pigmentierten Flächen gegenüber scharf abgesetzt sind. In Kombination mit anderen, von der Wildfärbung abweichenden Fellfarben können Scheckungen zu recht bunten Bildern führen, wie in diesen beiden Fällen des Hundes und der Katze. Der Färbung dieser „dreifarbigen" Katze liegt neben dem Scheckallel ein Orange-Allel eines geschlechtsgebundenen Farbfaktors zugrunde. Dieser Faktor ist auf dem X-Geschlechtschromosom lokalisiert, das bei Weibchen doppelt (XX), bei Männchen nur einfach (XY) vorhanden ist. So können nur weibliche Katzen gleichzeitig die Allele für Orange und für Normalfarbe tragen, die sich dann in Art einer Scheckung nebeneinander ausprägen.

Bild 2.8 Bei Haustierrassen, die nicht der Hochzucht oder Farbselektion unterworfen sind, findet sich gewöhnlich eine bunte Vielfalt innerhalb einer einzigen Herde. Dies wird hier für das Zebu demonstriert, das schlanke, Hitze besser als andere Rassengruppen vertragende Hausrind heißer Trockenlandschaften (Steppe im Südwesten Madagaskars).

Bild 2.9 Eine große Palette unterschiedlichster Farbtöne des Zuchtnerzes läßt die Vielfalt erkennen, die mit der Auslese und der Kombinationszucht einer großen Zahl von Allelen der verschiedenen Fellfarbfaktoren erreicht werden kann.

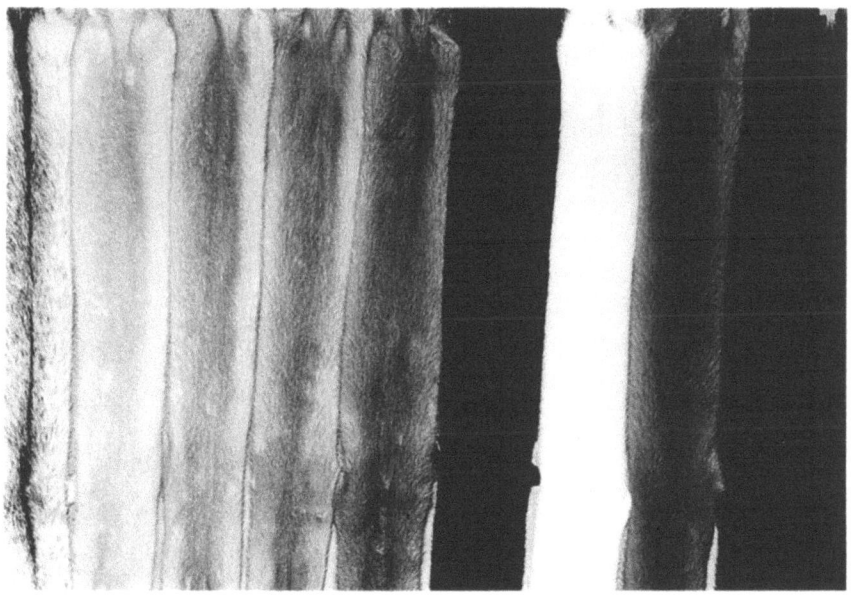

Bild 3.10 Europäische Waldwildkatze (*Felis silvestris, silvestris*-Gruppe; Kaukasus-Population)

Bild 3.11 Hinten sitzend südasiatische Steppenkatze (*Felis silvestris, ornata*-Gruppe), davor zum Vergleich drei Sandkatzen *(Felis margarita)*, eine verwandte Art aus den Sandwüstengebieten Nordafrikas, Arabiens, Südwestasiens (West-Pakistan) und Mittelasiens, die zeitweise zu Unrecht als ein Vorfahr der Perser-Hauskatzen betrachtet wurde.

Bild 3.12 Falbkatzen (*Felis silvestris, lybica*-Gruppe). Im Gegensatz zu den Waldwildkatzen besitzen sie keinen dunklen Aalstrich in Rückenmitte, sondern nur verwaschen erscheinende Farbverdunklung (siehe linkes Tier), und das Fellmuster entspricht auch sonst dem wildfarbener Hauskatzen mit Streifung oder in Streifenform angeordneter, teilweise zusammengeflossener Fleckung (siehe Jungtier in der Mitte). Der Schwanz ist nicht dick-buschig behaart wie bei Waldwildkatzen, sondern dünn wie bei Hauskatzen.

Bild 3.13 Wildfarbene Hauskatze zwischen Resten der altgriechischen Kultur, mit der sie nach derzeitiger Kenntnis zuerst europäischen Boden erreichte (Athen).

Bild 3.18 Przewalskipferde

Bild 3.19 Tarpanfarbenes osteuropäisches Primitivpferd: Selektion auf Tarpanähnlichkeit aus polnischen Koniks

Bild 3.20 Nubischer Wildesel

Bild 3.21 Im Gegensatz zum nubischen Wildesel hat der wildfarbene Hausesel einen viel stärkeren Schulterstreif.

Bild 3.26 Guanako, der Wildvorfahr des Lamas

Bild 3.27 Lama, die Haustierform des Guanakos

Bild 3.28 Vikunja, zusammen mit dem Lama in die Vorfahrenschaft des Alpakas gehörige zweite südamerikanische Wildkamelart

Bild 3.29 Alpaka

Bild 3.31 Das Erscheinungsbild des ausgestorbenen Urs modellhaft verkörpernde Zuchtrasse des Rindes

Bild 3.32 Banteng *(Bos javanicus)*, der Wildvorfahr des Balirindes (Stier schwarz, Kuh braun).

Bild 3.33 Zebu, das schlanke, kurzhaarige, hitzetolerante Buckelrind heißer Trockenländer (Steppe im Südwesten Madagaskars)

Bild 3.34 Hausyak, das langhaarige, kältetolerante Hausrind des innerasiatischen Hochlandes, Domestikationsprodukt des Wildyaks

Bild 3.45 Albino-Hausmaus

Bild 3.46 Albino-Laborratte

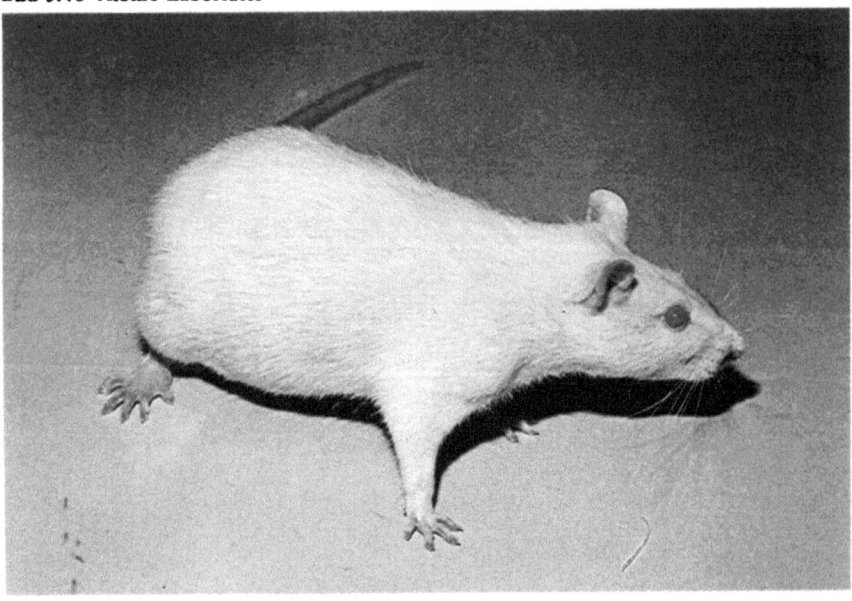

Bild 4.1 Gesellig lebende Wildvorfahren von Haustieren zeichnen sich in der Regel durch einen engeren Gruppenzusammenhalt aus als die von ihnen abstammenden Haustiere. Aktivitäten einzelner Gruppenmitglieder sind stärker aufeinander bezogen, dabei sind die Gruppen meist kleiner als beim Haustier. Ein Beispiel hierfür gibt die vergleichende Beobachtung von Mufflons und Hausschafen (In enger Gemeinsamkeit agierender Weibchen- und Lämmertrupp des Mufflons).

Bild 4.2 Bei Haustieren sind die sozialen Bindungen in der Regel lockerer als bei ihren Wildvorfahren. Die Verhaltenskoordination erscheint geringer, der Zusammenhalt in den insgesamt größeren Gruppen ist weniger eng (Mallorca: Locker auseinandergezogen grasende Hausschafe in einer Einfriedung aus Trockensteinen, wie sie wohl ähnlich schon in der Jungsteinzeit verwendet wurde).

Bild 4.3 Verwildertes Hauskaninchen, das tagsüber vor seinem Bau unter einem Busch ruhend angetroffen wurde und sich bei Annäherung bis auf wenige Schritte noch nicht zur Flucht gewandt hatte. Dieses Verhalten erscheint für Hauskaninchen typisch, während Wildkaninchen im allgemeinen über Tag zu ihren Ruheperioden im Bau verschwinden und eine viel höhere Fluchtbereitschaft besitzen. Das hier abgebildete Tier (sogenannte Japanerfärbung) gibt ein Beispiel dafür, daß auch Haustier-Scheckfärbungen unter bestimmten Lebensraum-Umständen hervorragende Tarnwirkung haben können. Das gelb-schwarz gescheckte Fell fügt sich hervorragend in das Licht- und Schattenspiel auf dem Boden ein.

Bild 5.1 Nagetiere hat man besonders gut auf Auswirkungen von psychosozialem Streß untersucht, wie er in Gruppen von Artgenossen durch belastende Signale entsteht. Bei den hier abgebildeten europäischen Hamstern *(Cricetus cricetus)* führte das gemeinsame Aufziehen und Halten eines gesamten Wurfes unter sehr beengten Käfigbedingungen zu einer beträchtlichen Hemmung der körperlichen Entwicklung und zum Ausbleiben der Fortpflanzung. Schließlich kam es nach und nach zur Tötung mehrerer Individuen.

Bild 7.3 Baumwollratte *(Sigmodon hispidus)*, das Versuchstier in einem Modellexperiment zur Simulation des Wildtier-Haustier-Wandels durch chronische Verabreichung von Tranquilizer

Bild 7.4 Eine Baumwollratten-Mutter in Gruppenhaltung verteidigt normalerweise den Bereich von etwa 10 bis 15 cm um ihr Nest äußerst heftig gegen Artgenossen. Im Simulationsversuch zur Domestikation wurde, wie beim Wildtier-Haustier-Unterschied, diese Verteidigungsbereitschaft abgebaut.

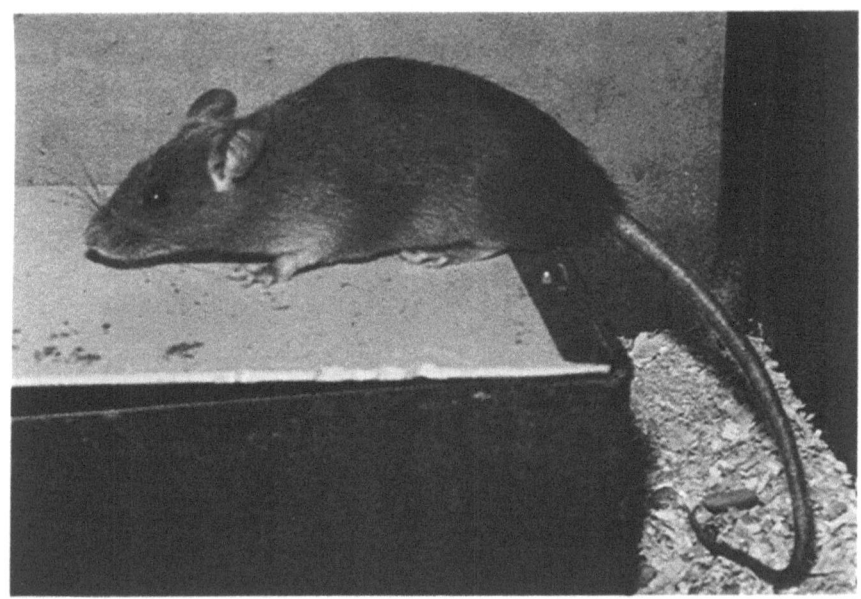

Bild 8.1 Silbergraue Farbabweichung in einer Zucht schwarzer Hausratten (*Rattus rattus*) (Originaltier aus der Zucht von Horst W. Schwabe)

Bild 8.2 Fuchsfelle in den Farben Wildfarbe (Rotfuchs), Silber und Bernstein (Teil des von Clyde E. Keeler verhaltensmäßig und biochemisch studierten Farbspektrums; vergleiche Bild 8.3)

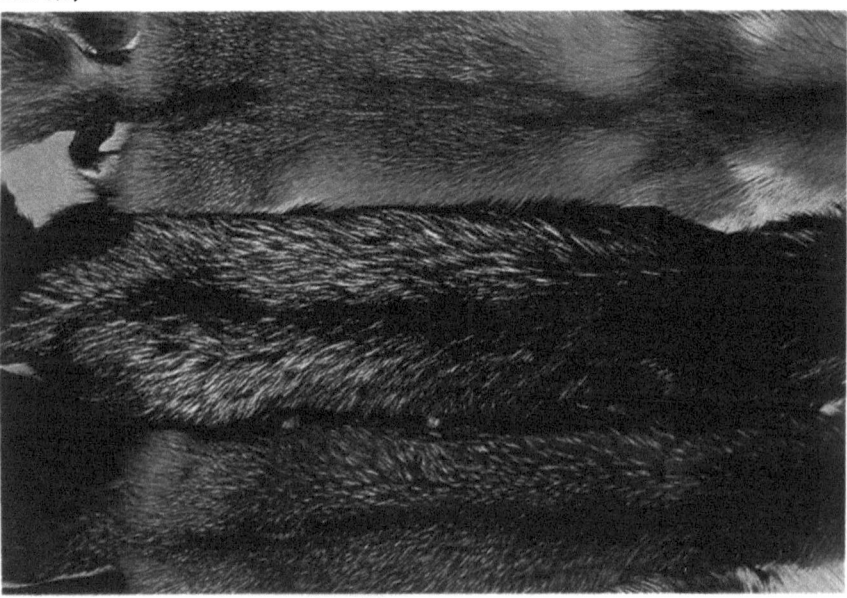

Bild 9.1 Weiße Lamas waren ein Hauptsymbol der Macht der Inka-Herrscher und wichtige Opfertiere im Kultwesen des Inka-Staates.

Bild 9.2 Weiße Rinder spielten bei vielen Völkern der Antike als Opfertiere eine wichtige Rolle (abgebildet sind Charolais-Rinder, eine französische Fleischrinderrasse).

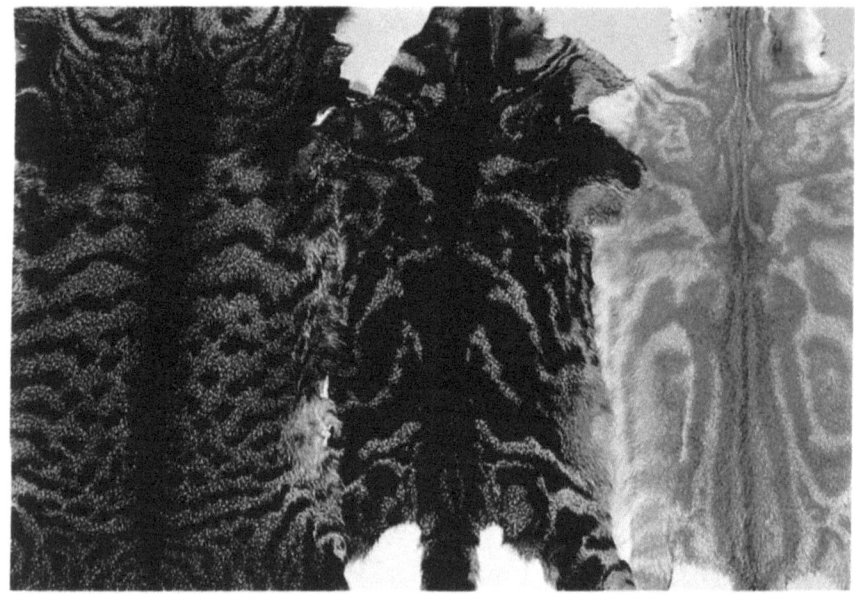

Bild 9.7 Wildtyp-Fleckenmuster und Streifenmuster der Hauskatze (vergleiche hierzu die Bilder 3.12 und 3.13) im Vergleich mit dem Leiermuster (Marmormuster, Räderkatze) auf einem wildfarbenen und einem rötlichen Fell (die Unterschiede der Musterausbildung sind unabhängig von der Grundfarbe des Felles).

Bild 9.8 Scheckung mit extremem Weißanteil bei einer madagassischen Hauskatze

Bild 9.11 Einheitlich dunkelbraune Färbung beim Esel (Poitou-Riesenesel)

Bild 9.12 Weiße Färbung mit noch ganz schwach erkennbarem Schulterkreuz beim Esel

Bild 9.14 Schwarzes polynesisches Schwein

Bild 9.15 Weißes Trampeltier mit Fohlen und wildfarbenes Tier

Bild 9.16 Ausschnitt aus der Farbpalette des Lamas.

Bild 9.17 Schwache (vorne links) und völlige (hinten rechts) Ausprägung der Vikunja-Wildfarbe beim Alpaka (braune Tiere hinten und Mitte), die durch eine Vikunja-Einkreuzung in eine Alpaka-Zuchtgruppe zustande kam. Beim rein gezüchteten Alpaka gibt es diesen Wildfarbtyp nicht.

Bild 9.19 Hinterwälder Rind, Beispiel für den Fleckvieh-Färbungstyp

Bild 9.20 Das bunte Bild einer Landrasse des Schafes: weiße, schwarze und in verschiedener Weise gescheckte Tiere gemeinsam in einer Herde (Attika, Griechenland).

Bild 9.21 Wildfarbtyp mit Weißscheckung bei einem Ziegenbock im südwestmadagassischen Trockenbusch

Bild 9.22 Ausschnitt aus der Farbpalette der Hausziege (afrikanische Zwergziegen)

Bild 12.4 Elch *(Alces alces)*. Sogenannte Domestikationsversuche mit diesem großen nordischen Hirsch beziehen sich bislang weitestgehend auf eine intensive Jungtierzähmung. Mit der Haustierwerdung als solcher haben sie daher zunächst nichts zu tun. Zu einer echten Domestikation erscheint der Elch im Vergleich zu manchen anderen Hirscharten als denkbar ungeeignet.

Bild 12.5 Das Wasserschwein *(Hydrochoerus hydrochaeris)*, das Riesennagetier Südamerikas mit Körpergewichten bis 50 kg, erscheint als ein vielversprechender Kandidat für ernsthafte Domestikationsversuche. Seine Anpassung an das Leben sowohl in Graslandschaften als auch in Gewässern und Sümpfen, mit einer Ernährung aus Gräsern und Wasserpflanzen, macht ein eventuelles Domestikationsprodukt zur Verbesserung der Proteinversorgung für tropische Regionen besonders interessant.

Bild 12.6 Der Mähnenspringer *(Ammotragus lervia)* aus der Schaf- und Ziegenverwandtschaft wurde bereits in nordafrikanischen Trockenlandschaften zur Fleischproduktion in Erwägung gezogen. Seine Domestikation erscheint in Anbetracht einer hohen Fortpflanzungsleistung auch unter sehr eingeengten Haltungsbedingungen als sehr praktisch und nützlich.

Bild 12.7 Unter den verschiedenen Hirscharten, die bisher zumindest für eine Gatterhaltung zur Fleischproduktion, wenn auch nicht für Domestikationsversuche, genutzt wurden, tauchte der Milu *(Elaphurus davidianus)* noch nicht auf. Dieser große chinesische, an sumpfigen Boden angepaßte Hirsch, der im Freiland seit unbekannt langer Zeit ausgestorben ist und nur dank intensiver Bemühungen um seine Erhaltungszucht in Gefangenschaft überlebte und sich hier gut vermehrt hat, könnte wahrscheinlich für bestimmte Landschaften erfolgreicher als manche andere Art Verwendung als landwirtschaftliches Nutztier mit Blickrichtung auf eine Domestikation finden.

Bild 12.9 Intensive Zuchtversuche zur Domestikation des Damwildes *(Dama dama)*, das als alternatives landwirtschaftliches Nutztier in Europa mittlerweile eine besondere Bedeutung erlangt hat, werden derzeit vom Verfasser unter Nutzung der hier dargelegten Grundprinzipien der Haustierwerdung geleitet. Die dabei als erster Schritt ausgeschlossene Wildfärbung ist durch die etwas verwaschen erscheinende helle Tupfung auf rostfarbenem Fell und den schwarz-weißen Spiegel (Hinterseite der Oberschenkel) – Wedel (Schwanz)-Kontrast gekennzeichnet.

Bild 12.10 Der schwarze und weiße Farbtyp der Damtiere zeigen Verhaltensdämpfungen, die schon in Haustierrichtung weisen und beim Wildfarbtyp nicht auftreten.

Bild 12.11 Bei der sogenannten Porzellanfarbe der Damtiere (links) ist die Grundfärbung hell rostfarben und gegen rein weiß leuchtende Tupfen und Unterseitenfärbung abgesetzt. Der Aalstrich in Rückenmitte ist nicht schwarz, sondern ebenfalls rostbraun, desgleichen die Wedeloberseite und die Spiegelumrandung. Eine noch weit stärker aufgehellte Färbung (rechts) ist sehr selten. Häufig sind dagegen Übergänge zur Wildfarbe hin. Im Vergleich zu wildfarbenen Tieren erscheint das Verhalten porzellanfarbener Stücke, wie das der schwarzen, von geringerer Scheu bestimmt.

Bild 12.12 Im Winterhaar lassen sich dunkler gefärbte wildfarbene und schwarze Damtiere am raschesten anhand des bei den wildfarbenen erhaltenen schwarz-weißen Spiegel-Wedel-Kontrastes unterscheiden. Die porzellanfarbenen Tiere behalten auch im Winterhaar hellere Färbung und einen weißen Bauch, so daß sie von wildfarbenen Stücken leicht zu unterscheiden sind. In dieser großen Wildpark-Damtierherde, die im Sommer gewohnt ist, von den zahlreichen Besuchern Futter aus der Hand entgegenzunehmen, geht die Handzahmheit im besucherarmen Winterhalbjahr stark zurück und bildet sich im zeitigen Frühjahr wieder allmählich aus. In der Übergangszeit führt der unterschiedliche Scheuheitsgrad der verschiedenen Farbtypen zu einer gewissen Siebung bei Fütterungsexperimenten. So wurde hier dokumentiert, wie sich sämtliche in der Nähe befindlichen schwarzen (links) und porzellanfarbenen (rechts) Tiere um den fütternden Mitarbeiter scharen, während sich die wildfarbenen Stücke zunächst weiter zurückhalten.

MIX
Papier aus verantwortungsvollen Quellen
Paper from responsible sources
FSC® C105338

If you have any concerns about our products,
you can contact us on
ProductSafety@springernature.com

In case Publisher is established outside the EU,
the EU authorized representative is:
Springer Nature Customer Service Center GmbH
Europaplatz 3, 69115 Heidelberg, Germany

Printed by Libri Plureos GmbH
in Hamburg, Germany